谢兰捷　主编

福建港口

人民交通出版社
China Communications Press

内 容 提 要

本书是全面反映福建交通概况的丛书——《福建公路》、《福建港口》、《福建运输》之一。

全书共分六章，详细介绍了福建省港口和航道的自然条件、历史沿革及发展现状，以及港口规划、建设、管理情况和相关法律法规，并依次介绍了全省各设区市港口的独特优势及经营状况等，汇集了至2006年底福建港航发展的最新资料，是首次对福建港航工作的全面回顾和多方位展示。

本书语言通俗，内容全面，信息准确，属于知识普及型丛书，可供交通从业人员学习，也是社会各界了解福建港口的一扇窗口。

图书在版编目（CIP）数据

福建港口/福建省交通厅编. —北京：人民交通出版社，2007.11

ISBN 978-7-114-06913-0

I. 福… II. 福… III. 港口建设-概况-福建省 IV. F552.757

中国版本图书馆 CIP 数据核字(2007)第 176083 号

书　　名：福建港口　Fujian Port
著 作 者：谢兰捷
责任编辑：张淼
出版发行：人民交通出版社
地　　址：(100011)北京市朝阳区安定门外外馆斜街 3 号
网　　址：http://www.ccpress.com.cn
总 经 销：北京中交盛世书刊有限公司
经　　销：各地新华书店
印　　刷：福建彩色印刷有限公司
开　　本：787×1092　1/16
印　　张：19.625
字　　数：400 千
版　　次：2007 年 11 月第 1 版
印　　次：2007 年 11 月第 1 次印刷
书　　号：ISBN 978-7-114-06913-0
印　　数：0001-5000 册
定　　价：48.00 元

福建省港口航道分布示意图

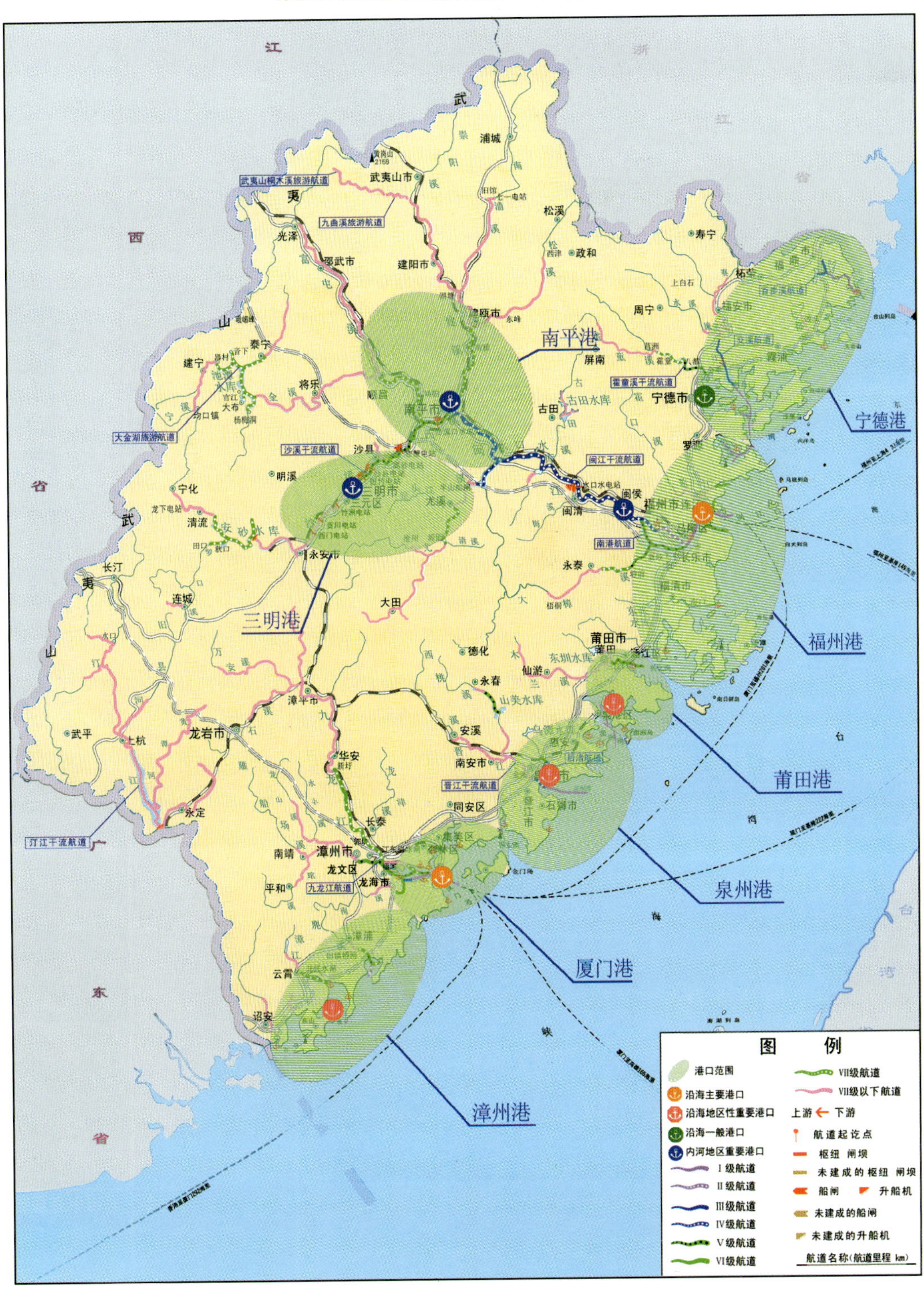

清代末年马尾船政十三厂外景（资料照片）

厦门港东渡港区

福州港闽江口内港区

厦门港集装箱码头夜景

厦门港海沧国际货柜码头

福州港江阴港区码头

厦门港海天集装箱码头

夜幕下繁忙的厦门港东渡港区码头

泉州港石湖港区鸟瞰

泉州港后渚港区码头

暮色中的莆田港秀屿港区

湄洲湾10万吨级油码头

地方海事巡逻艇，保障内河航运安全

福州华能电厂专用码头

宁德港三都澳灶屿锚地

2006 年厦门港集装箱吞吐量突破 400 万标箱

福州港消防演练

闽浚 2 号轮在厦门港疏浚航道

漳州港东山港区码头

序

福建素有“东南山国”之称,境内山岭耸峙,低丘起伏,河谷与盆地错综其间,山地、丘陵面积占全省土地总面积的82.4%,形成对外交通、往来的天然屏障,古人云“闽道更比蜀道难”。一部福建交通的发展史,就是不断突破地形限制寻求与外界沟通联系的历史。

依靠得天独厚的港口条件和“爱拼才会赢”的信念,福建成为我国历史上对外通商最早的省份之一,创造了辉煌的航运史。早在汉代,福建就与海外有贸易往来。泉州港在唐宋时期成为著名的“海上丝绸之路”的起点,元代时期被称为古代东方第一大港。明朝时期,郑和七次下西洋都是从福州港出发,福建成为中国与世界交往的重要门户。清代末年,中国第一所新式海军学校——船政学堂在福州诞生,它为中国海军和远洋运输发展培养了大批人才。新中国成立以来,福建成为我国改革开放最早的省份之一。近年来,伴随着交通基础设施的日益改善,福建社会经济快速发展。

为抓住本世纪头20年的重要战略机遇期,福建省委、省政府审时度势,提出建设对外开放、协调发展、全面繁荣的海峡西岸经济区的战略构想。2006年初,胡锦涛总书记亲临福建视察,鼓励福建抓住中央支持东部地区快速发展和支持海峡西岸经济发展的重大历史机遇,加快发展步伐,努力走在全国前列。

建设海峡西岸经济区,既是对交通工作的重大挑战,更是交通发展的重大机遇。《福建省建设海峡西岸经济区纲要》把交通等基础设施列为九大支撑体系之一。省委卢展工书记提出“一通百通海西八方纵横”殷切期盼和重大嘱托。面对挑战和机遇,交通部门积极响应,并取得骄人的成绩,为海峡西岸经济区建设奠定了坚实的基础。

交通事业的发展,需要社会各界的了解、关心和支持。为了让全社会对交通工作有更深入全面的了解，谢兰捷同志领衔组织力量，编写了《福建公路》、《福建港口》、《福建运输》这套全面反映福建交通的全书，全面介绍了福建高速公路、普通公路、农村公路和福建港口、航道、地方海事、船舶检验以及福建道路、水路运输的发展历史及规划、建设、管理、科技、服务等工作，时间跨度长，是一套内容较完整、信息较准确的福建交通全书，不但可以供投资福建交通事业的人士参考，同时也是社会各界了解福建交通极好的一扇窗口。

祝福建交通事业按照党的十七大精神，坚持科学发展观，建设和谐交通，为海峡西岸经济区建设做出更大的贡献。

福建省人民政府省长 黄小晶

2007年10月

目　录

第一章

港口和航道概况

第一节　自 然 条 件

一、地理形势

福建省简称“闽”，地处北纬23°30′～28°22′，东经115°50′～120°43′，位于我国东南沿海，东南濒太平洋，隔着台湾海峡与台湾岛相望，东北部与浙江省交界，北部和西北部与江西省毗连，西南部与广东省接壤，东西宽约540公里，南北长约550公里，全省面积12.4万平方公里，约占全国土地总面积的1.3%。位居中国东海与南海的交通要冲，是中国距离东南亚、西亚、东非和大洋洲最近的省份之一，也是中国与世界交往的重要门户之一。大陆与台湾之间一衣带水，沙埕港至钓鱼岛约188海里，东冲口至基隆港约153海里，牛山岛至白沙岬约65海里，厦门港至高雄港约165海里。

福建省陆地地理环境具有两个显著的特点。一是山地多、丘陵多、平原少。山地面积约占53.38%，丘陵约占29.01%，两者合计达82.39%，这在我国亚热带东部地区是非常突出的，故有“东南山国”之称，境内主要有衫岭、武夷山、戴云山、博平山、砒帽山、仙霞岭、鹫峰山、太姥山等八大山脉。平原面积只占全省面积的10%左右，较大的平原分布于闽江、九龙江、晋江和木兰溪等较大河流的下游，自北往南主要有福州平原、兴化平原、泉州平原和漳州平原等，这些平原是主要的农耕地带。福建境内的两条东北—西南走向的大山带显著地形成了马鞍形的地貌大骨架：一是由武夷山脉、衫岭山脉等构成的大山带，是闽赣两省水系的分水岭；另一条是斜贯福建省中部的闽中大山带。这两条大山带的走向与福建海岸大致平行，使全省地势呈西北高而东南低的自然态势，把全省分为闽西北山区和东南沿海地区。

第二个显著特点是境内水系稠密发育充分。福建水系密度较大，河网密度为

0.1 公里/平方公里。境内溪河众多,有大小水系 37 条,主流多与山脉走向垂直,支流多与山脉走向平行。多数水系发源于本省,并在沿海出口,不仅具有流程短、流量大的特点,而且自成流域、独立入海;仅个别河流发源于省内、出口在邻省(如汀江下游在广东韩江入海),或发源于邻省、出口在省内(如建溪的个别支流)。一个省据有一个基本独立完整的水系单元,这在我国是相当独特的现象。福建主要有 8 条水系,自北而南分别是:赛江、霍童溪、鳌江、闽江、木兰溪、晋江、九龙江、汀江,流域总面积占全省水域 90% 以上,是福建社会经济发展的重要命脉。河流特点为:沿岸河流多属山地性,受地形与气候影响,流量随季节变化,含沙量不大。上游河幅狭窄,水浅流急,旱季河底岩石裸露;中游河幅渐宽,水渐深;下游河幅宽阔,水深流缓,是通航主要地段。

二、海区港湾

福建海域面积达 13.6 万平方公里,领海线内水深一般为 20 ~ 40 米,近岸陡深,10 米等深线距岸多在 3 海里之内。大陆岸线北起沙埕湾、南至诏安湾,长 3324 公里,约占全国海岸线总长的 18.3%,居全国第二位;沿海岛屿有 1400 多个,海岛岸线 2804 公里,居全国第二位;滩涂资源丰富,人均滩涂面积是全国人均面积的 21 倍;全省规划利用的岸线长度 480 公里,其中深水岸线 246 公里,拥有可建设 20 ~ 50 万吨的超大型深水码头岸线约 47 公里,为全国之最。

海岸曲折,半岛突出部交错,形成许多优良港湾,有山丘、岛屿掩护,基本不受外海波浪侵袭;港湾水域宽阔,湾中有湾,湾口少有拦门沙,主要潮流通道和深槽稳定,为发展港口提供天然深水岸线和深水航道锚地。主要有沙埕湾、三都澳、罗源湾、闽江口、兴化湾、湄洲湾、泉州湾、厦门湾和东山湾等 9 个,其中可建设 10 万吨级以上泊位的深水港湾有沙埕湾、三都澳、罗源湾、兴化湾、湄洲湾、厦门湾、东山湾等 7 处。

(一)沙埕湾

沙埕湾岸线曲折,湾内南北两岸高山耸立岸边,海岸主要由基岩组成,岸线长度达 148.68 公里;港湾口门宽约 2 公里,纵深达 35 公里,水域面积 29.83 平方公里,内湾狭长、弯曲且直抵福鼎市城区;港湾周边无大河注入,口门附近无拦门沙发育;湾口有南镇半岛环绕和南关岛、北关岛为屏障,掩护条件好,港内风平浪静,可避 12 级台风,是天然深水良港之一。沙埕湾湾内水深大部分在 15 米以上,湾口至长屿约 20 公里水道水深超过 20 米,深水建港岸线达 18 公里。

(二)三都澳

三都澳海域港口岸线长450公里,水深港阔;海湾水域面积714平方公里、滩涂面积308平方公里,水深5~10米的水域257平方公里,水深大于10米的173平方公里,最大水深达90米。湾内有东冲水道、青山水道和金梭门水道等天然深水航道,并有多处锚泊条件极佳的深水锚地,可避多向风浪,是建设大型专业化泊位的优良港址;除城澳在建一个万吨级泊位外,深水资源尚未开发,有巨大的开发潜力。

(三)罗源湾

罗源湾为近乎四面环山的葫芦状强潮海湾,腹大口小,岸线长79.4公里,水域面积163平方公里,湾内水深港阔,湾口内可门水道最大水深55米以上;南岸门边最大波高1.4米,北岸有丘陵掩护风浪小于南岸,避风条件优良;湾内泥沙来源少,淤积轻微。

(四)闽江口及附近

闽江口海域西起闽江南北港汇合处,北至黄岐半岛北茭,南至长乐松下,属福州市所辖的部分海域,岸线长约329公里(其中岛屿岸线约84公里),海域面积2390平方公里,水深大多在10米等深线以内,滩涂面积约111平方公里。主要入海河流——闽江是全省最大的河流,水口电站建成后,输沙量逐年降低。

(五)兴化湾

兴化湾位于湄洲湾北侧、莆田市以东海域,湾口有南日群岛掩护,10米等深线直达江阴岛南端。江阴岛附近滩涂宽阔,南端古山咀至球尾岸线曲折、长8500米,面向兴化湾,距10~20米深槽附近滩槽较稳定、地质条件好,具有良好的建港条件。

(六)湄洲湾

湄洲湾位于福建沿海中部,南、北岸分属泉州市和莆田市,湾口有湄洲、大小竹等岛屿构成的三道屏障,湾内掩护条件优越、泊位条件好;湾内岸线曲折,长约186公里,水深、港阔、纳潮量大,无大河流泄沙,航道和港池多年不淤。湾内海域面积约424平方公里,其中滩涂约207平方公里;水深大部分在10米以上,最深达52米,北岸秀屿、罗屿、东吴和南岸肖厝、鲤鱼尾、斗尾等6处为深水岸段,长20多公里,可作为建港岸使用;口门至海湾中部的进港航道水深20~40米,湾内主要深水港区的航道水深均在 13 米以上,锚地面积达 25 平方公里,可同时锚泊 1 ~10 万吨级船舶 30 多艘。

(七)泉州湾

泉州湾紧邻泉州市区,海湾深入陆地 20 余公里,湾中有湾,沿岸淤泥质潮滩宽阔平缓,湾口段水深 10 米左右,后渚、秀涂、石湖、崇武、祥芝等岸段可作为建港岸线,长约 16 公里,其中秀涂、石湖段岸线可建设深水码头。目前,至石湖作业区的航道可满足 3 万吨级船舶乘潮通航要求。

(八)厦门湾

海域面积超过 1000 平方公里,东面与大、小金门诸岛隔海相望,自泉州围头至龙海市镇海角岸线总长约 340 公里,其中深水岸线 65 公里分布在厦门西海域、九龙江口南北两岸。九龙江年均径流量 121 亿立方米、输沙量约 250 万吨,对河口及厦门西海域的水质环境、海底淤积影响较大。现有进港航道可乘潮通航 10 万吨船舶,可用锚地面积约 28 平方公里,可泊万吨级以上船舶 30 ~40 艘。

(九)东山湾

由东山、云霄、漳浦三县环抱,呈梨形伸入陆地,南北长 20 公里,东西宽约 15 公里,湾顶有漳江注入。海湾面积 247.89 平方公里,其中滩涂面积 92.36 平方公里;0 ~ -5 米等深线海域面积 117.2 平方公里,约占整个海湾面积的一半, -10 ~ -20 米等深线海域面积仅 11 平方公里。水深 20 米以上的深水区靠近湾口,分别经塔屿东、西水道进出,东水道古雷半岛西岸 7.4 公里深水岸线可建 2 ~20 万吨级深水泊位;西水道铜陵至城垵岸段可利用岸线 7.9 公里,水深 7 ~10 米,避风条件好。

三、水文气象

福建地处低纬度地区,西北有山脉阻挡寒风,东南又有海风调节,受海洋气团影响,属亚热带海洋性季风气候,年平均气温 15 ~22℃,最热月 7 月的平均气温大多为 27 ~29℃。最冷月 1 月的平均气温,自北向南为 5 ~ 13℃。平均降雨量 1400 ~2000 毫米,雨量充沛,温暖湿润,草木茂盛,资源丰富。

潮汐、潮流:福建属规则半日潮强潮区,潮差一般都很大。自沙埕湾至厦门湾大潮差达 4.8 ~6.6 米,三都澳可达 8 米左右,最大达 9 米。从浮头湾向南显著减小,大潮差仅 1.8 ~3.6 米。

由于台湾海峡的影响,东碇以北涨潮为西南流,落潮为东北流,东碇以南相反。

闽中、闽南沿海各湾口外方多属反时针方向的回转流,湾澳内侧渐为往复流,流速一般为3~4节,三都澳最大达7节。

各海湾纳潮量大,潮汐动力强,潮流作用强且落潮流大于涨潮流,入湾泥沙不易在湾内沉积;闽江、晋江、九龙江等河流入海泥沙量较少,多在湾顶和河口段淤积;沿海以基岩海岸为主,海岸侵蚀供沙的影响不大,使港湾水深,湾内水清沙少,淤积轻微,岸线、岸滩和深槽基本稳定。

海流:本区海流主要由台湾暖流之分支及大陆沿岸流所控制,受季节风风生流的影响。夏季盛行西南季风,暖流很强,沿岸流极微弱,流向呈东北方向,最大流速达2.2节。冬季盛行东北季风,暖流减弱,沿岸流相应增强,流向呈西南方向,流速较小,最大不超过1节。春秋季节,海流正处盛衰变化之中,流速不大,流向不定,沿岸多呈偏南流,台湾附近多呈偏北流。海坛道东北方海流影响最显著,牛山岛北方约3海里处海流很强,且不规则。

海浪:5~9月多在3级左右;台风期间可达8~9级;9月至次年3月为4~5级。台湾海峡为著名的海浪区,沿海尚有闾峡、北茭、梅花、牛山岛、大岞角、北碇岛、镇海角和古雷头等八大风浪区。

风:2~5月,沿海云低、雨多、雾盛,风向前期盛行东北风,后期盛行东南风,平均风力4级左右;5~8月,天气炎热,盛行西南或南风,平均风力3级左右。5~10月又为台风季节。8~11月,多东北风,平均风力5级左右;11月至次年2月,盛行强劲而持久的东北季风,平均风力5级以上,当强冷空气侵袭时,可达10级左右。

台湾海峡是台风频发区,沿海受台风海峡的风浪和台风影响较多,台风袭击时最大波高达16米,是我国沿海大浪区之一。海岸曲折,多数港湾不受外海波浪侵袭,具有良好的建港条件。

雾:海区每年3~5月为雾季,多平流雾。

四、矿产森林

福建的非金属矿产资源丰富,在全国具有优势。在保有储量居全国前5位的21种矿产中,非金属矿产占20种,其中叶腊石、高岭土、石英砂、萤石、花岗石材、建筑砂等矿产的储量居全国前茅。这些非金属矿产资源量多质优,开采条件好,开发利用优势突出,不仅能满足省内建材工业和冶金、化工辅助原料的需要,还可提供非金属矿产品输出,并带动相关产业的发展。

福建是中国四大林区之一,林地面积达600多万公顷,木材蓄积量近4亿立方米,产量居全国第三。森林覆盖率达62.96%,居全国首位。福建树种资源丰富,全省木本植物达1943种,用材树种约400种,竹类约140种,在提供大量木材的同时,还广泛应用于工业。

第二节　历史沿革

福建省港口历来是对外交往的重要窗口,具有悠久的发展历史。

一、古代港口

远古时代的福建除了高山就是丘陵,平地极少,迫使闽越人能选择的适于居住的生存空间极小,多散居在沿江河的河谷盆地和东部海滨,以水上生活为主——"处溪谷之间,草竹之中,习于水斗,便于用舟,地深昧而多水险",他们善于使楫驾舟的生活特征尤为明显。商周时代的武夷船棺的发现既从侧面反映了商周时代闽江上游地区早期造船的水平,同时也说明了上古先民使用舟船进行水上活动已经相当盛行了。汉至三国,福建海运有了相当程度的发展。西汉初年,福建的东越王余善曾派出一支8000人的海军助汉武帝平叛,这支相当庞大的船队表明,此时闽越人已经具有较发达的造船业和航海技术,才能够进行如此大规模的海上运输和军事行动。据东汉初期的史料记载,"旧交趾七郡贡献转运,皆从东冶泛海而至",表明东冶(今福州)港与中南半岛已开辟了定期的航线,海上交通相当频繁。到了三国孙吴政权时期,在闽中设建安郡,并在侯官县(今福州)置"典船都尉","主谪徒作船于此",专门负责督造船只,后又在今霞浦附近设"温麻船屯",负责建造船只。据史料记载孙吴时期组织的航海盛况:"弘舸连舶,巨槛接舫,……篙工揖师,选自闽禺",当时吴国最优秀的航海技术人员是来自闽粤两地,可见福建的航海技术在当时全国已经居于领先地位。

唐代是我国封建社会鼎盛时期,社会安定,经济全面发展,为海外贸易发展提供了坚实基础。唐代福州的对外交通和贸易快速发展,通商地区不断扩大,国家日益增多,海外交通除了与中南半岛、马来半岛诸国的传统航线之外,还开辟了多条新航线,主要有新罗、日本、三佛齐(今苏门答腊岛和马来半岛南部)、印度、大食等。当时的福州异国商人云集,且南海诸国使臣从福州上岸朝贡唐廷非常频繁。漳州港,作为泉州港的外围港,在未成为正式对外贸易港的情况下,自唐初也出现了对外航运活动。唐嗣圣元年(684年),一个名叫康没遮的外国商人,乘船来到漳浦县,这比漳州建治时间还早3年。

进入唐代末期,由于西域战争频繁,中外经济交流受影响,"陆上丝绸之路"梗阻,经济中心逐渐南移,南方经济进入一个迅速发展的时期。五代时闽国创建人王审知实行"保境息民"的政策,重视海外贸易,开放了泉州、甘棠等港,东南各港随之兴起。此时,泉州人凭借衣冠南渡的中原文化和刀耕火种的古越文化融合而产生的勇于奋斗的精神,充分利用"负山跨海"的自然条件和优良的港口条件,耕海牧洋，泉州发展成为当时中国的海船制造中心、丝织业中心和陶瓷生产外销的重要基地，泉州港也逐渐成为一个闻名海内外的贸易大港。宋朝时期，政府更加重视对外贸易经济发展，制定了许多鼓励政策，海外贸易往来遍及东亚、东南亚、西亚等地，阿拉伯商人也从印度洋来到西太平洋，将市场延伸到中国沿海各港口，“海上丝绸之路”由此兴起。一个以这条商路为纽带的国际性东方市场逐渐形成，不仅取代“陆上丝绸之路”成为中西交通的主要通道，且经由此路的贸易竟上升为南宋政府的重要财政来源。“海上丝绸之路”的不断发展与繁荣，为泉州港的崛起与兴盛提供了契机。彼时的泉州接近首都临安（今杭州），出口货物以丝绸为主，作为“海上丝绸之路”这条中国至西洋航线的起始港和东端枢纽港口，在海上丝绸之路上迎来了它的黄金时代，成为当时世界上最璀璨的东方明珠，“州南有海浩无穷，每岁造舟通异域”，与亚洲、非洲乃至欧洲、拉丁美洲的30多个国家和地区均有贸易往来，船舶所至，北抵高丽、日本，南达麻逸（位于菲律宾）、爪哇，西到大食诸国，其范围之广袤蔚为壮观。至宋末元初，泉州港成为“货物浩瀚”远超于广州港之上的东方第一大港，“梯航万国”的“东南巨镇”，也由此成为中外友好往来的一个重要门户，达到历史上最鼎盛的时期。为了适应中外海船停泊，泉州的12支港择要建筑了港口码头，其中最主要的有后渚、法石、安海、围头澳4个支港。

北宋年间，漳州是一个重要的对外贸易港口，海外贸易已十分活跃，为此宋政府曾在漳州置“黄淡头巡检”，维护航道安全并负责招徕海商，于每年夏天下海“招船”。直至南宋后期，“泉、漳一带，盗贼屏息，番舶通行”，有许多漳州舶商到海外诸国贸易，他们必须先到泉州市舶司领取“官券”才能出海，漳州由此成为泉州港对外贸易的外围口岸。从北宋后期开始，由于中央政府在泉州港设置了“市舶司”，福建对外贸易中心转移到泉州，福州港在对外贸易中的地位不如泉州港，但其海外贸易仍然相当活跃，成为海外商品的一个重要集散地，市上有专门出售舶货的商家。同时福州港的国内沿海贸易也较为繁荣，它与北自淮浙、南自海南的民间贸易航线得到较好的发展，如北宋元丰二年（1097年），海南“贾物自泉、福、两浙、湖广至者，皆金银物帛直或万余络”。而它与邻近港口的交往贸易就更为方便了：“东南近海，温（温州）、莆（莆田）、泉（泉州）、漳（漳州）诸船皆可至。”

明初，中央政府虽实行严厉的海禁政策，但由于漳州月港远离省会，其走私贸易十分盛行，成为违禁的私商对外走私贸易港。隆庆元年（1567年），明朝政府宣布在月港部分开放海禁，在月港设“洋市”，置督铜官吏，负责税收。月港由此成为一个合法的民间海商国际贸易港，商船可以在此请领“商引”，经盘验放行后出海贸易。月港与印度支那半岛和南洋群岛各国，以及朝鲜、琉球、日本等47个国家和地区有直接的贸易往来，并以吕宋为中转站与欧美各国进行间接贸易。月港在明

代后期一跃而成为“海舶鳞集，商贾咸聚”的著名海外贸易港。

明朝时，福州外港——长乐太平港（原名马江）水域非常宽阔，港口优良，长乐由于地理条件的优越，成为福建最早造船航海的地方，素有“海员之乡”的美称。在明永乐至宣德年间郑和七下西洋，长乐太平港均为郑和船队的驻泊及开洋基地，在国内的最后停驻港口，郑和船队离国启航计程的起点。郑和船队屡次在长乐太平港驻泊候风开洋的数月间，大力修造宝船充实船队，这些作为郑和船队重要组成的宝船称为“福船”，推动福建造船业的发展，使得长乐、泉州等地在永乐至宣德年间成为建造航海船舶的重要基地。同时造船业的巨大发展，促进了造船所需的木材、石灰、桐油等工商业的发达。郑和船队在当地还训练兵丁，招募水手补充船队的人员，选取驾船民众中有经验者为掌管船舶航行的“火长”，许多福建籍人员在郑和下西洋的活动中做出卓越贡献，这其中就包括郑和的第一副手闽南人王景弘。郑和船队携带的货物中，包括福建的茶叶、盐、糖、油、雨伞、樟脑、瓷器以及各色缎、丝、纱、棉等特产，相当部分由福州和福建各地区提供，尤其使泉州青瓷远销国外，大大促进了福建瓷业生产的扩大。随着郑和下西洋次数的增多，福州港与西洋各国的商贸交往日益增加，福建各项产业日趋兴旺，经济逐渐发达，人民生活富裕起来，造船业获得巨大发展，并培养了众多的航海人才，为福建港口和航运事业的发展产生了积极的影响。

作为外贸港口，福州港在明代与琉球贸易往来出现新高潮，成为当时福建最有活力的港口。明末清初，厦门港逐渐兴起，嘉庆年间，海舶往来者每年达 1000 多艘，成为“八闽门户”。

二、近代港口

1842 年 8 月 29 日，清政府于第一次鸦片战争后被迫与英国签订了丧权辱国的《南京条约》，把广州、厦门、福州、宁波、上海等 5 处开放为通商口岸。厦门港、福州港分别于 1843 年 11 月 2 日和 1844 年 7 月 3 日对外开埠，成为西方国家倾销商品与掠夺原料的前哨基地。西方列强通过一系列不平等条约，逐步攫取了厦门港、福州港的各项管理主权，海关、理船厅、引航、指泊、航标管理、航道工程的大权均由外国人操纵。在国外航线上，进出口货物运输的绝大部分被外国航运势力所垄断；在国内航线上，与沿海口岸间的土货贸易亦多受外国商行的控制。1863 年，福州港进出口贸易总值在 11 个主要通商口岸中仅次于上海港、汉口港而居第三位，其中出口货值仅次于上海而居第二位。1898 年，我国自辟三沙澳（湾）为商港，次年又增辟宁德三都澳为通商口岸，发展对外贸易。

19 世纪下半叶，为了奋起图强，抵制帝国主义的压迫，清朝一些有识之士提出“师夷长技以制夷”，其中包括制造船械、聘请夷人、设水师科等设想，“买船有受外国支配之弊，只有造轮船才能夺彼族所恃”、“船政之兴衰在于人才的培养”等主张被越来越多的人所理解和接受。1866 年（同治五年），清廷在福建闽江口的马尾设船政局，创办船政学堂，史称马尾船政局或福州船政局，实践了设想，自此，中国近代船政就在东南一隅的福州诞生了。左宗棠奏请时任江西巡抚的沈葆桢担任船政大臣，总理船政。马尾船政在当时是一个高规格的专门掌理船舶事务的行政管理机构，担负造船、办学和整理水师三重任务，是一个军事工业和培养海军的基地，同时也是中国近代最早引进西方教育模式的教育机构之一。

马尾船政局轰轰烈烈地开展了建船厂、造兵舰、制飞机、办学堂、引人才、派学童出洋留学等一系列“富国强兵”活动，在中国近代海军史、航运史、工业史、教育史、思想文化史等方面都留下了深深的印迹。马尾船政组织技术人员测量与研究马尾港口深度基准面，历时 30 年（1866 ~ 1896 年），确定了“罗星塔水准零点”，这是近代中国航海、导航、水文等技术方面的首个国际标准。马尾船政局作为中国近代海军的发祥地，培养了大量的为造舰和航运服务的造船和驾驶人才，因此船政被誉为“中国海防设军之始，亦即海军铸才之基”，其影响十分深远。马尾船政局还是中国近代航空业的萌生基地。创办第一所飞机潜艇学校和第一个飞机制造工程处，制成中国首架水上飞机并批量生产；建成世界第一个水上飞机站；制造的中国飞机第一次用于实践。马尾船政是当时在中国乃至远东规模最大、设备最为齐全的船舶工业基地，创造了中国造船的数个第一：第一艘千吨级兵商舰船“万年清”，第一艘当时远东最大巡洋舰“扬武”，第一艘铁胁船“威远”，第一艘钢甲舰“平远”，第一艘钢甲鱼雷舰“广乙”，第一艘猎雷舰“建威”，第一艘水上折叠式飞艇；也造就了一大批科技人员和产业工人，先后活跃在近代中国的军事、文化、科技、外交、经济等各个领域，紧跟当时世界先进国家的步伐，推动了中国造船、电灯、电信、铁路交通、飞机制造等近代工业及港口航运业的诞生与发展，成为中国近代化的发祥地和科技的摇篮。马尾船政局还开办了中国第一所科技专科学校和第一所技工学校，也是近代最早引进西方教育模式的高等学堂，采用法国教育体制，把船舶工程学校与海军学校合二为一，在开办后的 40 多年里共毕业学生 510 名（连同民国初期毕业的共 629 名），选送出国留学生四批及零星派出共 111 人，很多人后来都成为我国科技力量的主要骨干、海军的精英、航运业的领军人物。直至今天，140 多年过去了，福建船政学院还继续为国家培养大批优秀的航运人才，福建马尾造船厂造船技术与造船能力获得巨大提升，已能建造大型现代化海轮。马尾船政文化不仅在物质、政治、精神上对中国近代化进程起到重要的推动作用，也在造船、人才培养以及扩大对外交流方面促进了福建港口航运的巨大发展。

辛亥革命（1912 年）后，福建港口及港口航运管理机构建立，港航设备改善，沿海民营轮运企业勃兴，沿海港口航运贸易激增，近代福建港口经济及航运力量不断

成长、壮大。1926 年,驻厦门海军当局提出建港方案,并与香港荷兰治港公司及英商太古公司签订修建朝海方面堤岸的协议,全线长 2000 米,随后历时 16 年,在今厦门鹭江道筑成了大小码头 32 座,使厦门港的码头焕然一新。1935,在福州台江利用闽江下游航道束窄工程,引鳌峰州新填陆地,建了 6 座相联的堤岸码头。同年 8 月,在马尾罗星塔旁岸建浮船码头。1937 年,在福州洪山桥北岸建造了一座简易码头与站房,供客船往来经过停靠。上列码头的建成,使近代福州港的条件有了很大改善。

抗日战争爆发后,面临台湾海峡的福建成为对日斗争前线。福州、厦门曾先后沦入日军之手,港口、船舶等遭到很大破坏,港口及港口航运长期被封锁,处于大幅度萎缩状态,港口贸易渐渐衰败。1941 年 12 月 8 日太平洋战争爆发后,厦门的航运,除和台湾、日本往来外,与国外各口岸的通商联系全告中断。抗战时期,日军飞机多次飞抵马尾、福州上空进行轰炸。福州两度沦陷时,日军还直接占领福州港,对港口码头设施、船舶及造船设施等进行毁灭性的破坏。抗战胜利后,由于沿海封锁解除,福州、厦门两港以及泉州、涵江、三都等中小港口相继复兴,沿海航线、船舶进出、货物吞吐、旅客往来等渐趋繁荣。但随着内战爆发,一切又再度衰退。

三、现代港口

1949 年中华人民共和国成立后,新生的人民政府为满足支前、国防建设和经济建设三大任务的需要,开始了艰苦卓绝的港口及航运业恢复、建设工作。1949 年 9 月,福建省航务局成立,负责统一管理全省的航政与港务。1950 ~ 1951 年,福建水运公司、闽海船务行等生产单位组建成立。后经整合、改组,1952 年成立了国营华东利民运输公司福州分公司、国营华东内河轮船公司福建省公司等两家省级地方国营港口航运企业。同时,福建省还有步骤、有重点地开展了对私营和个体水路运输业的社会主义改造,管理部门对国营港口、航运企业实行政企合一的高度集中的计划管理,同时将包括国营企业在内的所有专业与非专业港口及港口航运企业纳入“统一货源、统一调度、统一运价”的“三统”管理中。于是,一个港航部门所有的封闭式港口及港口航运经济格局逐步形成。受海峡两岸军事对峙的影响,福建沿海港口航运业遭遇严重困难,海峡南北通道被人为分隔,中国籍轮船无法正常直接通航。于是以泉州为界,形成以福州、厦门为中心点的北、南两个航区,航线区域局限于省内沿海及邻省沿海,且依赖于武装护航开展海上运输。由于困难重重,这一时期的福建沿海港口及港口航运恢复和发展十分缓慢。以厦门港为例,1949 年刚建国时港口吞吐量为 2. 69 万吨,到 1955 年港口吞吐量依然徘徊在 5. 59 万吨。

1958 年,福建海运船舶开始从过去的“昼伏夜出,分段夜航”改为部分海区的“并段日航”,福建沿海运输初露转机。1958 年由于中共八届二次会议确立了建设社会主义总路线,发动了“大跃进”运动,使货物运输量猛增,造成福建港口运量计划与运输能力之间严重的矛盾。为此,港口和水运部门竭尽全力,超负荷运转,以满足各方对水路运输的需求。然而,由于过度采取人海战术,拼人力、设备,在一定程度上损伤了港口和水运生产的“元气”。20 世纪 60 年代初,国家开始对国民经济实行调整政策,福建港口、水运管理部门制定了一系列有关港口、航道设施建设的工作制度、法规,提出了港口、航道建设的中长期建设规划,港口吞吐量逐年有较大幅度的增长。

1966 年,“文化大革命”爆发,福建港口、港口航运管理机构及各级领导干部遭到严重冲击,无法履行正常的职责,各项管理制度、法律法规被废弃。这一时期,福建港航管理机构分与合、放与收变化频繁,并形成“以航代港,以航管港”的管理格局。管理法规、规章的稳定性受冲击,港航基础设施建设规划受影响,水路运输量、港口吞吐量等各项经济指标大涨大落。1970 年福州港开辟了马尾深水港区,9 月福建省成立了马尾港建港工程指挥部,即 707 工程指挥部,由福州军区、福州铁路局、福州市马尾区、省交通工程队等单位组成。该指挥部随即在马尾罗星与马限山之间兴工修建高桩梁板式码头 1 座 4 个泊位(万吨级和 5000 吨级各 2 个),码头共长 592 米;另建仓库 3 座,共 18280 平方米;堆场 5.35 万平方米。1974 年建成,结束了福建省无深水码头的历史。1973 年,周恩来总理号召“三年改变港口面貌”,福建省开始大抓港口建设,1972 ~ 1978 年,国家对福建港口建设年均投资近 1200 万元。1973 年,厦门港确定了“以商港为主,商、军、渔并存”的港口建设方向,改变了原来以军港为主的性质,推动了厦门港向现代化港口迈进的步伐。1976 年,东渡港区一期工程被列入国家“五五”建设计划,动工兴建万吨级码头深水泊位及其配套设施。

十一届三中全会以后,随着改革开放政策的实施,《告台湾同胞书》的发表,福建港口经济发展的大环境进一步改善。在港口航线发展方面,先后恢复或开辟了众多的外贸货运、近洋客运航线。1979 年 5 月,“闽海 105”号轮船自大连港,经马尾港、泉州港,通过金门东海域直航厦门港,结束了福建沿海以泉州为界南北断航 30 年的历史。10 月,“鼓山”号轮船从福州马尾港直航香港,结束了福建外贸运输 30 年来主要靠租用外轮的历史。12 月,“鼓浪屿”号客轮试航厦门—香港成功,翌年元旦正式通航,又结束了 30 年来福建无省际海上客运的历史。同月,福建省政府批准北起福鼎的沙埕港、南迄诏安的宫口港等 20 个沿海港口(或码头)为国轮出口港、澳外贸物资的起运点或装卸点。1980 年 2 月,国务院、中央军委联合批准台湾海峡恢复自由通航。“鼓山”号轮船自福州马尾港装运外贸出口货物首航新加坡,成为福建冲出国门的第一艘轮船。同时,海上集装箱运输从无到有,开辟福州-日本、福州-香港和厦门-香港间3条直达航线及支线。福建水路运输逐步构成以省内沿海港口内联江河,外通省际间沿海、港澳台地区,以及向世界五大洲开放的沿海、近洋、远洋全面辐射线网络。到1990年,福建海运轮船的外贸航线已遍及亚欧美等洲的12个国家和地区的76个港口。在港口建设方面,20世纪80年代以来,福建进入一个高潮时期。1980年8月,莆田秀屿港动工兴建。1985年,厦门东渡港区第一期工程建成5万吨级、1.5万吨级和万吨级深水泊位4个。1989年,福建炼油厂的10万吨级油码头前期工程动工,崇武码头作为第一个对台贸易专用码头也通过验收正式启用。1990年,福州松门港区2.5万吨级煤码头竣工投产。在资金投入方面,仅1986~1990年合计达40837万元,还出现了中外合资、农渔民集资建码头泊位的空前创举。至1990年,福建省沿海共拥有大中小泊位66个,其中万吨级以上的泊位10个。全省进出港内外物资都能得到集疏运,初步适应了腹地经济协调发展的需要。

四、近年来福建港口发展

到20世纪90年代,福州港已与世界上40多个国家和地区的港口开展运输贸易往来,每年到港船舶达到5000多艘次,且于1996年8月被交通部确定为对台试点直航口岸之一。福州港从"八五"到"十五"期间,港口生产翻了三番。"十五"期间,全港完成货物吞吐量24982.77万吨,比"九五"期增长219.37%;对台试点直航累计完成3828航次,为加强海峡两岸经贸发展和人员往来、促进"三通"做出巨大贡献。2006年,福州港集装箱吞吐量突破100万TEU。

在港口建设的不断发展中,厦门港的生产规模也不断扩大,集装箱生产发展尤为迅速。1998年,厦门港集装箱吞吐量为65.4万TEU,位居世界集装箱百强的第67位;2003年,集装箱完成233万TEU,挤入世界集装箱港口30强行列;2005年,集装箱吞吐量达350万TEU,跨进世界集装箱大港行列。2005年11月25日,福建省人民政府第44次常务会议通过了厦门港管理体制改革方案,决定将厦门港原有的5个港区与漳州招银港区、后石港区、石码港区整合成一个全新的厦门港。重组整合后的新厦门港,深水岸线增加14公里,总长达40公里,可容纳万吨级以上深水泊位114个。2006年,厦门港集装箱吞吐量突破400万TEU。

自古就声名远扬的泉州港,在进入20世纪90年代以后,又开辟了日本、香港、韩国等集装箱班轮航线。在港口经济发展方面,大力开发商贸与服务功能,扩大外贸运输,以港口的发展带动外向型企业的发展。2002年,泉州港被列为对台试点直航口岸,实现与澎湖、金门客货直航。

1992 年,香港招商局等 7 个投资方在漳州龙海港尾镇设立了招商局漳州开发区,启动了厦门湾南岸的港口建设。1994 年,漳州港口管理局成立,主要管理漳州开发区的港口建设。1996 年 8 月,交通部同时批准招银港区与台湾高雄港开展两岸试点直航。后石、石码港区也随着后方工业的发展而形成规模。近几年来我省实施"海洋战略",带动了漳州地区经济和临港工业的快速发展,为漳州港大规模建设带来难得的机遇。随着 2005 年厦门港的整合,漳州港下辖古雷、东山、诏安、云霄 4 个港区。

至 1990 年,莆田港拥有年设计吞吐能力 20 ~ 30 万吨的泊位 2 个、10 ~ 20 万吨的泊位 3 个、10 万吨以下的泊位 6 个。至 2006 年底,莆田市共有码头泊位 25 个。1999 年 12 月,秀屿港区、东吴港区、湄洲港区成为对外开放的一类口岸。2004 年 8 月,秀屿港 3.5 万吨级码头成为一类口岸开放水域新增作业点。

宁德港进入新的发展时期后,依托大型深水港口资源优势,以临海产业开发带动港口发展,以城市和综合交通等配套发展,支持港口资源规模化开发,逐步发展散杂货、近洋集装箱运输。2005 年 10 月 30 日起,宁德港口岸正式对外开放,宁德港口经济辐射空间进一步拓展。2006 年 11 月,国务院台湾事务办公室正式批准宁德港城澳港区、白马港区为对台湾地区金门、马祖、澎湖货运直航口岸。2007 年 4 月,黄小晶省长视察三都澳港区后,指出应当将三都澳港区作为海峡西岸经济区的重点发展区域列入总体规划。

福建省委、省政府于 2007 年初颁发了《福建省建设海峡西岸经济区纲要》,指出:"充分发挥港口优势,整合港湾资源,细化港口布局规划和开发方案,积极参与全国港口分工,……,逐步形成规模化、大型化、信息化的海峡西岸港口群。"这标志着福建省港口将续写辉煌的历史篇章,以海峡西岸现代化港口群的战略高度,掀起新一轮的建设和发展高潮。

2001 ~ 2006 年全省港口货物吞吐量见表 1-1,全省港口货物吞吐量、基本建设投资发展情况见图 1-1 ~ 1-5。

全省港口货物吞吐量表(2001 ~ 2006 年)　　表 1-1

分类＼年份	2001 年	2002 年	2003 年	2004 年	2005 年	2006 年	2006 年比上年增长(%)
货物吞吐量(万吨)	8278.4	10200.6	12495.5	15908.8	19809	23865.3	20.5
集装箱吞吐量(万 TEU)	196.8	255.5	342.2	425.9	492.5	588.2	19.4
外贸货物吞吐量(万吨)	3292.3	3980	4896.2	5638.8	6778.7	7911.9	16.7
外贸集装箱吞吐量(万吨)	171.5	215.6	276.1	333.0	381.6	436.8	14.5

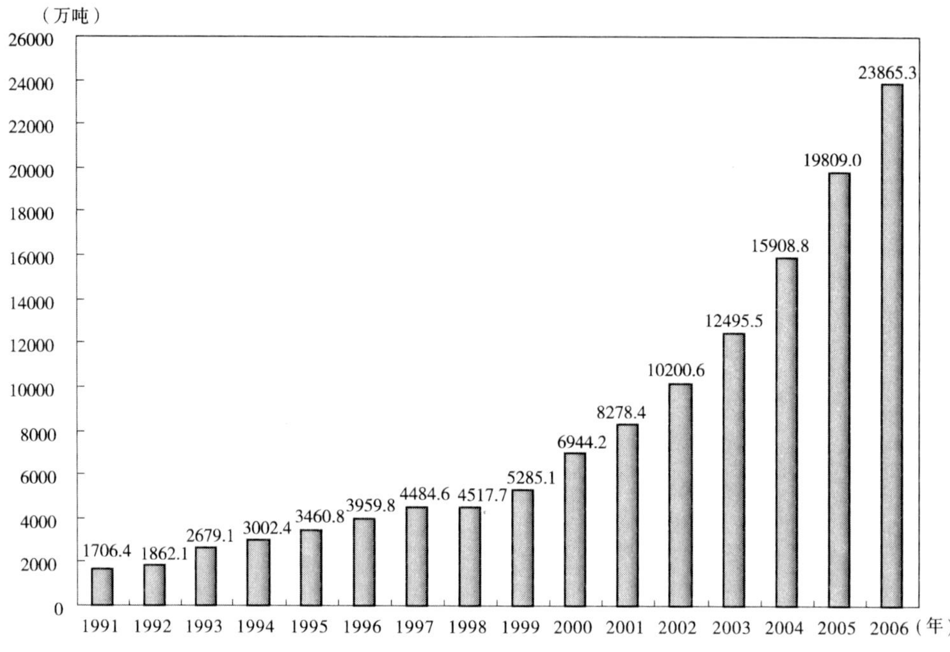

图 1-1　全省港口货物吞吐量发展情况

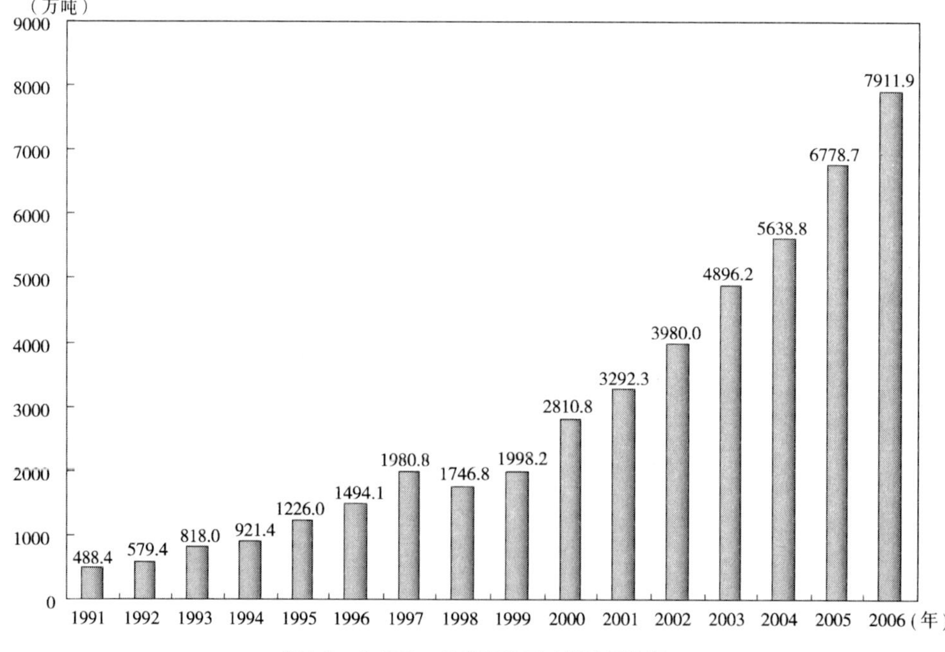

图 1-2　全省港口外贸货物吞吐量发展情况

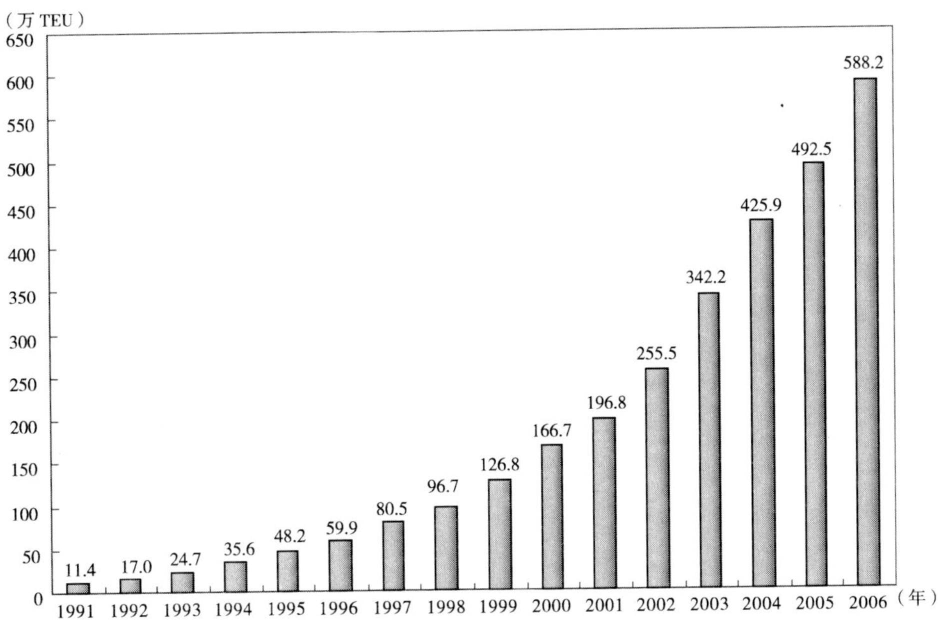

图 1-3　全省港口集装箱吞吐量发展情况

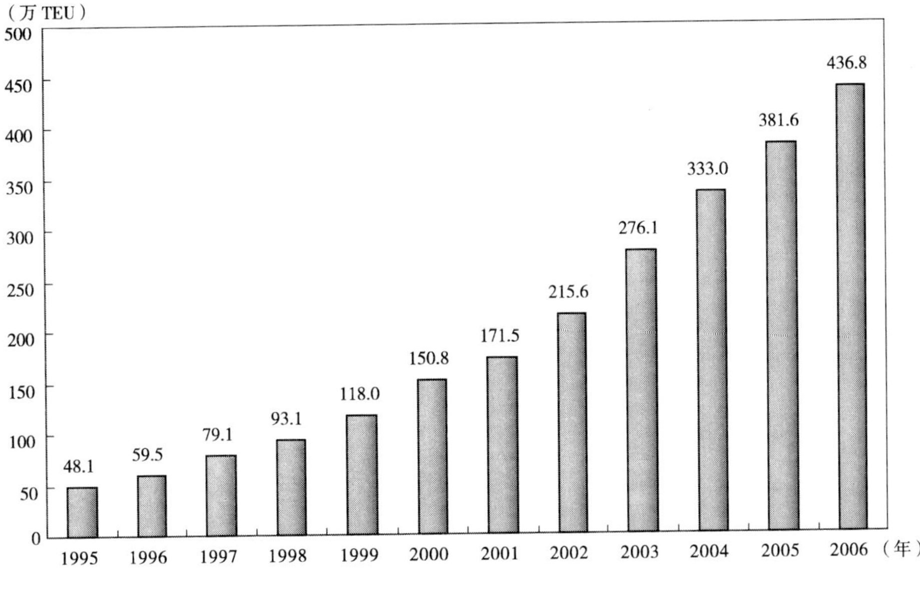

图 1-4　全省港口外贸集装箱吞吐量发展情况

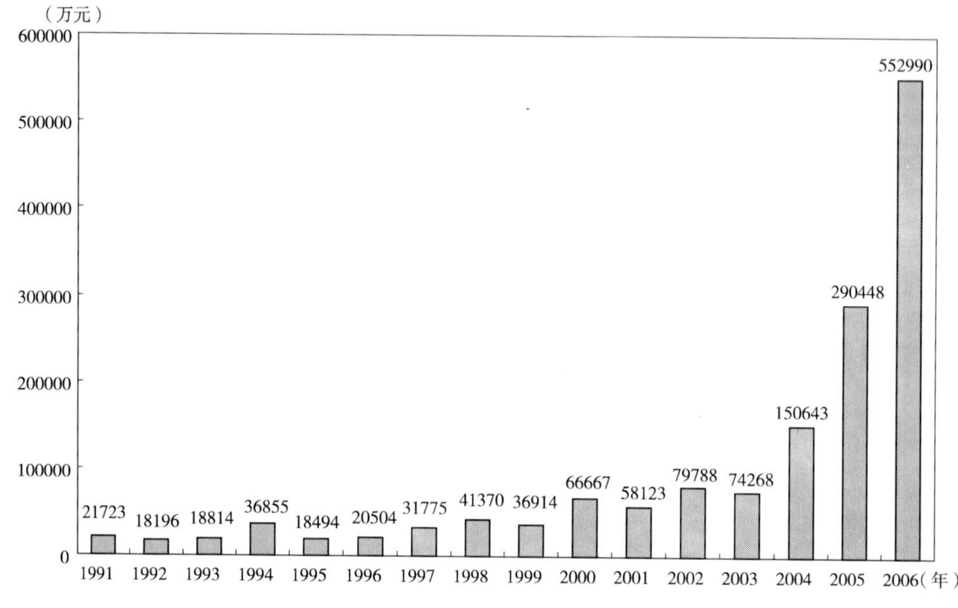

图 1-5　全省港航基本建设投资发展情况

五、厦门湾港口管理体制一体化改革

厦门湾位于台湾海峡西岸,东望宝岛台湾,南北承接珠江三角洲和长江三角洲两大经济圈,是海峡西岸港口群最主要的深水良港之一。2006 年之前,厦门湾由于行政区划的原因,港口资源被九龙江分为南北两部分:北部港口隶属厦门市行政辖区,形成东渡、海沧、嵩屿、刘五店、客运等 5 个港区;南部港口隶属漳州市行政辖区,形成招银、后石、石码 3 个港区。厦门湾南北两岸共用一个航道、共用一个锚地,却因行政区划不同长期各自为政,港口管理体制不顺,港湾资源得不到统筹利用,影响了厦门湾港口的发展壮大。改革厦门湾管理体制,实行港口资源的统一规划、统筹使用,行政执法的统一管理,实现两岸"双赢",成为厦门湾港口发展的必然。

2004 年以来,为加强厦门湾港口间的联系与合作,在省委、省政府的正确领导下,在省交通厅的直接协调下,厦门、漳州两市以及漳州开发区领导和港口业界人士,对湾内港口整合,进行一系列有益的探索和尝试。2004 年 5 月,"两市三方"建立起联席会议制度,每半年召开一次,并不定期召开专题会议。后来又增加了龙海市政府、海沧管委会作为联系会议成员单位。"两市三方"自合作实质启动以后,在港政方面,共同落实公用航道、锚地的安全问题,推进港口规划、船舶进出港调度、引航、拖轮、供水、供油、垃圾处理等港政管理的合作;在跨行政区域的经济合作方面,香港招商局集团和厦门港务集团联合投资建设招商局漳州开发区第四区的码头泊位;在重大基础设施建设方面,厦漳跨海大桥、龙海到海沧的高速公路支线、角美到海沧的公路和铁路、厦深铁路的漳州段等重大项目纷纷提上议事日程。虽然"两市三方"在港政和建设等方面的合作有了不同程度的进展,但港口行政管理体制上对厦门湾港口发展的阻碍还是未能得到理想的解决。

2005 年 2 月 3 日,省政府召开省长办公会议,专门研究厦门湾港口整合问题,原则同意省发改委提出的厦门港口一体化建议,并要求在具体港口行政管理层面上的工作要尽快理顺关系。

经过近 1 年磨合及省发改委、交通厅反复调研论证,厦门港口管理体制改革的时机逐步成熟。2005 年 11 月 25 日,省政府第 44 次常务会议作出决定:打破行政区划界限,解决厦门港各港口多头管理的问题,理顺整个厦门湾的港口管理体制。将漳州招银、后石、石码 3 个港区与厦门现有 5 个港区合并组成厦门港;厦门市港务管理局更名为厦门港口管理局,明确其作为全厦门湾港口、航道、水路运输实施行政管理的交通主管部门。自 2006 年 1 月 1 日起,厦门港新的管理体制正式启动运作,实现厦门湾港政统一、规划建设统一、港口生产统计分析统一、港口航道执法统一、水路运输行政管理统一,解决了长期困扰厦门湾两岸"一湾多港"问题,从战略高度为做大做强厦门港铺平了道路。厦门湾港口合并后,厦门港深水岸线增加 14 公里,总长达到 40 公里,可容纳万吨级以上深水泊位 114 个,锚地面积达到 19 平方公里。厦门港港口生产大幅增长,全港货物吞吐量由整合前 2005 年的 4771 万吨发展到整合后 2006 年的 7792 万吨;集装箱吞吐量由 2005 年的 334 万 TEU 发展到 2006 年的 401 万 TEU,在全国沿海港口继续保持第 7 位。

根据《厦门港总体规划》,整合后的厦门港发展将按照"一、二、三、八、五"的思路来推进各项工作。即:突出"一个中心"——发展港口集装箱运输的中心地位;做好"两个协调"——集装箱与散杂货的协调发展、货运与客运的协调发展;打好"三张牌"——大陆对台最主要通航口岸,国家主枢纽港,逐步发展为国际中转港;重点打造"八大港区";实现"五个推进"——推进"区港联动"向自由港转型,推进对台航运和中转业务向区域性航运物流中心转型,推进港湾资源整合形成比较优势,推进港口信息化,推进港口体制创新,朝着海峡西岸经济区航运物流中心的方向迈进。

随着港口一体化管理改革的不断推进,厦门港口岸一体化改革也在逐步推进中。目前,在国家有关部委的支持下,厦门、漳州检验检疫实施整合,漳州检验检疫局成建制从福建局划转厦门局管理,实现了在厦门、漳州分装分卸,从厦门港口岸进出的货物一次报检、查验、检验检疫和出证放行,提高了通关效率。

厦门港一体化实现跨行政区划的港口、航道、航运三大行政职能的统一,是真正意义上的港口资源整合，是省交通厅加快海峡西岸港口群建设而采取的一项重大战略措施，也是继1987年厦门港由省管下放厦门市管理、1999年福州港由省管下放福州市管理后，对港口管理体制的又一次重大调整，对跨行政区域港湾管理体制的一次探索、创新和突破，对积极促进其他海湾港口资源的整合改革具有借鉴意义。

第三节　港口、航道现状

一、港口现状

改革开放以来，特别是"十五"期间，福建港口取得长足的发展，初步形成以厦门港、福州港为主枢纽港，大中小泊位相结合，集装箱、散货、石化液体等专业化码头泊位相配套的港口布局。截至2006年底，全省生产性泊位达506个，其中海港396个，主要分布在福州（130个）、厦门（116个）、泉州（59个）、漳州（13个）、莆田（22个）、宁德（56个），其中万吨及以上泊位78个，福州26个；厦门36个、泉州12个、莆田2个、宁德2个；集装箱专用码头30个；河港110个，主要分布在闽江流域（表1-2）。

福州港由闽江口内港、松下、江阴、罗源湾港区组成。截至2006年底，全港拥有生产性泊位130个，其中万吨级以上深水泊位26个，最大可靠泊5万吨级集装箱船。全港货物吞吐量由2000年的2425.48万吨发展到2006年的4073万吨，集装箱吞吐量由2000年的40万TEU发展到2006年的101万TEU。

厦门港由东渡、海沧、嵩屿、刘五店、客运、招银、后石、石码等8个港区组成。目前，全港拥有生产性泊位116个，其中万吨级以上深水泊位36个，最大靠泊能力10万吨级。全港货物吞吐量由2000年的1965.3万吨发展到2006年的7793万吨，集装箱吞吐量由2000年的108.5万TEU发展到2006年的401万TEU。

泉州港由湄洲湾南岸、泉州湾、深沪湾、围头湾等4个港区组成。截至2006年底，全港拥有生产性泊位59个，其中万吨级以上深水泊位12个。货物吞吐量由2000年的1712万吨发展到2006年的5135万吨，集装箱吞吐量由2000年的15.89万TEU发展到2006年的84万TEU。

漳州港目前由东山、古雷、诏安和云霄港区组成。货物吞吐量由2000年的83.13万吨发展到2006年的164万吨。截至2006年底，全港拥有生产性泊位13个，全港综合设计吞吐能力216万吨，其中集装箱设计吞吐能力2万TEU，年货物综合通过能力304万吨。

表 1-2

全省港口码头泊位能力一览表

泊位名称	泊位长度（米）	泊位个数（个）	泊位年通过能力							
			货物（万吨）	其中：					旅客（万人）	汽车（万辆）
				集装箱（万 TEU）	煤炭	液散	矿石	其他		
全省	43636	506	14723	601	2970	2369	649	3724	1446	75
沿海	39731	396	14271	601	2950	2367	649	3294	1122	75
内河	3905	110	452		20	2		430	324	
其中：万吨级以上	18692	78	10878	572	2745	1550	485	1309	213	
万吨以下～千吨（含千吨）	13080	140	2717	29	159	810	146	1380	564	75
千吨以下	11864	288	1128		66	9	18	1035	669	
集装箱	6671	30	4298	531				50		
3000 吨以上客运	1788	13	123	5				123	511	14
全省各港港口泊位能力										
福 州 港	11917	130	4028	99	1135	573	495	1033	253	5
厦门港	14216	116	5622	394	580	724		963	736	70
泉州港	7704	59	3162	101	565	1033		756	4	
漳州港	1029	13	216	2		10	146	44		
莆田港	1711	22	367	3	150	10		183	31	
宁德港	3154	56	876	2	520	17	8	315	98	
南平市	1916	31	153					153	114	
三明市	1989	79	299		20	2		277	210	

莆田港由湄洲湾北岸的秀屿、东吴港区,兴化湾内的三江口港区组成。截至2006年底,莆田全港生产性泊位22个,其中万吨级以上深水泊位2个,年货物综合通过能力374万吨,集装箱通过能力3万TEU。全港货物吞吐量由2000年的201万吨发展到2006年的1301万吨。

宁德港由三都澳、沙埕、三沙和赛江港区组成,共16个作业区。截至2006年底,全港生产性泊位56个,其中万吨级以上深水泊位2个,年货物综合通过能力876万吨,集装箱通过能力2万TEU,货物吞吐量214万吨。

福建沿海6个设区市港口均实现与金门、马祖间海上货运直航,现已开辟9条货运航线。自2001年闽台海上直航开启以来,两岸客货运量逐年大幅度上升。截至2006年底,客运量达190.14万人次,货运量达464.35万吨。"两门"、"两马"、"泉金"航线已成为祖国大陆与台湾交往的最经济、最便捷的通道。2007年上半年,福州、泉州、漳州相继开辟了通往澎湖的货运航线。

二、航道现状

(一)沿海进出港航道

福建省港湾航道主要分布于福州、莆田、泉州、厦门、漳州和宁德等6个沿海港口,常年维护的港湾航道(含内河入海口航道)约550公里,通航里程约510公里。

(1)福州港:闽江通海航道,全长50公里,可乘潮通航2万吨级船舶;江阴港区航道,全长44.6公里,可通航10万吨级船舶;松下港区航道,全长13公里;罗源湾港区航道,全长12.7公里,可满足3万吨级船舶乘潮进港。

(2)厦门港:厦门10万吨级航道,全长43公里,其中主航道长38.8公里,可满足第六代集装箱船和10万吨油轮乘潮通航;漳州后石电厂10万吨级航道,全长21.4公里。

(3)泉州港:泉州湾航道,通航里程35公里,其中从口外引航联检锚地至石湖港区13公里航道可通航3万吨级船舶。

(4)漳州港:漳浦古雷5000吨级航道,长度为5.5公里;东山铜陵3000吨级单线航道,长度为8.3公里;东山冬古3000吨级航道,长度为0.6公里。

(5)湄洲湾:湄洲湾10万吨级航道,全长29.5公里;福建炼油厂支航道,全长4.8公里。

(6)三都澳:大唐宁德电厂码头5万吨级进港航道,全长31公里。

(二)内河航道

福建省共有151条内河航道,拥有航道总里程3955.39公里(其中10公里为界河航道）。

1. 闽江水系航道

（1）闽江航道：分为闽江通海航道和闽江干流航道。闽江通海航道主要为外沙至马尾罗星塔50.00公里航道（I级）。闽江干流航道从马尾罗星塔到南平延福门，航段里程187.70公里，分为3个航段，分别为马尾罗星塔至福州三桥13.90公里航道（II级）、福州三桥至水口水电站75.40公里航道（IV级）、水口水电站至南平延福门98.40公里航道（IV级）。

（2）沙溪航道

沙溪干流航道起点是南平延福门，终点是清流县城关大桥，干流航道总里程261.52公里，其中V级航道分别是南平市延福门至沙溪口铁路桥（又名西溪）19.2公里航道、沙溪口铁路桥至沙县城关大桥47.25公里航道、沙县城关大桥至三明城关大桥29.56公里航道。

（3）富屯溪航道

富屯溪水系为闽江上游三大溪之一，顺昌至沙溪口60公里航道（规划V级）。目前，建有洋口、峡阳、照口枢纽，已建上闸首，预留有过船设施。顺昌建有伏州码头。

2. 九龙江水系航道

九龙江是福建省第二条大河，由北溪、西溪和南溪所组成。

（1）北溪航道

北溪系九龙江主流，自雁石至猫江屿，长318.5公里。自福河开始水分三路，分别由中港、南港、北港入海。

（2）西溪航道

西溪是九龙江的支流，旧称南门溪，又名芗江。西溪主流自四旺村至福河全长130公里，上游河段长95公里，下游干流长35公里，通航里程64.5公里。

（3）南溪航道

九龙江南溪水系，河流总长88.1公里，白水、浮宫航道乘潮可通航10～16吨位船舶。

3. 汀江水系航道

汀江位于龙岩市境内，是福建省主要的省际河流，也是闽西地区最大的河流，由北向南流入广东省境内。汀江水系航道主要有汀江干流及5条主要支流航道，总长381.16公里，通航里程215.30公里，现状均为VII级以下航道。棉花滩水电站于2000年12月蓄水，回水至上杭县城郊，形成长约65公里的龙湖库区，共设置航标计97座。

4. 晋江水系航道

晋江位于泉州市境内，是泉州市第一大河，水系总长 756 公里，航道总里程 250.64 公里，通航里程 111.34 公里。

晋江干流航道从秀涂至双溪口航道里程 32.33 公里，其中秀涂至户坑口 1.41 公里航道（IV 级）、户坑口至顺济桥 13.00 公里航道（IV 级）。

5. 赛江水系航道

赛江位于宁德市境内，主要由东、西两溪组成。赛江水系航道总里程 114.9 公里，其中通航里程 52.8 公里。从白马门到赛岐大桥 32 公里为交溪航道（III 级）。

6. 木兰溪水系航道

木兰溪位于莆田市境内，总里程为 348.59 公里（其中重复里程 86.24 公里），通航里程 246.67 公里。其中三江口到海岑前 3.78 公里及三江口入海口到荔城区黄石镇海宁桥 13.62 公里为 V 级航道。

三、陆岛交通码头

1990 年初，在交通部和省交通厅的关心支持下，福建省拉开了陆岛交通码头建设的序幕，开始致力于解决沿海岛屿和边远海边群众陆岛交通难的问题。“八五”、“九五”期间，陆岛码头建设基本解决人口在 3000 人以上岛屿陆岛交通难的问题；“十五”期的建设，基本解决人口在 1000 人以上岛屿、部分大陆侧边远地区陆岛交通难的问题。经过几个五年计划的建设，共实施了 112 个项目，其中漳州 17 个、泉州 10 个、莆田 16 个、福州 33 个、宁德 33 个、厦门 3 个，建成陆岛交通码头 141 座，总投资 67692 万元。这些码头的建成从根本上改变了福建省海岛和边远海边水上交通基础设施落后的面貌，对于改善沿海岛民的生产和生活条件，促进陆岛经济发展，帮助当地群众走上脱贫致富奔小康的道路发挥了重要作用。

“十一五”期福建省陆岛交通码头计划建设共 42 个项目 58 座码头，总投资为 51100 万元。至 2007 年 10 月，开工建设的有 12 个项目 19 座码头，进入施工招标阶段的有 6 个项目 8 座码头，其余项目均进入施工图阶段，预计 2008 年底全面完工。

第四节　集疏运通道现状

高速公路：至 2006 年底，高速公路里程达 1229 公里。实现全省各设区市均通高速公路，形成了连接长三角、珠三角两大区域、对接江西、湖南等内陆省份的重要通道。

公路：2006 年底福建省公路通车里程为 86560 公里，全省境内共有 5 条国道，分别为国道104(北京—福州)、205(山海关—广州)、316(福州—兰州)、319(厦门—成都)、324线(福州—昆明),总长约3129公里,通过本省九地市,将23个县(市)连接起来。

铁路:至2006年,福建已经拥有6条铁路干线(横南、鹰厦、赣龙、梅坎龙漳、外福、漳泉肖),8条铁路专线,共4条铁路——横南(南平市－与江西省铅山县交界)、鹰厦(厦门市－与江西省资溪县交界)、赣龙(龙岩市－与江西省瑞金市交界)、梅坎龙漳作为出省通道与全国铁路网相连。

民航:目前,福建拥有厦门高崎、福州长乐两个国际机场和武夷山、泉州、连城三个支线机场。其中福州长乐、厦门高崎、泉州晋江、武夷山4个机场已开通国内航线123条,国际、港澳航线25条。福建民用航空已由过去的落后省份走入最发达省份的行列。

第五节　口岸管理

福建省在沿海六设区市口岸均设有口岸、海关、边检、国家海事、检验检疫和船检等查验机构。各口岸查验单位开设“绿色通道”,对从福建口岸进出口的货物实行报关、报检,办理相关边检、海事手续;海关采取“属地申报、口岸验放”通关模式,检验检疫机构实行“进出口货物直通施行制度”。福州、厦门的查验机构实行7天工作制和24小时预约加班制。

一、口岸

福建省口岸与海防办公室内设口岸管理处,下设福州市、漳州市、泉州市、莆田市、宁德市口岸海防办,厦门市、南平市、三明市、龙岩市、武夷山市、福清市、福安市、同安区、翔安区口岸办,东山县口岸局。

福建口岸与海防办公室主要负责全省一、二类口岸对外开放、整顿、关闭的论证审查、上报、审批和全省口岸客、货运输的协调、管理工作,协调、仲裁口岸涉外问题的争议,管理海峡两岸试点直航的省内口岸工作,协助处理涉及口岸的海防、打私工作等。

二、海关

福建省设有福州海关、厦门海关。福州海关的关区范围包括福建省内福州、莆田、三明、南平、宁德5市及其所辖的40个县(市、区),关区海岸线总长1800余公里,此外,在平潭东澳、霞浦三沙、莆田秀屿、连江琯头设有海关办事处,主要负责对台小额贸易监管工作。厦门海关的关区范围为福建省内厦门、漳州、泉州、龙岩4

市及其所辖的县(市、区),下设东渡海关、厦门高崎机场海关、象屿保税区海关、泉州海关、石狮海关、漳州海关、东山海关、龙岩海关、肖厝海关。

福建海关担负着对全省进出关境运输工具、货物和物品监督管理,征收税费,查缉走私,编制海关统计和办理其他海关业务的任务。

三、边防检查

福建省公安边防总队在各港设有边防支队、海警支队及边防检查站。

福建公安边防总队主要担负着沿海地区社会治安管理、来靠台轮管理、开放口岸边防检查、海上缉私、缉枪缉毒、打击偷渡外逃及维护海上治安秩序等任务。

四、海事

福建海事局下设厦门、宁德、福州、莆田、泉州 5 个分支局,在辖区的主要沿海码头、渡口还派驻有 27 个海事处。

福建海事局主要在管辖海域内履行对外国籍船舶进出口岸的审批、水上安全监督、防止船舶污染水域、签发海员出境证件、船舶和海上设施检验、航海保障、协调海上搜寻救助等行政执法职能。

五、检验检疫

福建出入境检验检检疫局下设福州、泉州、莆田、福清、三明、宁德、南平、龙岩、东山、晋江 10 个分支局,另外设有福州机场办事处、石狮办事处、武夷山办事处和邮件办事处。

福建出入境检验检疫局负责所辖区域的出入境检验检疫、鉴定、认证和监督管理等行政执法工作。

六、船舶检验

福建省船舶检验机构有福建省船舶检验处和中国船级社福州分社两家。

福建省船舶检验处是我省内河船检部门的业务领导机构,在各设区市均设有船舶检验处,既负责协调全省有关内河船检业务,又负担部分内河船舶检验、船舶设计图纸审核等具体工作。自 2006 年 3 月起,福建省地方海事局、福建省船舶检验处的机构和职能正式从福建省运输管理局划转到福建省港航管理局(福建省航道管理局),与之合署办公。

中国船级社福州分社下辖厦门分社,承担国内外船舶、海上设施、集装箱及相关工业产品的入级检验、公证检验、鉴证检验,并执行中国政府、外国(地区)政府主管机关授权的法定检验等具体检验业务。

第二章

港口、航道的规划

第一节 福建沿海港口布局规划

随着福建国民经济增长和社会发展对福建港口要求更高,需求也更加旺盛,交通部门积极响应海峡西岸经济区的战略构想,根据2010年、2020年福建省沿海港口吞吐量将达到3.6亿吨和6.5亿吨的预测,制定了福建省沿海港口发展规划(表2-1和表2-2)。

沿海各港口吞吐量预测表(单位:万吨) 表2-1

年份 / 港口	2010年			2020年		
	合计	出口	进口	合计	出口	进口
合计	36000	14350	21650	65000	26400	38600
福州港	11500	5200	6300	20000	9000	11000
厦门港	12000	4600	7400	21000	8500	12500
泉州港	8800	3500	5300	15800	6500	9300
莆田港	2000	300	1700	4000	800	3200
漳州港	600	300	300	1200	600	600
宁德港	1100	450	650	3000	1000	2000

沿海各港口集装箱吞吐量预测表(单位:万TEU) 表2-2

年份 / 港口	2010年	2020年
合计	1365	2800
福州港	300	810
厦门港	850	1500
泉州港	200	450
莆田港	10	30
漳州港		
宁德港	5	10

一、港口岸线规划

全省已规划的建港岸线长达480.8公里，其中深水岸线246.3公里，深水港口岸线资源居全国首位，可开发建设20万吨级以上大型深水港的岸线共23处、47公里，可建20万吨级以上深水泊位80个，其中50万吨级17个。福建省政府2006年7月出台的《大型深水港保护与开发方案》规划建设50万吨级超大型深水泊位岸线3处、20～30万吨超级大型深水泊位岸线18处、大型修造船基地2处。

二、沿海港口布局规划

在《中国沿海港口布局规划》中，福建省沿海港口作为中国沿海五大规划港口群之一的东南沿海地区港口群，主要定位以厦门、福州港为主，包括泉州、莆田、漳州等港口组成，服务于福建省和江西等内陆省份部分地区的经济社会发展和对台“三通”的需要。

《福建省港口布局规划》中明确指出福建省沿海港口规划总体目标将形成以厦门港和福州港为主要港口，泉州港、莆田港和漳州港为地区性重要港口，宁德港为一般港口的分层次港口布局，形成以厦门港为干线港、福州港和泉州港为支线港、其他港口为喂给的集装箱运输系统的港口布局；形成以电厂码头等企业专用码头为主、公用码头为辅的海运煤炭接卸体系；根据石油化工企业的布局，湄洲湾重点建设大型石化码头。

（一）沿海港口性质与功能

1. 福州港

福州港是我国沿海主要港口之一和综合运输的重要枢纽；是腹地集装箱、能源物资、原材料和外贸物资中转运输的重要港口；是福建省发展临海工业的重要依托；是对台“三通”的主要口岸之一。福州港将主要为福建省和福州市及其周边地区的经济发展和对外开放服务，为福州市临海工业开发和发展服务，为对台物资交流服务，逐步发展集装箱干线运输，并发展成为现代化、多功能的综合性港口。

福州港划分为闽江口内、松下、江阴、罗源湾四大港区。闽江口内港区是以能源物资、原材料和沿海及近洋集装箱运输为主的综合性港区；松下港区主要为福清元洪投资区和长乐两港工业区物资进出口服务；罗源湾港区具有建设深水泊位的自然条件，规划作为集装箱和散杂货运输为主的多功能、综合性深水港区，以临海工业项目的开发建设带动和推进深水港区建设；江阴港区具有较好的建港自然条件，规划为以集装箱和散杂货运输为主的多功能、综合性深水港区，以工业项目和临海工业带动港区建设。

2. 厦门港

厦门港是国家综合运输体系的重要枢纽和沿海主要港口之一，是全面提升海峡西岸经济技术合作与交流，推进两岸和平统一的重要基础。厦门港作为集装箱运输干线港，依托区域内发达的路网系统，发展成为海峡西岸物流中心，主要为腹地外向型经济发展服务。厦门港应具备装卸储存、中转转装、运输组织、现代物流、临海工业、通信信息、保税、仓储、商贸、旅游服务、后勤保障及国防安全等多种功能，逐步发展成为设施先进、功能完善、管理高效、效益显著、文明环保的现代化、多功能综合性港口。

厦门港将形成东渡、海沧、嵩屿、招银、后石、刘五店、石码、客运等八大港区。东渡港区发展中、近洋集装箱及散粮等散杂货运输；海沧港区重点发展中、远洋集装箱运输，并为海沧台商投资区的临港工业服务；嵩屿港区在保留现有煤炭、成品油运输的基础上，重点发展集装箱干线运输；招银港区以发展集装箱、散杂货运输为主，兼顾海湾、海峡客运；后石港区是为后方重化工业配套、以大宗散货为主的大型临港工业港区；刘五店港区是厦门东部翔安区发展的依托，以集装箱、临港工业开发为主，并服务于两岸"三通"；石码港区以中小泊位为主，为漳州市和龙海市地方物资运输服务；客运港区将发展成为大型豪华邮轮停靠基地，并为海峡运输、沿海客运及城市生活、旅游服务。

3. 泉州港

泉州港是我国沿海地区性重要港口，是福建省综合运输体系的重要组成部分，是泉州市及其周边地区发展经济的重要依托，是腹地发展对外交流的重要口岸，是福建省为石油化工基地服务的工业港。

泉州港由肖厝港区、斗尾港区、泉州湾港区、深沪湾港区和围头湾港区组成。湄洲湾南岸内的肖厝港区和斗尾港区将依托湄洲湾优越的建港条件成为为石油化工基地服务的工业港，肖厝港区肖厝作业区以集装箱、杂货运输为主，鲤鱼尾作业区为石化工业基地的石化原料和成品运输服务；斗尾港区斗尾作业区将为大型石化企业和大型修造船等临海工业服务为主的大型专业化港区。泉州湾港区包括后渚、石湖和规划的秀涂作业区，以石湖和秀涂作业区为重点，石湖作业区以发展内贸集装箱运输为主，逐步发展秀涂作业区，发展内贸和近洋集装箱和件杂货运输；深沪湾港区为腹地的散杂货运输服务，以发展通用泊位为主；围头湾港区由围头、石井作业区组成，是为地方经济发展服务的内、外贸集装箱和散杂货运输港区。

4. 莆田港

莆田港是我国沿海重要性港口，对台"三通"的主要港口之一，是福建省综合运输体系和海峡西岸港口群（东南沿海港口群）的重要组成部分，海峡西岸经济区扩大对外开放、服务纵深腹地的重要出海口之一，直接腹地经济、社会发展的重要依托和战略资源，是以规模化的能源、矿建、木材、干散货运输及内外贸运输为主要特色的综合性港口。

莆田港以湄洲湾北岸秀屿、东吴两大港区为主体，兴化湾南岸为补充。其中，秀屿港区将成为莆田港发展综合运输的主要支撑；东吴港区将成为推进莆田市浆纸、造船、重化、能源等临港工业的重要依托，并利用罗屿大型深水岸线资源发展大型干散货中转物流基地；兴化湾南岸港区发展服务于地方工业的多样性运输。

5. 漳州港

漳州港是我国东南沿海的地区性重要港口，是闽南地区经济发展的重要依托，是腹地发展临海产业的重要基础和对外交流的主要窗口，是福建省综合运输网的重要组成部分，将逐步成为与地方经济和临港产业发展相适应的综合性港口。

厦门湾内港口资源整合后，漳州港主要由东山、古雷、诏安和云霄港区组成。东山港区以发展集装箱喂给运输和件杂货运输及沿海、海峡客运为主；古雷港区近期以地方物资运输为主，未来作为临海工业的配套港口，根据临港工业发展的需要逐步建设成为以工业港为主的港区；诏安和云霄港区是为地方经济发展服务的杂货港区，随着地方工业的发展逐步形成工业港功能。

6. 宁德港

宁德港是宁德市经济和对外交流的重要依托，是福建省综合运输网的重要组成部分，是临海产业发展的重要基础，逐步发展散杂货，集装箱喂给运输，以及对台交通、陆岛交通和旅游客运，发展成为为闽东北、浙西南区域经济发展服务的综合性港口。

宁德港包括三都澳、沙埕、三沙和赛江港区，三都澳港区是宁德港规划的大型港区，近期以城澳和溪南作业区为建设重点，以集装箱喂给和件杂货运输为主。以临海工业项目建设、带动区域经济发展和港口发展，将逐步扩展工业港功能；沙埕港区是为地方经济和临海工业发展服务的港区；三沙港区是以对台贸易运输为主的港区；赛江港区是为地方经济服务的中小泊位区，其中赛岐作业区是其主体作业区，根据城市发展的需要，将逐步向下游的林炉和下白石作业区发展。

（二）沿海港口发展目标

为实现港口发展战略总目标，结合海峡西岸经济区经济发展的态势和各港口的实际情况，“十一五”期福建省港口规划将重点建设福州港、厦门港和湄洲湾，主要建设大型集装箱、液散、干散等专业化泊位，建设深水泊位156个，新增能力90个，新增货物吞吐能力1.9亿吨（其中集装箱790万TEU）。到“十一五”期末，基本形成福州、厦门两个亿吨大港，全省港口年设计吞吐能力达3.1亿吨，其中集装箱吞吐能力达1300万TEU。初步形成布局合理、层次分明、功能完善、分工协作的现代化海峡西岸港口群，使其成为服务中部崛起、西部开发的东南沿海新的对外开放综合通道。届时海峡西岸港口群将成为继中国大陆长三角、珠三角、环渤海之外又一重要港口群。

至2010年沿海港口对国民经济发展的制约彻底解除，港口总体能力适应国民经济发展要求，港口通过能力与货物吞吐量的适应度达到1.0，其中集装箱通过能力的适应度达到1.1以上；建立规范的港口运输市场；厦门港率先基本实现现代化。

至2020年，全省将建成万吨级以上深水泊位220余个，相对“十五”末新增港口吞吐能力为6.1亿吨，沿海港口总吞吐能力达到7.1亿吨以上，港口航道满足大型化船舶到港的要求，与公路、铁路、管道等多种运输方式实现有效衔接。港口总体能力要适度超前国民经济发展要求，适应度达到1.1以上，其中集装箱通过能力的适应度达到1.15以上，满足主要货类运输对大型深水专业码头和航道的要求，形成高效率的管理和经营运作机制，提高港口国际竞争力；现代物流、临港工业和商贸活动成为沿海港口的重要功能，港口和城市协调发展；沿海港口基本实现现代化。

福州港建成以大型干散货运输中转为特色的国家主要港口。“十一五”期末，福州港将新增泊位25个，新增吞吐能力3723万吨，其中集装箱134万TEU。实现货物吞吐量超亿吨，集装箱吞吐量超200万TEU。

厦门港将建成以国际集装箱干线运输为特色的国际航运枢纽港。“十一五”期间，厦门港将建设深水泊位32个，新增综合货物吞吐能力1亿吨，其中集装箱吞吐能力达到820万TEU。

泉州港依托福建石化基地、泰山石化物流，建设大型石油化工泊位和液体散货物流中转储备基地。在加快湄州湾南岸港区专业化泊位建设的同时，解决以往港点布局分散、难以形成规模化经营的弊端。港口基础设施建设以集装箱泊位和通用杂货泊位为重点。“十一五”期间，泉州港将建设深水泊位22个。

莆田港依托LNG项目、进口木材检疫除害处理区和加工区等项目，带动秀屿港区开发和东吴港区起步。“十一五”期间，莆田港将建设深水泊位16个。

漳州港与厦门港实现功能整合、相互补充，将强化厦门港的集装箱干线港的地位，并促进自身的发展。结合漳州市临海工业、出口型农业发展的需要推进漳州港开发，以通过泊位建设为重点，以杂货运输为主兼顾集装箱喂给运输；根据当地的临海工业开发进展情况和引进项目的特点，相应配备港口工程，带动地方经济发展。

宁德港以三都澳、沙埕港区为主，结合地区经济发展需要，相应开发三沙、赛江等港区，初期将以综合性港区为主建设通用性的多用途泊位，以地方重点物资运输为主要服务对象;随着地方经济发展,逐步开辟集装箱喂给运输,充分发挥中小港口的群体作用;三都澳港区将结合临海工业开发,发挥深水优势,相应发挥临港工业功能。

(三)"十一五"期沿海港口重点建设项目

"十一五"期内福建省沿海港口发展建设将继续加强和加快主要港口公共运输服务码头设施,特别是集装箱、油气、煤炭等大型专业化码头的建设。加快厦门、福州等与城市发展矛盾突出的老港区的功能调整与改造,结合新港区的开发建设,实现港口生产结构的优化调整和老港区的功能转换。

"十一五"期内沿海各港近期发展的重点如下:

1.福州港

福州港重点开发外海深水港区,以新建大型专业化泊位为主、改造老港区为辅,优化港区的布局,提高港口吞吐能力,调整码头结构。

罗源湾港区可建设30万吨级深水码头,近期结合腹地经济发展,从多用途泊位和临港工业项目建设入手,为深水港区的起步和地区经济发展创造条件;重点建设碧里作业区一期工程多用途泊位、可门作业区一期工程通用码头和可门电厂煤炭专用码头。

江阴港区充分利用已建成的集装箱泊位发展外贸集装箱运输,重点建设靠泊第四代以上集装箱船舶和大型散杂货船的泊位,开发港口物流园区,推动福州市物流中心建设和港口功能的拓展。重点建设江阴港区一期、二期、三期集装箱码头工程,建成停靠第四代以上集装箱船舶的大型集装箱作业区。

松下港区结合元洪投资区和两港工业区的发展需要,建设松下港区多用途通用泊位和牛头湾作业区粮食泊位。

闽江口内港区根据城市发展规划逐步调整台江作业区功能,建设长安和洋屿作业区的多用途泊位。

2.厦门港

厦门港在整合功能和资源的基础上,重点发展海沧、嵩屿和招银港区的集装箱码头和大型专业化泊位,调整、改造东渡港区,为发展集装箱干线运输和临港工业的运输服务。

集中建设海沧一期、二期、三期和嵩屿港区一期、二期集装箱码头工程,建成停靠第五代以上集装箱船舶的大型集装箱作业区,提高港口对国际知名船公司干线班轮的吸引力;加快港口物流园区建设,促进港口功能的拓展。

进一步开发和整合东渡港区的码头资源,形成规模化、现代化集装箱港区,抓紧"区港联动"项目实施,确保厦门湾港口集装箱运输持续、快速发展的需要;启动大型国际邮轮码头建设，适应旅游业的发展。

建设招银港区三期和四期工程集装箱多用途码头和一定数量的通用泊位。

3. 泉州港

泉州港结合福建“炼化一体化”工程等临海产业开发，加快建设斗尾港区 30 万吨原油码头，配套建设泉港工业区的成品油、液体化工等专用泊位和公用泊位，进一步扩建肖厝港区集装箱和通用泊位，提高其通过能力。

集中建设泉州湾、深沪湾和围头湾港区，解决以往港点布局分散、难以形成规模化经营的弊端。港口基础设施建设以集装箱泊位和通用泊位为重点，向泉州湾港区相对集中，并充分发挥深沪湾、围头湾港区的深水优势。泉州湾港区集中建设石湖和秀涂作业区，发展内贸集装箱运输和外贸集装箱支线及部分近洋运输；建设围头港区和深沪港区多用途泊位和通用杂货泊位，提高其通过能力。

4. 漳州港

综合漳州市临海工业、出口型农业发展的需要推进漳州港发展，以通用泊位建设为重点，以杂货运输为主兼顾集装箱喂给运输；根据当地的临海工业开发进展情况和引进项目特点，相应配套港口工程，带动地方经济发展。近期重点建设古雷港区的液体化工和通用泊位以及东山港区城安、冬古作业区液体化工泊位。

5. 莆田港

结合湄洲湾北岸临港工业及能源项目的建设，加快建设 10 万吨级 LNG 接收站码头工程；随着向莆铁路建设和东吴工业园区内临港工业初期规模，建设秀屿、东吴港区集装箱和通用泊位，提高其通过能力；根据地方经济特点，适当建设莆田港石城、文甲等小型码头，为地方经济服务。

6. 宁德港

开发三沙湾的优良建港资源，以三都澳港区为重点加快通用泊位建设，实现重点港区从赛歧港区向城澳、漳湾和溪南作业区转移。建设城澳作业区多用途泊位和漳湾作业区通用泊位；结合拟建的临海工业项目做好大型配套码头建设的前期工作，并适时开工建设，以工业开发带动地方经济发展；根据地方经济开发的需要，适度建设沙埕、三沙港区的中小泊位。

三、沿海航道布局规划

全省将重点建设与深水泊位相匹配的深水航道，围绕“两集两散”建设目标，着力建设厦门港、福州港江阴港区和罗源湾、湄洲湾进港航道，提高通航标准。

1. 福州港

为确保将来大型集装箱船舶和大宗散杂货船安全通畅地进出港口，福州港江阴港区航道将建设 15 ~ 20 万吨级深水航道；罗源湾航道结合临港工业项目的开发建设

10万吨级深水航道,今后根据需要建设30万吨级深水航道;福清湾航道建成乘潮通航10万吨级船舶航道;闽江通海航道建成乘潮通航第二代集装箱船舶航道。

2. 厦门港

根据到港船舶大型化和后石港区大型散货码头的建设,进一步拓宽和增深主航道,以满足15~20万吨级船舶通航要求。为适应临港工业发展的需要,加快海沧、招银和东渡等港区支航道的建设。

3. 泉州港

泉州湾深水航道建成乘潮通航10万吨级船舶航道;深沪湾航道建成乘潮通航5万吨级船舶航道。

4. 湄洲湾

为使湄洲湾港口适应临港工业基地大宗原材料产品运输的需要,扩建湄洲湾深水航道,湄洲湾主航道从现有乘潮通航10万吨级船舶提高到乘潮通航30万吨级船舶航道。

5. 漳州港

漳州港古雷港区进港航道结合临港工业项目的开发建设10万吨级深水航道,今后根据需要建设30万吨级深水航道。

6. 宁德港

宁德港进港航道近期规划通航5万吨级船舶,今后随着大型码头建设需要,进一步提高航道通航等级,满足30万吨级船舶通航要求。

第二节　福建内河航运发展规划

福建省内河航道规划范围为全省定级Ⅶ级以上的内河航道,并纳入木兰溪木兰陂至桥兜20.5公里航段,规划范围内航道总里程2000公里。

一、内河港口布局规划

福建省内河港口规划为重要港口规划和一般港口规划两个层次,将形成以福州内河港、南平港、三明港3个重要港口为核心,一般港口为补充,布局合理、层次分明、功能明确的内河港口体系,充分发挥重点港口的枢纽作用,通过内河航道形成和海相通的内河网,成为福建省综合交通体系的重要组成部分。

重要港口指区域内水陆物资转运的重要枢纽,是内河重要航道与公路、铁路的重要节点;福建省规划的内河重要港口为福州内河港、南平港和三明港。

福州内河港规划主要港区:本港区(北港、南港2个作业区)、水口港区。

南平港规划主要港区:本港区、建瓯港区、顺昌港区、沙溪口港区。

三明港规划主要港区：本港区、永安港区、沙县港区、尤溪港区。根据三明沙县城市一体化发展要求，三明港的发展将以沙县港区为重点。

除上述福州、南平、三明外，其他内河港口为一般港口。

二、内河航道布局规划

福建省内河航道规划划分成重要航道规划和一般航道规划两个层次，将形成以闽江干流及其主要支流沙溪、富屯溪、建溪、尤溪重要航道为主，一般航道为补充，干支相连、通江达海、连接东部沿海与西部山区的内河航道体系。

重要航道指具有较好的开发条件并可成为水运主通道，对发展流域经济和内河航运事业有突出作用的航道。福建省内河规划的重要航道是闽江干流及其主要支流航道，规划内河重要航道5条，总里程约555公里，其中Ⅳ级及以上航道313公里、Ⅴ级航道242公里(表2-3)。

福建省重要航道规划表　　表2-3

航道名称	航段	里程(公里)	规划等级	船舶吨级(吨)	航道尺度(宽×水深×弯曲半径，米)	船闸尺度(长×宽×门槛水深，米)	备注
闽江干流	南平延福门～福州三桥	174	Ⅳ	500	50×1.9×330	135×12×3.0	
	福州三桥～马尾	14	Ⅱ	2000	40×3.7×550		兼顾乘潮通航3000吨海轮
	福州南港淮安～马尾	40	Ⅳ	500	50×1.9×330		
沙溪	永安西门桥～南平延福门	143	Ⅴ	300	40×1.6×270	130×12×2.5	
富屯溪	顺昌～沙溪口	60	Ⅴ	300	40×1.6×270	130×12×2.5	
建溪	宸前水电站～建瓯水西大桥	39	Ⅴ	300	40×1.6×270	130×12×2.5	
	建瓯水西大桥～南平延福门	67	Ⅳ	500	50×1.9×330	130×12×3.0	
尤溪	刘坂～尤溪口	18	Ⅳ	500	50×1.9×330		

注：船舶吨级按船舶设计载重吨计，除福州～马尾航段外均为双线航道。

一般航道指大规模开发航运事业有较大难度或需较多投入，适度开发可促进地方经济发展的航道。福建省内一般航道共1299.7公里(表2-4)。

福建省内河一般航道规划表　　表 2-4

航道名称	河　段	规划里程(公里)	规划等级
闽江沙溪	宁化～清流	33.6	Ⅶ
	清流～永安	108.5	Ⅵ
	田口～秋口	16.5	Ⅵ
闽江富屯溪	邵武～顺昌	98.0	Ⅶ
闽江建溪	武夷宫～建阳	55.0	Ⅶ
	建阳～杨墩	21.5	Ⅵ
	西津～建瓯	77.0	Ⅶ
	旧馆～湖塘	78.0	Ⅶ
闽江尤溪	大田～坂面	72.8	Ⅶ
	坂面～尤溪	25.5	Ⅵ
	尤溪～刘坂	43.8	Ⅴ
闽江金溪	器村～金溪口	158.6	Ⅵ
	梅口～泰宁	21.3	Ⅵ
	过坝站～杨梅洞	9.0	Ⅵ
	官江～大布	12.0	Ⅵ
	小溪口～音下	6.0	Ⅵ
闽江大樟溪	永泰城关～塘前	28.1	Ⅶ
	塘前～新歧	20.5	Ⅴ
九龙江	北溪:新圩～福河	70	Ⅵ
	南港:白水～草浦头	8.0	Ⅴ
晋江	顺济桥～户坑口	13.0	Ⅳ
	金鸡闸～双溪口	6.7	Ⅵ
	山美水库～武工桥	21.0	Ⅴ
洛阳江	洛阳桥～云庄桥	2.9	Ⅵ
汀江	长汀水口～棉花滩水电站	157	Ⅶ
霍童溪	霍童～八都	26.6	Ⅶ
	八都～金垂	4.0	Ⅴ
木兰溪	海岑前～三江口	3.8	Ⅴ
	木兰陂～三江口	23.0	Ⅴ
鹿溪	旧镇～河口	5.0	Ⅴ
陶江	枕峰～峡南	2.5	Ⅳ
敖江	东岱～松坞	3.0	Ⅵ
福州内河	福州内河	61.6	Ⅶ
	长乐港城关～洋屿	5.9	Ⅵ

全省“十一五”期内河航道建设将重点实施建溪航电综合开发工程，开工建设南雅航运枢纽，在枢纽蓄水前建成建瓯水西大桥至南雅Ⅳ级航道；采取必要的航道整治等工程措施，建设闽江干流福州南港淮安至马尾Ⅳ级航道，改善闽江干流南平至福州（重点为水口水电站下游反调节航电枢纽工程）、沙溪干流三明至南平、尤溪干流刘板至尤溪口等航道的通航条件，基本形成闽江流域内河航运主干线。“十一五”期重点建设项目如下：

（1）建溪航电综合开发工程；

（2）水口水电站下游反调节航电枢纽工程；

（3）闽江干流福州南港（淮安～马尾）航道整治工程；

（4）沙溪（三明城关大桥～南平延福门）航道工程（改善通航条件）；

（5）尤溪（刘板～尤溪口）航道整治工程（改善通航条件）。

第三节　集疏运通道规划

一、铁路

根据《福建省铁路网中长期规划研究》，到2010年，福建省基本建成“一纵两横”快速铁路网，铁路进出省通道增至6个以上，连接京九、武九和杭甬深客运专线等国家干线铁路，形成拓展中西部纵深腹地的铁路集疏运通道；未来福建省将形成“两纵三横”的铁路网布局，规划线路见表2-5。

福建省铁路网布局　　表2-5

格局	通　道	线　路
两纵	沿海南北通道	温州－福州－厦门－深圳
	中部南北通道	浦城－南平－三明－漳平－龙岩－龙川
三横	东部对外通道	衢州－蒲城－松溪－政和－屏南－宁德
	中部对外通道	向塘－抚州－沙县－莆田（福州）
	西部对外通道	赣州－龙岩－厦门

“十一五”期重点推进江阴港区及罗源湾南北岸疏港铁路、湄洲湾南北岸港口铁路支线和漳州开发区疏港铁路支线等支线前期工作。

二、公路

根据福建省沿海港口布局及其腹地，沿海主要港口集疏运通道见表2-6。

福建省沿海港口集疏运通道 表 2-6

分类	港口	腹地	集疏运通道
国家主要港口	厦门	龙岩、三明、南平、瑞金、南昌	厦门－龙岩－瑞金
			厦门－三明－南昌
	福州	南平、三明、南城、南昌	福州－南平－南城－南昌
地区性重要港口	泉州	三明、南平、龙岩、吉安	泉州－三明－吉安
	湄洲湾（莆田）	南平、三明、南城、南昌	湄洲湾－三明－南昌
	漳州	龙岩、瑞金、赣州	漳州－龙岩－瑞金－赣州
一般港口	宁德	南平、上饶、鹰潭、景德镇	宁德－政和－武夷山－上饶

“十一五”期高速公路将基本形成“两纵四横”骨架网，沿海港口腹地拓展至江西等内陆省份。疏港高速公路将重点建设渔溪—江阴疏港路、莆田—秀屿疏港路、南安张坑—斗尾疏港路及漳州长泰—厦门海沧疏港路。

三、管道

全省规划建设成品油和天然液化气管道，基本形成贯穿福建沿海港口管道集疏运系统。

（1）天然气管道，以莆田 LNG 接收站为中心，建设连接福州至漳州的输气干线，输气干线一期工程管道总长为 369 公里，主干线全长 315 公里，三条支干线长 54 公里。

（2）成品油管道，依托福炼“一体化”项目，建设福州至漳州（闽粤界）成品油输送管道 520 公里，同时开展漳州—龙岩—江西赣州成品油管道前期研究工作。

四、航空

在建设福州、厦门和武夷山机场改扩建工程的基础上，重点续建三明沙县机场，积极推进宁德民航支线机场前期工作。

第四节 福建陆岛交通发展规划

根据《福建省陆岛交通“十一五”建设规划》，福建省陆岛交通将开展陆岛交通滚装化建设，重点建设琅岐（东岐）、三都（礁头）、西洋（外浒）、沙埕（南镇）、芦竹（牛栏岗）、南日山初（北码）、海坛苏澳（松下、大练）、草屿、东庠（流水）等 10 对陆岛滚装对渡码头，基本实现 5000 人以上大岛及重点沿海突出部陆岛交通码头滚装化;同时建设福屿(楼坪)等300~500吨级客货码头,基本解决全省沿海500人以上岛屿岛民及沿海突出部居民对外交通难的问题,初步建立起为乡镇级经济服务的陆岛交通通道;发挥旅游资源优势,在大佰岛等重点滨海旅游景点建设旅游码头;利用地理优势,在连江黄岐半岛、石狮祥芝、晋江围头、南安奎霞等地建设对马祖、金门岛的港口设施,进一步发挥对台"窗口"作用;完善"八五"至"十五"期陆岛交通码头接线公路,使已建码头项目充分发挥作用。至"十一五"期末陆岛交通码头基础设施能基本适应岛屿、沿海突出部区域社会经济发展要求。

根据福建省陆岛交通现状和"十一五"陆岛交通建设目标,"十一五"陆岛交通建设总规模为42个码头项目总计59个泊位,规划接线公路256.9公里(表2-7)。

福建省"十一五"期陆岛交通码头建设规划汇总表　　　　表2-7

名称	新增能力			码头泊位数
	万吨	万人	万车	
宁德市	165	100	10.5	26
福州市	122	71	22	17
莆田市	80	33	2	8
泉州市	17	10		3
漳州市	40	24		5
合计	424	238	34.5	59

第三章

港口和航道的管理

第一节 港航体制

港航管理体制是国家关于港航管理工作在机构设置、隶属关系、职能划分等方面的体系、制度、形式的总称。

目前,福建省交通行政执法体制主要实行的是“一厅三局”的管理模式——以省交通厅为领导,以公路管理(征稽)局、港航管理(航道管理、地方海事、船舶检验)局(处)和运输管理局等业务管理机构为主线,条块结合、以块为主,省、地、县分级管理,人、财、物以地方管理为主,业务上接受上级主管部门领导。

省交通厅负责全省道路和水路运输、装卸搬运、车船维修检测、机动车驾驶学校和驾驶员培训管理、交通基础设施建设、交通规费征稽以及航道、港口、水上安全监督等行业管理工作。下设公路管理(征稽)局、港航管理(航道管理、地方海事、船舶检验)局(处)和运输管理局三个业务管理局,全省 9 个设区市都设有交通主管部门和相应的业务管理机构。

第二节 行政管理机构

交通行政机构是各级地方政权主持交通行政事务的专管机构,是贯彻和实施地方政府和上级交通主管部门有关交通运输方针、政策的职能部门,是交通法规、条例的制定、颁发和监督执行的权力机关,肩负着发展和管理地方交通的职能。

一、港口、航道管理机构

(一)港口管理机构

我省港口管理机构主要有省、市、县三级,即省交通厅→省港航管理局

→沿海各市港口(务)局→市港口(务)局在各县下设的市港口(务)分局。龙岩、南平市交通局另设市港航处(三明市设在交通局),县设港航站(图3-1)。

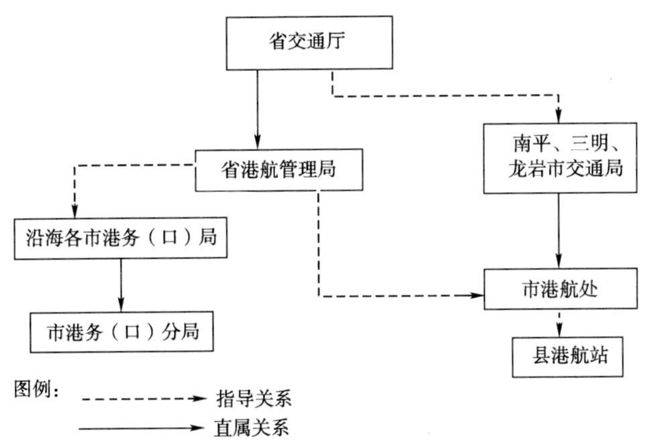

图3-1 港口管理机构示意图

(二)航道管理机构

我省航道管理体制是按照“统一领导、分级管理”的原则建立起来的,形成省、市、县三级航道管理体制,即省交通厅→省航道管理局→沿海各市航道局→市航道局在各县下设的航道管理部门。龙岩、南平市交通局另设市航道处(三明市设在交通局),县设港航站(图3-2)。

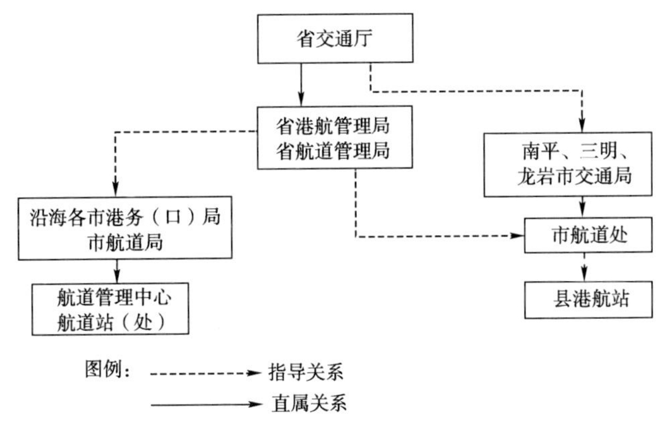

图3-2 航道管理机构示意图

二、港口、航道管理机构主要职责

(一)港口管理机构主要职责

1. 福建省交通厅

(1)贯彻国家有关水路交通行业的发展战略、方针、政策和法规,并监督执行。

(2)根据福建省国民经济和社会发展需要,拟订全省水路交通行业发展战略及规章制度,提出全省水路交通行业方针、政策和法规,经批准后,负责实施、协调和监督工作。

(3)根据全省的总体布局,组织编制全省水路交通行业发展规划、中长期和年度计划,并监督实施。组织、指导开展省重点和大中型交通基础设施建设项目及中央投资、省投资、省地合资、利用外资建设项目的前期工作和后期评价工作;并对项目审批提出行业初审意见。负责全省交通行业统计管理和信息引导。

(4)管理全省水路交通基础设施建设市场。负责全省水路交通建设工程招投标管理和工程质量管理。负责水路交通战备工程的组织实施,组织重点交通工程建设的实施,负责或会同有关部门组织水路建设工程设计审查、竣工验收。行使全省港口、航道及其设施的建设、养护等行业管理职能。

(5)管理全省水路交通运输市场。行使全省水路客货运输、船舶维修的行业管理职能,维护水路交通行业的平等竞争秩序。负责水路交通运输组织管理,对重点物资运输、紧急客货运输进行调控。负责水路运输业引进外资在省内设立办事机构及涉外运输的审批管理。引导交通运输行业优化结构、协调发展。

(6)负责交通行业安全生产监督管理。负责内河水上安全监督、内河船舶(不含渔业捕捞船舶)及水上设施检验和防止船舶污染、航行保障、救助打捞、通信导航工作。实施船舶代理、外轮理货、航道疏浚、港口及港航设施建设使用岸线布局的行业管理。行使交通通信行业管理职能。

2. 福建省港航管理局、福建省航道管理局、福建省地方海事局、福建省船舶检验处

根据福建省人民政府《关于同意设立福建省港航管理局的批复》(闽政〔1985〕综162号),福建省港航管理局的主要职责是对全省港口、航道实施行政管理职能,负责全省沿海各港口、航道和内河各港站的规划、建设管理;组织实施《中华人民共和国海上交通安全法》、《内河安全法》;船舶登记检验发证、船员培训、考试发证等工作;全省内河和通海航道的维护、建设和福州港航通信导航等工作。根据2004年福建省人民政府《关于改革全省航道管理体制的通知》(闽政文〔2004〕1号),全省沿海与内河航道(含我省负责的航标)的维护、建设、管理职责下放所在的各设

区市。福建省港航管理局(省航道管理局)设在相关设区市的机构的人、财、物成建制下放各所在设区市管理。改革后的福建省港航管理局(省航道管理局)仍作为省交通厅直属的具有对全省港口、航道实施行政管理职能的机构,负责全省港口、航道的行业管理,主要承担规划、监督、协调等工作。2006 年 3 月 1 日经省编办和省交通厅同意,福建省地方海事局以及福建省船舶检验处一并从福建省运输管理局剥离出来移挂到福建省港航管理局,与省港航管理局、省航道管理局合署办公。

3. 市港口(务)管理局、市航道管理局

福建省沿海六个设区市设有福州市港务局、厦门港口管理局、泉州市港口管理局、漳州市港口管理局、莆田市港务管理局及宁德市港务局。除厦门港口管理局内设航道管理处,沿海其他五个设区市均设有市航道管理局(处),实行两块牌子一个机构。

主要职责是贯彻执行国家有关法律、法规和有关部门管理规定以及港章规定;编制港口总体规划,对港口的岸线、陆域、水域实施统一的行政管理;负责对港口的公用基础设施的建设维护和管理;负责港口经营许可、岸线使用、危险货物港口作业认可的审批和港口经营秩序、安全生产的监督管理;划定港区内危险货物的作业泊位、库场区域范围,并实施监督;征收和代征国家行政性和事业性收费,对企业经营性收费项目和价格,按有关法规的规定实施监督和管理。

4. 县港航管理处(站)

贯彻执行中央、省、市颁发的有关港口、航道方面的方针、政策、法规和规划、计划,结合实际情况,制定相应的规章制度和标准,并组织实施;组织编制全县港口、航道及尚未完全纳入统一管理的港口、航道的发展规划、年度计划;负责全县河道、渡口秩序的治理整顿,港航规费征收、上缴和标准的制定、执行监督工作。

(二)航道管理机构主要职责

《中华人民共和国航道管理条例实施细则》第十条规定,各级航道管理机构主要职责是:

(1)根据《中华人民共和国航道管理条例》和《中华人民共和国航道管理条例实施细则》以及国家其他有关规定和技术标准,对所辖航道及航道设施实施管理、养护和建设;

(2)审批与通航有关的拦河、跨河、临河建筑物的通航标准和技术要求;

(3)参加编制航道发展规划,拟订航道技术等级,组织航道建设计划的实施;

(4)配合有关部门开展与通航有关河流的综合开发与治理,负责处理水资源综合利用中航道有关事宜;

(5)组织开展航道科学研究、先进技术交流,对航道职工进行技术业务培训;

(6)负责对航道养护费、船舶过闸费等规费的征收和使用管理;

(7)负责发布内河航道通告;

(8)负责航道及航道设施的保护,依法制止偷盗、破坏航道设施、侵占和损坏航道的违法行为;

(9)接受交通行政主管部门的委托,对违反《条例》和本《细则》规定应受行政处罚的行为依法进行处罚。

第三节　港口行政管理

港口行政管理是港口行政管理部门依据《中华人民共和国港口法》和其他有关法律、法规,为维护港口秩序所实施的对港口的行政管理。

港口行政管理的主要内容有:港口规划管理、港口岸线管理、港口建设管理、港口经营管理、港口危险货物管理、港口安全评价、港口设施保安、引航管理、锚地管理、港口内进行采掘和爆破等活动管理等。

一、港口规划管理

(一)港口规划

(1)港口规划是根据经济与社会发展的要求,合理制定港口发展战略、发展目标和方向,对未来时期的港口设施布局及建设等作出综合部署和全面安排,是建设、管理港口的基本依据。

(2)规划期是规划时间跨度。例如,某港的近期规划(3~5年)、中期规划(5~10年)、长远规划(10~20年)。

(二)港口在规划中的分类

(1)主要港口:地理位置重要、吞吐量较大、对经济发展影响较广的港口。其规划由交通部征求国务院有关部门和有关军事机关意见后,会同有关省、自治区、直辖市人民政府批准,并公布实施。

(2)重要港口:由省、自治区、直辖市人民政府征求交通部的意见后确定的本辖区重点规划建设的港口。其总体规划由省、自治区、直辖市人民政府征求交通部意见批准后实施。

(3)其他港口:以上两种港口以外的港口,其总体规划由市、县人民政府征求省交通主管部门意见批准后实施。

（三）港口规划的种类及其内容

依据《港口法》将港口规划分为两类，即港口布局规划和港口总体规划。

（1）港口布局规划是指港口分布的规划。就其范围可分为全国的港口布局规划和省、自治区、直辖市的港口布局规划。

（2）港口总体规划是指一个港口在一定时期（规划期）的具体规划，包括港口水域和陆域范围、港区划分、吞吐量和到港船型、港口的性质和功能、水域和陆域使用、港口设施建设、岸线使用、建设用地配置以及分期建设序列等内容。

港口总体规划应当符合港口布局规划。

（四）编制港口规划的依据与港口规划的审批

1. 编制港口规划的依据

港口规划应当根据国民经济和社会发展的要求以及国防建设的需要编制，即要依据国民经济与社会发展规划和国防建设规划。体现合理利用岸线资源的原则，符合城镇体系规划，并与土地利用总体规划、城市总体规划、江河流域规划、防洪规划、海洋功能区划、水路运输发展规划和其他运输方式发展规划以及法律、行政法规规定的其他有关规划相衔接、相协调。

2. 港口规划的审批

（1）福建省港口布局规划，由福建省人民政府根据全国港口布局规划组织编制，并送国务院交通主管部门征求意见。国务院交通主管部门未提出修改意见的，该港口布局规划由省人民政府公布实施；国务院交通主管部门认为不符合全国港口布局规划的，提出修改意见；若省人民政府对修改意见有异议的，报国务院决定。

（2）港口总体规划由港口行政管理部门征求有关部门和有关军事机关的意见编制。

地理位置重要、吞吐量较大、对经济发展影响较广的主要港口（如福州港、厦门港两大主枢纽港）的总体规划，由国务院交通主管部门征求国务院有关部门和有关军事机关的意见后，会同福建省人民政府批准，并公布实施。重要港口的总体规划由省人民政府征求国务院交通主管部门意见后批准，并公布实施。

主要港口、重要港口以外的港口总体规划，由港口所在地的市、县人民政府批准后公布实施，并报省人民政府备案。

3. 港口规划的修改

港口规划的修改按照港口规划制定程序办理。

（五）对港口规划区的管理

（1）在规划港区内不得建设违反规划的永久性建筑物和设施。

（2）在规划区内建设临时性建筑物和设施，应当经港口所在地港口行政管理部门同意。当港口建设需要时，应当自行拆除临时性建筑物和设施。

（3）港口管理部门应对规划港区内原有建筑物和设施进行登记。

二、港口岸线管理

港口岸线指已有港区、规划港区和其他可用于港航设施建设的岸线及相关水域和陆域（包括自然和人工的）。港口岸线是港口建设的重要物质基础，必须合理利用和保护。根据中华人民共和国交通部《港口建设管理规定》（2007 年第 5 号令），港口深水岸线由交通部会同国家发改委批准，港口非深水岸线由港口行政管理部门批准。国家发改委批准建设的港口建设项目使用港口岸线，不再另行办理使用港口岸线的审批手续。

（一）港口深水岸线标准

港口深水岸线是指适宜建设一定吨级以上泊位的港口岸线，按照所在水域分为沿海港口深水岸线和内河港口深水岸线，分别制定标准。

1. 沿海港口深水岸线

（1）沿海港口岸线的范围

沿海港口岸线的范围是指沿海、长江南京长江大桥以下、珠江黄埔以下河段及各入海口门、其他主要入海河流感潮河段等水域内的港口岸线。

（2）沿海港口深水岸线的标准

沿海港口深水岸线是指适宜建设各类型万吨级及以上泊位的沿海港口岸线（含维持其正常运营所需的相关水域和陆域）。

2. 内河港口深水岸线

（1）内河港口岸线的范围

内河港口岸线是指除沿海港口岸线以外的河流、湖泊、水库等水域内的港口岸线。

（2）内河港口深水岸线的标准

内河港口深水岸线是指适宜建设千吨级及以上泊位的内河港口岸线（含维持其正常运营所需的相关水域和陆域）。

（二）岸线预审

为引导沿海各地按照规划来组织港口规划区域内建设项目前期工作，福建省交通厅、福建省发改委制定了《福建省港口规划区域内建设项目预审管理暂行办法》。办法中指出，港口规划区域内建设项目实行岸线预审制度，预审内容包括项目符合规划情况的预审和港口岸线使用要求的预审。

港口规划区域内建设项目必须取得预审同意意见后方可开展工程可行性研究等前期工作。福建省交通厅和福建省发改委是全省港口规划区域内建设项目预审工作的主管机关。省交通厅可以委托福建省港航管理局负责港口规划区域内建设项目预审具体工作。各社区市港口行政管理部门、各社区市发改委具体负责所管辖区域内的港口规划区域内建设项目申请文件的初步审查和转报工作。

1. 港口建设项目申请预审材料

（1）港口规划区域内建设项目预审表；

（2）港口规划区域内建设项目拟选址情况、拟使用规划岸线长度等；

（3）建设项目位置图。

2. 港口建设项目预审程序

项目申请人向港口所在地设区市港口（务）管理局提出港口建设项目预审申请，并提交相关材料；港口所在地设区市港口（务）管理局会同设区市发改委提出初审意见后，联名转报省交通厅和省发改委。省交通厅会同省发改委对预审材料进行审查，并将预审意见告知项目申请人，并抄送港口所在地设区市港口（务）管理局和发改委。

（三）审批权限

使用港口岸线，实行两级审批制度。由国务院或国家发改委审批的港口设施或建设项目，不再单独办理使用港口深水岸线的审批手续。其余港口设施或建设项目使用港口深水岸线的，由各设区市港口管理机构征求同级人民政府有关部门和海事部门意见后，向省交通厅提出申请（附必要的项目可行性研究报告、文件和资料，下同）；省交通厅应对使用港口深水岸线的合理性进行评估，并征求同级发改委意见后，向交通部提出使用港口深水岸线申请；交通部在进行评估后，会同国家发改委审批。

建设港口设施使用非深水岸线的，由各设区市港口管理机构征求同级人民政府有关部门和海事部门意见后，向省交通厅提出申请，省交通厅应对使用港口非深水岸线的合理性进行评估，并征求同级发改委意见后审批，审批结果报交通部备案。凡未经批准使用港口岸线的，各级海事管理部门不予核准进行水上水下施工，各级港口管理机构不予许可从事港口经营。

(四)使用港口岸线报批所需材料

(1)港口岸线使用的申请报告;
(2)项目业主使用岸线申请、企业法人营业执照、公司简介及章程;
(3)建设项目备案或核准文件;
(4)市人民政府有关部门和海事部门的意见;
(5)需要提供的其他有关文件。

(五)使用港口岸线年限

港口岸线使用期限一般不超过30年或使用岸线企业的注册年限。如需延长岸线使用期限,必须在港口岸线使用许可证规定的使用期届满前6个月,向所辖市港口(务)局提出延长使用期申请。未申请延长使用期限或提出申请未获批准的,由市港口(务)局收回岸线使用权。法律、法规有特别规定的除外。

三、港口投资管理

(一)投资主体

港口建设投资主体可分为两部分,一类是政府投资项目,主要投资建设航道、防波堤、锚地等公共设施项目;另一类是企业投资项目,主要投资建设港口码头、船厂等经营性项目。

关于港口生产经营性设施,《港口法》第五条规定:“国家鼓励国内外经济组织和个人依法投资建设、经营港口,保护投资者的合法权益。”

关于公益性基础设施,《港口法》第二十条规定:“县级以上的人民政府应当保证必要的资金投入,用于港口公用的航道、铁路、公路、给排水、供电、通信、港内行政办公设施等港口的配套设施以保证港口功能的正常发挥。”

(二)投融资模式

(1)预算内资金,中央和地方财政预算安排的资金,包括国债资金。如宁德福安下白石3000吨级码头。

(2)专项资金,主要来源于中央和地方政府征收的港口建设费等专项费用。如陆岛交通(滚装)码头建设。

(3)国内银行贷款,这是港口建设资金的主要资金来源。如莆田秀屿8号木材码头。

(4)利用资本市场融资,包括设立股份制企业、发行股票融资和发行企业债券筹措资金。例如2004年7月,厦门港务集团收购厦门路桥股份,组建厦门港务发展有限公司,在国内A股市场上,积极筹措港口发展资金;2005年12月,厦门港务控股公司旗下的厦门国际港务股份有限公司成功在香港上市,成为国内港口企业在香港H股上市的第一家,筹集资金约10亿港币。

(5)利用外资,包括国外贷款(外国政府贷款、国际金融组织贷款、出口信贷、外国银行商业贷款、对外发行的债券)、外商直接投资、外商其他形式投资。如2000年6月,福州港务集团公司与新加坡港务集团公司(PSA)、印尼林氏集团和福清市共同投资(分别出资51%、49%),经营组建福州新港国际集装箱码头有限公司,连片开发福州港江阴港区;2006年7月,泉州市政府和中远集团在北京签署战略合作框架协议,由中远集团旗下的上市公司中远太平洋有限公司控股,和泉州码头集装箱公司合资成立的泉州太平洋集装箱码头有限公司。中远集团将注资约6亿美元投入泉州港,建设泉州集装箱码头、发展泉州集装箱货运,打破原来泉州港口“小而散”的发展状况,促进泉州港口发展全面升级。

(6)自筹资金,主要是港口企业自我积累资金的投入。如厦门国贸集团股份有限公司旗下厦门国贸码头有限公司自筹资金,投资建设厦门港东渡港区20号、21号泊位。

(7)BOT投资方式,是近年来国际上惯用的利用外资的新形式,即建设—经营—转让,是指政府(通过契约)授予私营企业以一定期限的特许专营权,许可其融资建设和经营特定的公用基础设施并准许其通过向用户收取费用或出售产品以清偿贷款,回收投资并赚取利润,在特许权期限届满时,该基础设施无偿移交给政府的一种投资方式。目前省内尚没有BOT投资方式的实例,但是正在积极探讨引入该方式投资福建省港口航道工程的具体实施办法。

(8)其他资金投入,主要是货主自建港口码头。如福建吴航钢铁配套码头工程系福州吴航钢铁制品有限公司投资建设,主要为满足公司原料及产品热轧带肋钢筋和不锈钢圆棒运输需要。

(三)投融资政策

随着港口投资建设市场的逐步放开,政府积极引导、鼓励国内外经济组织和个人依法投资建设、经营港口,保护投资者的合法权益,鼓励引进国外资金、先进技术和管理经验,创办中外合资经营、合作经营企业和外商独资企业。

交通部出台的推动两岸海上直航五项政策中,第一条就指出鼓励台湾相关企业直接投资参与大陆码头、公路建设和经营。

福建省为鼓励外商投资交通基础设施也出台了相应的优惠政策:

1)投资交通基础设施的外商投资企业享受国家对这类企业的优惠政策。

2)除享受国家给予优惠政策外,福建省人民政府颁发了《福建省鼓励外商建设经营港口码头的暂行规定》和《福建省鼓励外商投资高速公路的暂行规定》,其主要内容如下:

(1)外商投资公路、港口基础设施,经营期在15年以上的,其所得税减按15%的税率计征。从获利年度起,第1~5年免征企业所得税,第6~10年减半征收企业所得税。

(2)外商投资企业在建设经营交通基础设施的同时,经批准后,可投资经营相关的公路、水路运输和港区货物装卸、储运、拆装、包装等业务以及配套服务的旅游业、餐饮业、维修业和房地产业等第三产业。

(3)外商投资福建省交通基础设施分得的利润再投资于本企业,或投资于省内其他基础设施项目和产品出口企业或先进技术企业,经营期在5年以上的,经税务机关批准,全部退还再投资部分已缴纳的所得税款。

2006年12月,福建省人民政府发布了《关于印发鼓励中西部省份从福建省港口进出口货物及投资建设码头泊位暂行规定的通知》(闽政〔2006〕44号),其中第九条指出鼓励中西部省份在福建省开辟新的便捷出海通道;鼓励中西部省份在福建省沿海港口为该省建立独立的港口物流作业区;鼓励中西部省份的冶金、机械、石化、能源、物流、进出口等大型企业来福建省投资建设大型货主码头泊位,从事跨省港口经营业务,福建省优先提供港口岸线资源。投资经营者在享受福建省鼓励外资、民营企业相应的投资优惠政策的基础上,优先审批或批准,并参照实行省重点项目的用地、用海优惠政策。

(四)工程投资管理

工程投资管理一般不属于港口行政管理部门的管理范畴,主要由出资人或委托代理人来管理。这里仅对港口建设各阶段工程项目造价的确定作简要介绍。

(1)项目建议书、可行性研究报告阶段,对项目所需投资的计算是投资估算。

(2)初步设计阶段,由设计单位根据初步设计规定的总体布置及各单项工程的主要建筑结构和设备清单来编制建设项目总概算。

(3)在扩大初步设计阶段编制修正概算。

(4)在施工图完成后,由设计单位根据施工图设计确定的工程量编制施工图预算(设计预算)。

(5)在工程开工前,施工单位在施工图预算的控制数以下,根据施工方法、技术措施及现场实际状况,并考虑节约因素后,为实行内部成本核算,还需编制施工预算。

(6)在工程任务完成后，施工企业根据工程实际发生的情况，向建设单位办理工程价款逐项计算得出的最终数额的实际财务结算。

(7)建设项目完成后，由建设单位财务及有关部门以竣工结算等资料为基础，编制该项目竣工决算。竣工决算反映从筹建到竣工投产全过程中各项资金的使用情况和概算执行结果。

四、港口建设管理

(一)港口建设管理主要职责

(1)对新建港口使用岸线的，依法办理岸线审批手续。

(2)监督投资人对新建港口项目是否进行了环境评估。

(3)监督新建、改建、扩建的港口项目所有人所建的项目是否符合港口规划要求。

(4)对港口内的危险货物作业场所、实施卫生除害处理的专用场所进行审批并办理有关批准手续。

(5)对港口建设市场秩序进行监管，对港口建设项目的工程质量实施监督，依法参与对已竣工的港口工程项目进行验收，对验收合格的港口项目方可准许投入使用。

根据《中华人民共和国环境影响评价法》及《建设项目环境保护管理条例》，需报环境保护行政主管部门审批的交通建设项目，其环境影响报告书、环境影响报告表或环境影响登记表，必须事先经同级交通主管部门预审。

(二)港口建设管理主要任务

1. 建设市场准入管理，完善资信登记制度

把好建设市场准入关，确保市场规范有序，按照《港口建设管理规定》，参加港口建设的勘察、设计、施工、监理等从业单位应当诚实守信，依法取得相应资质后，方可进入港口建设市场。港口行政管理部门应当加强对港口工程从业单位和从业人员市场行为的动态监督管理，逐步建立港口工程建设市场的信用管理体系，将从业单位和主要从业人员在港口建设活动中的信用情况进行记录并公布。

2. 加强招标投标的管理，规范招标投标行为

招标投标管理严格按照《中华人民共和国招投标法》(中华人民共和国主席令〔1999〕21号)、《水运工程施工招投标管理办法》(交通部令〔2000〕第4号)、《福建省招标投标条例》等法律、法规、规章执行。通过规范的行为，公开、公平、公正地操作，保证选取优秀的投标单位。

3. 强化工程质量管理

工程质量管理是指按国家现行的有关法律、法规、技术规范、质量标准、批准的设计文件和合同规定，保证工程质量目标实现所进行的全部计划、组织、实施、控制、纠偏活动。

港口工程建设实行“政府监督、法人管理、社会监理、企业自检”四级质量保证体系。港口行政管理部门行使政府监督职责。

港口建设项目实行质量验收制度。竣工后，按照交通部《港口工程竣工验收办法》规定经验收合格，方可投入使用。港口行政管理部门依法参与港口工程项目的竣工验收，未经验收或验收不合格的港口项目不得投入使用。

4. 港口建设项目实行四项制度

实行“项目法人责任制度、招标投标制度、工程监理制度、合同管理制度”四项制度。四项制度实施的宗旨是要确保工程建设质量和投资效益。

（三）港口工程建设程序

根据中华人民共和国交通部《港口建设管理规定》（2007 年第 5 号令），港口工程审批应当按照国家规定的建设程序和有关规定进行。

1. 港口建设项目实行三级审批制

分别由港口所在地港口行政管理部门、省级交通主管部门、交通部三级组成。

由国家发改委核准的港口建设项目由交通部负责审批，项目法人向港口所在地港口（务）局报送相关材料，港口所在地港口（务）局向省交通厅报送（省港航管理局受理），由省交通厅向交通部转报相关材料。

由省发改委核准的港口建设项目由省交通厅负责审批，项目法人向港口所在地港口（务）局报送相关材料，由港口所在地港口（务）局向省交通厅转报相关材料（省港航管理局受理）。

其余除交通部和省交通厅负责审批以外的港口建设项目由港口所在地港口（务）局负责审批，项目法人直接向港口所在地港口行政管理部门提出申请，报送相关材料。

2. 港口建设项目

按投资主体可分为政府投资项目和企业投资项目。

（1）政府投资的港口建设项目，按照以下建设程序执行：

①开展工程预可行性研究，编制项目建议书；

②根据批准的项目建议书，编制可行性研究报告；

③根据批准的可行性研究报告，编制初步设计文件；

④根据批准的初步设计，编制施工图设计文件；

⑤根据批准的施工图设计，组织项目监理、施工招标；

⑥根据国家有关规定，进行施工前准备工作，并向省港航管理局办理开工备案手续；

⑦备案后组织工程实施；

⑧工程完工后，编制竣工材料，进行工程竣工验收的各项准备工作；

⑨组织竣工验收。

(2)企业投资的港口建设项目，按照以下建设程序执行：

①开展工程可行性研究，编制工程可行性研究报告；

②根据工程可行性研究报告，编制项目申请报告或者备案文件，履行核准或者备案手续；

③根据核准或者备案的项目申请报告或者备案文件，编制初步设计文件；

④根据批准的初步设计，编制施工图设计文件；

⑤根据批准的施工图设计，组织项目监理、施工招标；

⑥根据国家有关规定，进行施工前准备工作，并向港口行政管理部门办理开工备案手续；

⑦备案后组织工程实施；

⑧工程完工后，编制竣工验收材料，进行工程竣工验收的各项准备工作；

⑨港口行政管理部门按权限组织竣工验收。

3. 核准、备案及批准

政府投资的港口建设项目的项目建议书和可行性研究报告实行审批制；企业投资的港口建设项目的项目申请报告、备案文件分别实行核准制、备案制。

4. 工程设计

港口工程设计实行行政许可制度。港口工程设计分为初步设计和施工图设计两个阶段。

(1)初步设计阶段

①审批程序

港口工程初步设计按照对应的权限由相应的港口行政管理部门审批。

由港口所在地港口行政管理部门负责审批的初步设计文件，项目法人直接向港口所在地港口行政管理部门提出申请，报送相关材料。

由省级交通主管部门负责审批的初步设计文件，项目法人向港口所在地港口行政管理部门报送相关材料，由港口所在地港口行政管理部门向省级交通主管部门转报相关材料。

由交通部负责审批的初步设计文件，项目法人向港口所在地港口行政管理部门报送相关材料，港口所在地港口行政管理部门向省级交通主管部门报送，省级交通主管部门再向交通部转报相关材料。

②申请材料

项目法人报批初步设计时应当提供以下材料：申请文件一式 2 份；初步设计文件一式 2 份和相应的电子版本 1 份；港口建设项目批准或者核准、备案文件（包括工程可行性研究报告）的复印件 1 份。

（2）施工图设计阶段

施工图设计由港口所在地港口行政管理部门审批。

项目法人报批施工图设计文件时应当提供以下材料：申请文件一式 2 份；施工图设计文件一式 2 份；经批准的初步设计文件 1 份。

（3）设计变更

港口工程设计经批准后，应当严格遵照执行，不得擅自修改、变更。如确有必要对已批准的建设规模、标准、内容、工程概算及设计方案、主体结构、主要工艺流程或者主要设备等进行重大调整的，应当报原审批机关批准后方可实施。

5. 工程招投标

港口行政管理部门依法对港口建设项目的招标投标工作进行监督管理。港口项目的项目法人应当按项目管理权限将招标文件、资格预审结果、评标结果报港口行政管理部门备案。

6. 开工准备

项目法人在开工前应当按照项目管理权限向港口行政管理部门提交以下材料予以备案：

（1）施工图设计批复文件复印件 1 份；

（2）控制性用地的批复复印件 1 份；

（3）与施工单位和监理单位签订的合同复印件 1 份；

（4）质量监督手续材料复印件 1 份。

7. 竣工验收

港口建设项目完工后，应当按照交通部《港口工程竣工验收办法》的有关规定进行竣工验收。港口建设项目经竣工验收合格后，方可交付使用。

五、港口经营管理

港口经营管理是港口行政管理部门依据《港口法》、《港口经营管理规定》和其他有关法律、法规，为维护港口经营秩序所实施的对港口经营行为的行政管理。

港口经营主要包括码头和其他港口设施的经营，港口旅客运输服务经营，在港区内从事货物的港口装卸、拆装箱经营，港口仓储堆存经营，港口驳运经营，港口拖轮经营，港口理货经营，船舶港口服务业务经营和港口机械、设施、设备租赁、维修业务经营等。

港口经营是港口功能实现的基础,港口经营不是单一的活动,而是若干种独立活动在组合中的协调配合,使港口整体功能得以发挥。这种相互配合的行为即是港口经营。

港口经营管理的主要内容为资质管理、经营管理和监督检查。

(一)资质管理

1. 从事港口经营范围

(1)为船舶提供码头、过驳锚地、浮筒等设施;

(2)为旅客提供候船和上下船舶设施和服务;

(3)为委托人提供货物装卸(含过驳)、仓储、港内驳运、集装箱堆放、拆拼箱以及对货物及其包装进行简单加工处理等;

(4)为船舶进出港、靠离码头、移泊提供顶推、拖带等服务;

(5)为委托人提供货物交接过程中的点数和检查货物表面状况的理货服务;

(6)为船舶提供岸电、燃物料、围油栏、生活用品供应,船员接送及垃圾接收,压舱水(含残油污水收集)处理等港口服务;

(7)从事港口设施、设备和港口机械的租赁维修业务。

2. 从事港口经营应具备的条件

(1)有固定的经营场所;

(2)有与经营范围、规模相适应的港口设施、设备,其中:

①码头、客运站、库场、储罐、污水处理设施等固定设施应当符合港口总体规划和法律、法规及有关技术标准的要求;

②为旅客提供上下船服务的,应当具备至少能遮蔽风、雨、雪的候船和上、下船设施;

③为国际航线船舶服务的码头(包括过驳锚地、浮筒),应当具备对外开放资格;

④为船舶提供码头、过驳锚地、浮筒等设施的,应当有相应的船舶污染物、废弃物接收能力和相应污染应急处理能力,包括必要的设施、设备和器材。

(3)有与经营规模、范围相适应的专业技术人员、管理人员;

(4)从事港口理货经营,应当具备下列条件:

①与经营范围、规模相适应的组织机构和管理人员、理货员;

②有固定的办公场所和经营设施;

③有业务章程和管理制度。

(5)从事港口装卸和仓储业务的经营人不得兼营理货业务。理货业务经营人不得兼营港口货物装卸经营业务和仓储经营业务。

(6)交通部《关于明确港口经营管理有关问题的通知》(交水发〔2005〕416 号)中第十七条规定:新建港口经营设施进行试生产,需办理港口经营行政许可。对港口经营申请人难以提供港口经营设施验收报告文件、资料的,可先由申请人提供建设单位试生产文件证明,试生产期满后再由申请人提交相关竣工验收证(明)书。

(7)交通部《关于明确港口经营许可等有关问题的通知》(交水字〔2005〕386 号)中规定:港口内的危险化学品生产企业,其码头部分由港口行政管理部门实施港口经营许可。

3. 申请从事港口经营应当提交的文件和资料

(1)由申请港口经营许可的企业填写的《港口经营业务申请书》;

(2)经营管理机构的组成及其办公用房的所有权或者使用权证明;

(3)港口码头、库场、储罐、污水处理设施等固定设施符合国家有关规定的竣工验收证(明)书及港口岸线使用批准文件;

(4)使用港作船舶的船舶证书;

(5)负责安全生产的主要管理人员通过安全生产法律法规要求的培训证明材料(生产经营单位安全管理员《安全资格证书》,发证机关省、市安全生产监督管理局、危险货物运输岸上管理人员《上岗资格证书》);

(6)证明符合第三点规定的其他文件和资料;

(7)从事港口理货业务的,应当提供港口经营业务申请书;经营管理机构的组成及其办公用房的所有权或者使用权证明和理货人员名录以及表明其理货员身份的相应证明材料。

4. 申请从事港口经营的办理程序

(1)申请从事港口经营,申请人应向市港口(务)局提出书面申请和相关的文件资料。市港口(务)局应当自受理申请之日起 30 个工作日内作出许可或者不许可的决定。符合资质条件的,由市港口(务)局发给《港口经营许可证》,并在因特网或者报纸上公布。

(2)申请从事港口理货,应当向交通部提出书面申请和相关文件资料。交通部在收到申请和相关材料后,可根据需要征求地方交通(港口)主管部门和相关港口行政管理部门意见。上述部门应当在 7 个工作日内提出反馈意见。交通部应当在受理申请人的申请之日起 20 个工作日内作出许可或者不许可的决定。予以许可的,核发《港口经营许可证》,并在交通部网站或者报纸上公布;不予许可的,将不予许可的决定及理由书面通知申请人。

(3)申请人凭市港口(务)局或者交通部核发的《港口经营许可证》到工商管理部门办理工商登记,取得营业执照后方可从事港口业务。

(4)对港口经营人变更经营范围的,应当就变更事项按照办理港口经营许可的程序办理变更,港口经营人应到工商部门办理相应的变更登记手续。

(5)港口经营人变更企业法定代表人或者办公地点的,应向市港口(务)局备案。

(6)港口经营人停业或者歇业,应当提前30个工作日告知市港口(务)局(各港务分局)。

5.港口经营资质审验

港口经营人要在每年的12月1日至次年1月31日前将《港口经营许可证(副本)》及相关材料,送各港务分局进行港口经营资质审验。港口经营人经营资质审验的材料有:当年度经营情况;各种设施、设备、操作人员等有效证件的有效期;各种规章、制度的落实情况;码头设施及前沿水深的检测情况、港口规费交纳情况(图3-3)。

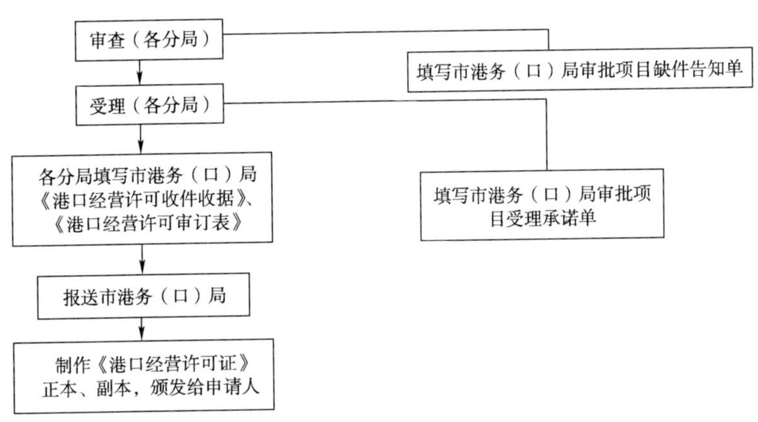

图3-3　港口经营许可审批流程图

(二)经营管理

(1)港口行政管理部门在管理上的重要内容之一是要保证港口经营人按照核定的功能使用和维护港口经营设施、设备,并使其保持正常状态。

(2)港口行政管理部门在港口经营人变更或者改造码头、堆场、仓库、储罐和污水垃圾处理设施等固定经营设施,应要求其依照有关法律、法规和规章的规定履行相应的手续。依照有关规定无需经港口行政管理部门审批的,港口经营人应当向港口行政管理部门备案。

(3)港口行政管理部门对在港区范围内从事港口旅客运输服务的经营人,应要求其采取必要措施保证旅客运输的安全、快捷、便利,保证旅客基本生活用品的供应,保持良好的候船条件和环境。

(4)港口经营人应当优先安排抢险、救灾和国防建设急需物资的港口作业。政府在紧急情况下征用港口设施,港口经营人应当服从行政指挥。港口经营人因此而产生的费用或者遭受损失的,下达行政任务的机关应当依法给予相应的经济补偿。

(5)港口行政管理部门在旅客严重滞留或者货物严重积压阻塞港口紧急情况下,应当采取措施进行疏港。

(6)港口行政管理部门经常了解和掌握港口经营人从事港口经营业务时,遵守有关法律、法规和交通部规章的规定,依法履行合同约定的义务,为客户提供公平、良好的服务情况。

(7)港口行政管理部门经常了解和掌握港口经营人遵守国家有关港口经营价格和收费的规定,在其经营场所公布服务收费项目和收费标准,使用国家规定的港口经营票据的情况。

(8)港口行政管理部门要维护公平、公正的港口经营市场,及时制止港口经营人采取不正当手段排挤竞争对手,限制或者妨碍公平竞争;及时制止港口经营人对具有同等条件的服务对象实行歧视;及时制止港口经营人以任何手段强迫他人接受其提供的港口服务。

(三)监督检查

(1)港口行政管理部门的监督检查人员依法实施监督检查时,有权向被检查单位和有关人员了解情况,并可查阅、复制有关资料。

监督检查人员对检查中知悉的商业秘密应当保密,应当两个人以上一同实施监督检查,并出示执法证件。

(2)港口行政管理部门监督检查人员应当将监督检查的时间、地点、内容、发现的问题及处理情况作出书面记录,并由监督检查人员和被检查单位的负责人签字。被检查单位的负责人拒绝签字的,监督检查人员应当将情况记录在案。

在检查时发现各类隐患,需出具整改通知书,要求限期整改的,应填写《整改通知书》(被通知整改单位整改承诺书)和《整改情况验收表》。

(四)港口经营当事人的基本权利和义务

1.港口经营合同

港口经营合同是港口经营人在业务活动进行中,协商约定相关主体之间权利、义务关系,通过合同来调整相关的民事法律关系,不仅是保护各有关当事人利益的最佳方式,也是港口行业发展的必然要求和趋势。因此,合同在港口经营活动中起着重要的法律保障作用，在港口经营活动中应强调依法签订合同、全面履行合同。

2. 港口经营合同的形式

根据《合同法》的规定，合同的形式有书面形式、口头形式和其他形式。书面形式是指合同书、信件和数据电文（包括电报、电传、传真、电子数据交换和电子邮件）等可以有形表现所载内容的形式。港口经营合同一般采用书面形式。

3. 港口经营合同的内容

（1）作业委托人、港口经营人和货物接收人的姓名或名称；

（2）作业项目；

（3）货物名称、件数、重量、体积（长×宽×高）；

（4）作业费用及结算方式；

（5）货物交接的地点和时间；

（6）包装方式；

（7）识别标志；

（8）船名、航次；

（9）起运港（站、点）和到达港（站、点）；

（10）违约责任；

（11）解决争议的方法。

4. 作业委托人的基本权利、义务

为了保证港口作业安全以及行政管理上的需要，危险品、特种货物、进出口货物以及国家限制流通、获准后方能投入运输的货物，作业委托人必须在相关主管机关办理各种手续或取得相关的证明文件，并移交港口经营人，以表明该作业的合法性。

港口经营人应当对作业货物所需要的各种手续与证明文件是否齐备、有关文件是否具有主管机关核准的印章等进行检查。但是港口经营人并不负有对作业委托人送交的文件进行实质性审查的义务，港口经营人无需对文件是否真实、合法等内容进行鉴别，也不因此承担法律上的责任。如果因作业委托人送交的单证、文件真实性或合法性的问题造成港口经营人损失的，港口经营人可以向作业委托人进行追偿。

运输货物必须按照规定的标准进行包装，作为运输全过程的一个重要环节，港口货物作业也同样如此，并且二者执行的包装标准应当是同一的。有国家规定的包装标准时，港口作业货物应当按照国家标准的要求进行包装。没有国家规定的包装标准时，作业货物的包装应当能够保证作业安全和货物质量。

为保证作业过程中人身和财产的安全，必须对危险货物采取特别防护措施。危险货物作业委托人应当按照有关危险货物运输的规定妥善包装，制作危险品标志和标签,并将其正式名称和危害性质以及必要时应当采取的预防措施书面通知港口经营人。

5.港口经营人的基本义务和权利

(1)基本义务

①配备适当的机械、设备、库场等义务。港口经营人可以根据自身业务发展的需要配备必要的经营设施。如果港口经营人没有按照作业委托人的要求提供相应设备造成作业委托人或其他人损失的,应承担相应的赔偿责任。

②按照经营合同约定,接受委托作业人交付货物的义务以及向一方当事人签发收据作为已接受货物的证明的义务。

③应当保证从接受到交付货物的完好性。

④负有对接受货物进行妥善、谨慎的保管和照料义务。

⑤在约定期间或在没有这种约定时的合理期内完成货物作业,否则应负赔偿责任。

(2)基本权利

①有权要求作业委托人按照合同的约定正确、及时地交付货物。

②有权拒绝作业委托人没有按照规定的包装标准进行包装的货物或者没有满足危险货物作业规定的货物的作业。

③有权对集装箱表面状况进行检查。

六、港口危险货物管理

(一)危险货物

危险货物是指列入国家标准 GB 12268《危险货物品名表》和国际海事组织制定的《国际海运危险货物规则》,具有爆炸、易燃、毒害、腐蚀、放射性等特性,在水路运输、港口装卸和储存等过程中,容易造成人身伤亡和财产毁损而需要特别防护的货物。

(二)危险货物港口作业管理

危险货物港口作业是指在港口装卸、过驳、储存、包装危险货物或者对危险货物集装箱进行装拆箱等作业。

1.危险货物港口作业资质认定

港口经营人从事危险货物港口作业,应当根据交通部《港口危险货物管理规定》向港口行政管理部门申请危险货物港口作业认定。

未取得危险货物港口作业资质的,不得从事危险货物港口作业。

2. 危险货物港口作业资质认定条件

从事危险货物港口作业的港口经营人,应当具备以下条件:

(1)符合《港口法》规定的经营许可条件;

(2)具有符合国家标准的应急设备、设施;

(3)具有健全的安全管理制度和操作规程;

(4)至少有一名企业主要负责人具备与本单位所从事的危险货物港口作业相关的安全生产知识和管理技能;

(5)配备足够的具有上岗资格证书的管理、作业人员;

(6)具备事故应急预案;

(7)取得消防、环保部门核准意见。

事故应急预案的主要内容应当包括:危险货物作业码头、库场、储罐、锚地等港口设施的概况、重点部位、应急队伍的组成及职责、应急措施、应急救援流程图、指挥序列表、通信方式、应急人员联络表等。

3. 危险货物港口作业资质认定流程(图3-4)

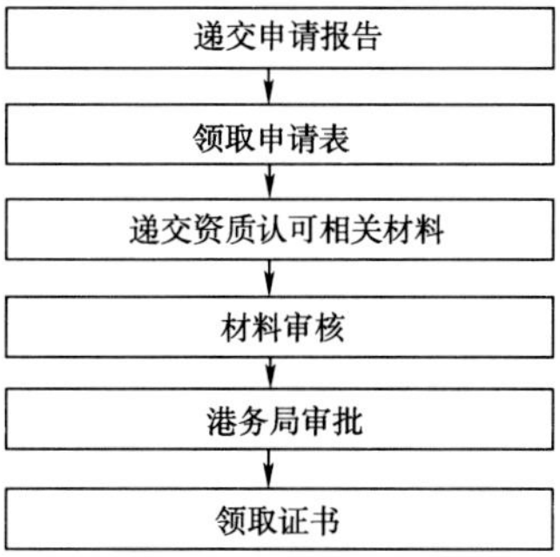

递交申请报告
↓
领取申请表
↓
递交资质认可相关材料
↓
材料审核
↓
港务局审批
↓
领取证书

图3-4 危险货物港口作业资质认定流程图

4. 危险货物港口作业资质认定材料

(1)《危险货物港口作业资质认可申请表》一式2份;

(2)港口经营许可证复印件;

(3)危险货物港口作业的设施、设备的安全使用证书复印件;

(4)具有符合国家标准的应急设备、设施的安全使用证书复印件及清单;

(5)具有健全的安全生产管理制度和操作规程;

(6)至少有一名企业主要负责人具备与本单位所从事的危险货物港口作业相关的安全生产知识和管理技能证明复印件;

(7)配备足够的具有上岗资格证书的管理人员和作业人员;

(8)具备事故应急预案;

(9)消防、环保部门核准意见;

(10)危险货物港口作业的安全评价报告;

(11)两个以上同一港口经营人使用一个码头作业的,应提交安全生产管理协议和专职安全人员名单。

5. 危险货物港口作业审批管理

(1)作业申报

从事危险货物港口作业的港口经营人,在危险货物港口装卸、过驳、储存、包装、集装箱装拆箱等作业开始24小时前,应当将作业委托人以及危险货物品名、数量、理化性质、作业地点和时间、安全防范措施等事项向所在地港口行政管理部门报告。

港口经营人应当在危险货物港口作业认可证上核定的危险货物港口作业范围内进行危险货物港口作业申报。

(2)作业审批

港口行政管理部门在接到报告后24小时内作出是否同意作业的决定,通知报告人,并及时将有关信息通报海事管理机构。

未经港口行政管理部门同意,不得进行危险货物港口作业。

(3)作业反馈

港口经营人在完成危险货物作业后,申报员应在5日内将具体作业数量在网上进行反馈,以便数据统计。

6.《危险货物港口作业认可证》年度审验

根据《港口危险货物管理规定》,港口行政管理部门应定期对从事危险货物港口作业企业的资质进行审验,发现其不再具备条件的,应当限期整顿,或按照《安全生产法》第五十四条规定撤消其资质。

申请年度审验需提交的材料:

(1)《危险货物港口作业认可证》审验申请书;

(2)《危险货物港口作业认可证》副本;

(3)当年危险货物作业情况报告,包含当年危险货物作业数量、安全管理、执行规章、制度情况及存在问题;

(4)相关从业人员的《岗位资格证书》复印件;

(5)相关危险货物存储柜、罐及其他设备的年度检测;

(6)事故应急预案的修订情况;

(7)安全评价报告(每两年进行一次)。

七、港口安全评价

(一)港口安全评价概述

港口安全评价是以实现港口建设项目和港口生产系统的安全为目的,应用安全系统工程原理和方法,对港口建设项目和生产系统中存在的危险、有害因素进行辨识与分析,判断建设项目、生产系统发生安全事故的可能性及其严重程度,为制定港口建设与生产的安全对策措施以及进行安全生产监察提供科学依据。

安全评价包括港口建设项目安全预评价、安全验收评价以及港口生产经营单位的安全现状评价、专项安全评价。

（二）安全预评价与安全验收评价

国家规定的港口大中型基本建设项目和限额以上的技术改造项目，都应进行安全预评价；客运码头、石油化工码头及罐（库）区、散粮筒仓码头及筒仓、港口危险货物装卸码头及库场、构成重大危险源的港内加油站以及生产用燃料油储存库等建设项目，初步设计前必须进行安全预评价。建设项目竣工、试生产运行正常后，应进行安全验收评价。

（三）安全专项评价

石油化工码头及罐（库）区、港口危险货物装卸码头及库场、构成重大危险源的港内加油站以及生产用燃料油储存库等场所，应进行专项安全评价。根据《危险化学品安全管理条例》规定，从事危险化学品装卸、储运经营的港口生产单位应每两年进行一次专项安全评价。

（四）现状评价

客运码头（包括客滚码头、火车轮渡码头）、散粮筒仓码头及筒仓和其他非危险货物装卸码头，对存在的安全生产不稳定因素，港口生产经营单位应主动开展安全现状评价，查找生产经营过程中存在的危险、有害因素，确定其危险程度，制定合理可行的安全对策措施，及时整改事故隐患；客运码头应制定重大生产安全事故的旅客紧急疏散和救援预案，保障旅客安全。

八、港口设施保安

港口设施指在港口范围内发生船港界面活动的场所，包括港区入口内或过驳过程中进出船舶可能造成保安事件的人员、物资的通道和场所。保安事件指威胁船舶、港口设施、船港界面活动和船到船活动保安的任何可疑行为或情况，包括未发生或已发生的事件或情况。

港口设施保安工作，是一套建立在风险评估基础上，针对各种保安威胁建立适当应对措施的应急计划系统，目的是提供一个风险评估的标准和统一的国际合作保安框架，使各国政府机构、航运公司和港口企业根据不同的保安威胁等级，相应地调整警戒状态和应对措施。港口设施保安的核心是通过建立一系列的制度、采取一系列的措施对恐怖活动进行预防，其责任主体是港口设施经营人及其主管机构。

2003 年 11 月，交通部制定了《港口设施保安规则》，对我国港口设施保安履约工作和相关要求进行全面而系统的规范。2004 年 7 月 1 日,《国际船舶和港口设施保安规则》(即 ISPS 规则)生效,中国各级港口行政管理部门开始将港口设施保安工作纳入日常工作管理。

凡对外开放的港口设施,包括港口进港航道、锚地等发生船港界面活动的基础设施都必须取得《港口设施保安符合证书》。未取得《港口设施保安符合证书》的港口设施禁止航行国际航线船舶停泊。《港口设施保安符合证书》有效期 5 年,在有效期内每年核验一次,但港口设施发生重大变化时,应及时重新进行保安评估。

(一)保安等级

港口设施的保安等级分为 3 级。

1 级保安:应当始终保持的适当最低防范性保安措施的等级;

2 级保安:由于保安事件危险性升高而应当在一段时间内保持适当的附加防范性保安措施的等级;

3 级保安:当保安事件可能或即将发生(尽管可能尚无法确定具体目标)时应在一段有限时间内保持进一步的特殊防范性保安措施的等级。

(二)港口设施保安计划

是指为确保采取旨在保护港口设施和港口设施内的船舶、人员、货物、货物运输单元和船上物料免受保安事件威胁的措施而制定的计划。

(三)港口设施经营人职责

(1)向港口所在地港口行政管理部门申请为其经营的港口设施进行保安评估和制定《港口设施保安计划》;

(2)配合港口所在地港口行政管理部门进行港口设施保安评估及其后续修订;

(3)配合港口所在地港口行政管理部门制定《港口设施保安计划》及其后续修订;

(4)实施经批准的《港口设施保安计划》;

(5)为港口设施保安员履行职责提供必要的条件;

(6)根据国务院交通主管部门确定的保安等级采取相应的保安措施;

(7)收集港口设施保安信息,并向相关部门通报;

(8)组织港口设施保安演练,参加港口设施保安演习。

(四)港口行政管理部门职责

(1)负责组织港口设施保安评估和已批准评估报告的后续修订;

(2)负责组织制订《港口设施保安计划》和已批准计划的后续修订;

(3)负责对其管理的港口公用的航道、防波堤、锚地等基础设施进行保安评估和编制《港口设施保安计划》及已批准评估报告和计划的后续修订;

(4)监督《港口设施保安计划》的实施;

(5)组织港口设施保安演习;

(6)收集港口设施保安信息,并向相关部门通报。

(五)保安声明

为了确保发生船港界面活动时协调港口设施与船舶各自保安计划要求的保安措施而签署的书面协议。

1. 保安声明签署的条件

(1)该船所处的保安等级高于与之发生界面活动的港口设施的保安等级;

(2)在中国政府与其他缔约国政府之间有涉及某些国际航线或这些航线上的特定船舶的关于《保安声明》的协议;

(3)曾经有过涉及该船或涉及该港口设施的保安威胁或保安事件;

(4)该船靠泊未取得《港口设施保安符合证书》的港口设施。

2. 保安声明的签署

《保安声明》由船长或船舶保安员与港口设施保安员签署;应当使用双方同意的语言;应当根据保安等级变化做相应的改变或重新制定;应当保存3年。

(六)港口设施保安培训、演练

港口经营人中担任港口设施保安员和其他从事与港口设施保安有关工作的人员,应接受国务院交通主管部门或其委托的培训机构组织的相应培训,具备履行其职责的知识和能力。

港口设施的经营人或管理人应当保证至少每6个月进行一次港口保安演练。演练应有记录。各级交通(港口)主管部门应当组织保安演习,至少每年进行一次,两次演习间隔不得超过18个月。港口保安演习可以采用实地或模拟的形式,也可以与相关演习结合进行。

九、引航管理

船舶引航是指引领船舶航行、靠泊、离泊、移泊的活动。为维护国家航运主权,保障船舶航行和港口设施等公共安全,根据交通部《船舶引航安全管理规定》,外国籍船舶或由海事管理机构会同市级地方人民政府港口主管部门提出报交通部批准发布的应当申请引航的其他中国籍船舶实行强制引航,其他船舶在引航区内外航行或者靠泊、离泊、移泊，可根据需要申请引航。

根据交通部《关于我国港口引航管理体制改革实施意见的通知》(交水发〔2005〕483号)，福建省港口的引航机构从港口企业中分离出来，成立具有独立法人资格的事业单位，隶属于所在地港口行政管理部门，为进出港口船舶提供引航服务；全省引航机构按照“一个港口一个引航机构”设置，各港根据实际需要在引航站下面可以设置若干引航分站。

(一)引航申请

1. 申请引航的船舶

下列船舶在各港引航区航行或者靠泊、离泊、移泊(顺岸相邻两个泊位之间的平行移动除外)以及靠离引航区外系泊点、装卸站应当申请引航：

(1)外国籍船舶；

(2)根据交通部《船舶引航管理规定》第九条规定，由市海事局会同市港口(务)局提出报交通部批准发布的应当申请引航的中国籍船舶；

(3)超过各港航道通航标准、超过拟靠离码头的靠泊等级或系泊能力或船舶操纵特别困难的中国籍船舶；

(4)法律、行政法规规定应当申请引航的其他中国籍船舶。

2. 申请引航的方式

需申请引航的船舶由船舶或其代理公司于48小时前向引航站发出预报，并于24小时前再发出确报。预报、确报发出后如情况发生变化，应及时通知。

3. 引航申请资料

申请引航的船舶或其代理人应当向引航站提供被引船舶的下列资料：

(1)船公司、船名(包括中、英文名)、国籍、船舶呼号；

(2)船舶的种类、总长度、宽度、吃水、水面以上最大高度、载重吨、总吨、净吨、主机及侧推器的种类、功率和航速；

(3)装载货物种类和数量；

(4)预计抵、离港或者移泊的时间和地点；

(5)其他特殊的船型或需要说明的事项。

4. 特殊船舶的引航申请

特殊船舶的引航申请除按上述的申请外，还应事先征得相关部门的同意，在取得相关部门的同意后，组织相关部门召开航前会，由船舶或其代理汇报申请引航的特殊船舶情况和基础资料，各相关部门提出实施方案和安全保障措施，取得一致意见后方可申请引航。

（二）引航实施

1. 实施引航

引航站应满足船舶提出的正当引航要求，及时安排并提供引航服务，并将引航方案通知申请人。引领特殊作业船舶，应按规定进行报批后实施。

2. 引航流程（图3-5）

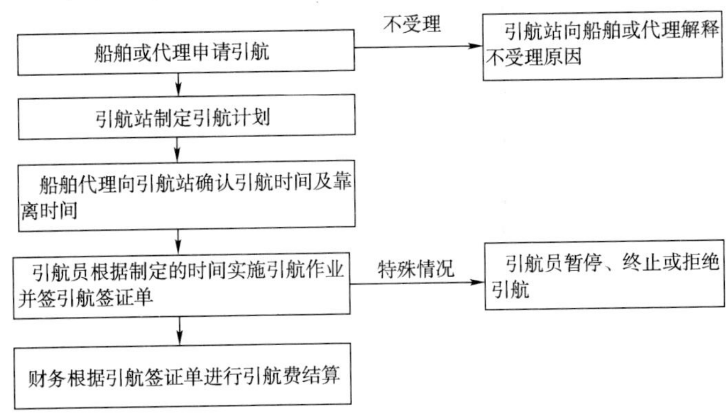

图3-5 引航流程图

十、锚地管理

锚地是指专供船舶（船队）在水上停泊及进行各种作业的水域。如作业锚地、停泊锚地、避风锚地、引航锚地及检疫锚地等。作业锚地为船舶在水上过驳的装卸锚地；停泊锚地包括到离港锚地，供船舶等待靠码头、候潮和编解队（河港）等用的锚地；避风锚地指供船舶避风浪时的锚地；检疫锚地为外籍船舶到港后进行卫生检疫的锚地，有时也和引航、海关签证等共用。

锚地停泊方式是指利用锚或浮筒使船舶在锚地安全停泊的方式。船舶在锚地停泊的方式有两种，即浮筒系泊和抛锚停泊。浮筒系泊又有单浮筒系泊和双浮筒系泊两种。抛锚停泊也有单锚停泊和多锚停泊等多种。船舶在锚地采用何种方式停泊取决于锚地设备条件、底质、风和水流的方向。

第四节 航道管理

航道是指中华人民共和国沿海、江河、湖泊、运河内供船舶、排筏通航的水域，是水运交通的基础。航道管理的日常性工作是保深、保标、保畅通，维持并尽可能改善通航条件和提高通过能力，为保障航行安全创造条件。

一、航道建设管理

航道建设实行统一领导,分级管理制度。

交通部负责全国航道建设的行业管理。具体负责由国家发展改革委批准或核准航道建设项目的项目建议书和可行性研究报告的审核工作,按权限批准项目建议书、可行性研究报告;具体负责国家发展改革委批准或核准以及交通部批准可行性研究报告的航道建设项目的设计文件审批、开工备案、竣工验收以及招标投标等项目实施过程中的监督管理工作。

省级交通主管部门负责本行政区域内航道建设的监督管理。具体负责经省级人民政府有关部门批准的航道建设项目的前期工作和设计文件审批、招标投标、开工备案、竣工验收等项目实施过程中的监督管理工作;负责经省级人民政府核准的航道建设项目的设计文件审批、开工备案和竣工验收工作。

设区的市和县级交通主管部门按照省级人民政府的有关规定负责本行政区域内航道建设项目的监督管理。

(一)航道建设管理主要职责

航道建设监督管理的职责包括:

(1)监督国家有关航道建设工作方针、政策和法律、法规、规章、技术标准的执行;

(2)监督航道建设项目建设程序的实施;

(3)监督航道建设市场秩序;

(4)监督航道工程质量和工程安全;

(5)监督航道建设资金的使用;

(6)监督廉政建设情况;

(7)指导、检查下级管理部门的监督管理工作;

(8)依法查处航道建设违法行为;

(9)法律、行政法规规定的其他职责。

(二)航道工程建设程序

根据中华人民共和国交通部《航道建设管理规定》(2007 年第 3 号令),航道建设项目应当按照国家有关规定实行招标投标制度、工程监理制度、合同管理制度和廉政监察制度,并按照国家有关建设程序的规定进行。

1. 航道建设项目

按投资主体可分为政府投资项目和企业投资项目。

(1)政府投资的航道建设项目,按照以下建设程序执行:

①根据规划,开展预可行性研究,编制项目建议书;

②根据批准的项目建议书,进行工程可行性研究,编制可行性研究报告;

③根据批准的可行性研究报告,编制初步设计文件;

④根据批准的初步设计文件,编制施工图设计文件;

⑤根据批准的设计文件,组织项目监理、施工招标;

⑥根据国家有关规定,进行施工前准备工作,并向交通主管部门办理开工备案;

⑦开工备案后组织工程实施;

⑧工程完工后,编制竣工资料,办理工程竣工前的各项工作;

⑨交通主管部门组织竣工验收,办理固定资产移交手续。

(2)企业投资的航道建设项目,按照以下建设程序执行:

①依法确定建设项目投资人;

②根据规划与需要,编制工程可行性研究报告;

③投资人组织编制项目申请报告,按照规定履行核准或者备案手续;

④根据核准、备案的项目申请报告,编制初步设计文件;

⑤根据批准的初步设计文件,编制施工图设计文件;

⑥根据批准的设计文件,组织项目监理、施工招标;

⑦根据国家有关规定,进行施工前准备工作,并向交通主管部门办理开工备案;

⑧开工备案后组织工程实施;

⑨工程完工后,编制竣工资料,办理工程竣工前的各项工作;

⑩交通主管部门组织竣工验收,办理固定资产移交手续。

2. 核准、备案及批准

政府投资航道建设项目实行审批制,企业投资航道建设项目实行核准制和备案制。

3. 工程设计

(1)初步设计

航道工程初步设计按照对应的权限由相应的港口行政管理部门审批。

由交通部负责审批的初步设计文件,应当向航道建设项目所在地省级交通主管部门提出申请,省级交通主管部门再向交通部转报相关材料。

由省级交通主管部门负责审批的初步设计文件,应当向省级交通主管部门提出申请,并报送相关材料。

申请航道建设项目初步设计文件审批,应当提供以下材料:

①行政许可申请书；

②初步设计文件一式5份及其电子文件；

③经批准的可行性研究报告或者经核准的项目申请报告复印件；

④审批部门根据项目需要要求提供的其他材料。

(2)施工图设计

省级交通主管部门负责其管辖区域内航道建设项目的施工图审批工作。

申请航道建设项目施工图设计文件审批，应当提交以下材料：

①行政许可申请书；

②施工图设计文件一式5份及其电子文件；

③经批准的初步设计文件复印件；

④审批部门根据项目需要要求提供的其他材料。

(3)设计变更

航道建设项目初步设计文件和施工图设计文件一经批准，应当严格遵照执行，不得擅自修改、变更，不得以肢解设计变更内容的方式规避设计变更审批。

如确有必要对已批准的设计文件作如下重大变更的，应当经原审批部门批准后方可修改。如改变主体工程建设位置；改变工程总平面布置；改变主要建筑物结构型式；改变主要工艺及设备配置；工程造价超过已批准的概算等。

申请航道建设项目设计变更审批，应当向审批部门提交以下材料：

①行政许可申请书；

②设计变更说明书，内容包括该航道建设工程的基本情况、拟变更的主要内容以及设计变更的合理性论证等；

③设计变更前后相应的勘察、设计图纸；

④工程量、造价变化对照清单和分项概(预)算；

⑤审批部门根据项目需要要求提供的其他材料。

4.竣工验收

航道建设项目完工后，应当按照交通部颁布的有关航运建设项目竣工验收的规定进行竣工验收。航道建设项目经竣工验收合格后，方可交付使用。

二、航道维护管理

(一)航道维护管理的基本任务

航道维护管理的基本任务主要有以下6项：

(1)有计划地对航道进行各项维护性观测，系统积累各种基础资料；

(2)在通航河段，按照国家标准和维护类别设置航标，并做好航标的维护工作；

(3)对滩险河段加强观测分析,掌握其演变趋势,及时进行调标、改槽、疏浚、清障工作,以维护计划的航道标准尺度;

(4)对整治建筑物进行定期检查、修补或实施局部改善工程;

(5)对所管辖的过船建筑物和航运梯级进行检查、保养和维修工作,使其正常运转;

(6)根据有关法规和规范,加强航道保护,防止航道条件恶化和遭受破坏。

(二)航道维护内容

航道维护工作的基本目标是要保证航道尺度,维护航标质量和通航设施的正常运转,不发生阻航、断航事故。航道维护有以下几项内容:

1.航标的设置、维护

天然河道不是整个河道都可以通航,航道维护人员通过水下地形测量,确定深槽所在位置,并用标志连贯地标示,即为设置航标。深槽位置因河床冲淤变化经常发生变动,需要航道维护部门经常进行水下地形测量,掌握深槽变迁,及时调整航标配布,确保船舶在按照航标指引的航道航行时不发生搁浅等事故。

2.航道疏浚

航道疏浚是利用挖泥机械开挖新的航道、运河或挖深、挖宽航槽,以达到设计的通航标准、改善航行条件的措施。航道疏浚工程一般分为建设性疏浚和维护性疏浚两大类。建设性疏浚是指在航道建设过程中进行的疏浚;维护性疏浚是指在航道建设完成后,由于航道会发生冲淤变化,需继续进行经常性疏浚,以保证航道达到规定的水深、宽度和弯曲半径。

3.航道维护性测量

航道维护性测量一方面要分析河床演变,搜集实施维护工程方案必要的技术资料,另一方面还要为加强航道管理与保护提供第一手资料,并为制定航道的开发建设规划积累翔实的基础性资料。航道维护性测量的基本项目应包括航道水文观测、浅险河段维护测量、河床演变观测和长河段航道图测绘等。

4.航道护岸及整治建筑物的维护

平原地区航道为防止河岸泥土坍塌淤塞,需在两岸修建护岸工程,其主要形式有直立式砌石驳岸、块石护坡及现代化学合成材料护坡等。整治建筑物是指用于整治航道的起束水、导流、导沙、固滩和护岸等作用的建筑物。常用的整治建筑物有丁坝、格坝、锁坝、潜坝、谷坊、底墙、转流建筑物等。《航道管理条例实施细则》第二十四条规定:"为确保航道畅通,航道管理机构有权制止在航道滩地、岸坡进行引起航道恶化,不利于航道维护及有碍安全航行的堆填、挖掘、种植、构筑建筑物等行为,并可责成清除构筑的设施和种植的植物。"

5. 清除航道沉船、沉物

航道中的沉船、沉物对航行安全危害极大。因此，相关法规规定，一旦发生沉船，船主或货主要及时向海事和航道部门报告，立即采取设置标志、进行水上交通管制，并尽快打捞沉船，防止再发生事故。

航道沉物主要是指水上运输过程中掉落在水中的物体、人为丢弃物以及在闸坝、桥梁等跨河工程施工过程中残留在水中的物体等。航道部门定期采取“扫床”的手段，寻找各种水下碍航物，如石块、铁锚、沉船等，并立即采取措施予以清除。

6. 过船建筑物维护

过船建筑物是为克服航运线路上的水位差而建的能够升降船舶或船队的水工建筑物（即船闸和升船机），也可以包括使船舶或船队跨越河流、穿过山岭的水工建筑物。船闸维护的主要内容有日常维修保养和定期大、中修理等。船闸大、中修理时一般要停止运行数天至数十天。升船机的维护与船闸基本类似。

（三）航道维护类别划分

内河航道分为一、二、三类维护。

一类维护：

（1）昼夜通航的Ⅰ至Ⅳ级航道（如：闽江干流外沙—闽清雄江）；

（2）昼夜通航且年货运量超过 100 万吨的Ⅴ～Ⅶ级山区航道；

（3）昼夜通航且年货运量超过 300 万吨的Ⅴ～Ⅶ级平原航道；

（4）昼夜通航且年货运量超过 500 万吨的Ⅴ～Ⅶ级运河航道和水网航道；

（5）年客运量超过 100 万人次的航道。

二类维护：条件介于一类维护和三类维护之间的航道维护。

三类维护：季节性通航的Ⅶ级航道的维护。

（四）航道维护工作组织

（1）航道维护由航道管理机构组织，负责编制和审定维护工作计划，提出实施措施，根据航道特征、水情变化发布航道通告；定期检查航道航标维护工作的落实情况，收集整理航标技术资料，分析研究航标维护质量，总结航标维护管理经验；

（2）一、二类维护的航道应有固定的专业维护队伍，并配备必要的设备，其范围应相互衔接，不留空档；三类维护的航道应主要利用航道自然条件通航，必要时组织队伍，采取简易措施，维护其通航。

（五）航道维护标准

航道维护工作的基本目标是保障航道尺度，维护航标质量，维护通航设施的正常运转，不发生阻航、断航事故。

1. 航道尺度

包括水深、宽度和弯曲半径，最主要的是航道深度。

2. 天然河流航道维护标准水深年保证率

天然河流航道维护标准水深年保证率应符合表3-1的规定。各条河流航道维护标准水深年保证率的具体指标由交通部及省航道主管机构确定。

天然河流航道维护标准水深年保证率　　表3-1

航道维护类别	Ⅰ、Ⅱ级航道	Ⅲ、Ⅳ级航道	Ⅴ～Ⅶ级航道
一	≥98%	≥95%	≥90%
二	——	≥94%	≥88%
三	不作统一规定，要求尽量利用自然水深		

注：①在特枯年份，可较表3-1的要求降低1%～3%；

②乘潮通航的潮汐河口，其水深保证率可比照潮位保证率确定。

3. 航标维护质量标准

(1)航标的种类、形状、颜色、灯质与配布原则，通海河口应符合《中国海区水上助航标志》的规定，内河应符合《内河助航标志》的规定。

(2)航标维护质量应做到：

①标志位置正确，外形尺寸符合规定；颜色鲜明，灯光明亮，灯质、视距符合要求；在通视有效范围内无障碍物；

②通行信号揭示正确、及时；

③航标一类维护正常率不小于99%，二类维护不小于95%，三类维护不小于90%。

4. 过船建筑物维护工作标准

(1)过船建筑物达到正常运用后，一、二类维护航道年通航时间保证率应不小于98%；三类维护航道不小于95%。

(2)过船建筑物的维护工作，应符合《船闸管理办法》、《船闸工程质量检验评定标准》等现行行业标准和法规的有关规定。

(六)航道维护性观测

(1)维护性观测内容：航道水文观测、浅滩维护性测量、长河段航道图测量。

(2)担任一、二类维护的维护单位应设置专业测量队伍，一类维护航道浅滩维护性测量每年不少于两次，二类维护每年不少于一次。

三、航道行政管理

航道行政管理是指航道管理机构依法对航道进行的管理和保护活动。航道管理以谋求社会公共利益、维护公共秩序、增进公共福利为目的，是国家行政管理部门依法行政的重要组成部分，具有强制性。

（一）航道行政管理的主要任务

1. 充分保护水运资源

航道管理部门要积极做好水资源的保护利用工作，与水利、电力等部门共同处理好防洪、灌溉、发电与航运之间的关系。

2. 保护航道不受人为因素影响或破坏

航道作为交通基础设施，与社会生活各个方面密切相关，各种社会活动都可能对它产生影响。修建跨河桥梁，埋设水下过河电缆、管道，临河修建房屋、码头等各种建筑物，在航道中设置渔网等捕捞装置，都可能对航道造成损害。人为的破坏主要表现为：向航道中倾倒泥土、砂石、垃圾、废料，以及不经航道管理机关批准在航道中任意采砂、淘金等，扰乱水上航行秩序，甚至改变航道尺度和水流流态造成航道条件恶化。

因此，修建各种跨河、过河、临河建筑物，必须进行充分论证，并经航道管理部门批准，以保证航道符合通航标准。对于人为破坏航道的行为，《中华人民共和国水法》、《中华人民共和国航道管理条例》、《内河交通安全管理条例》等法律、法规均有明确规定予以禁止。

3. 其他航道管理工作

由于修建各类与航道有关的建筑物和设施而引起的新航标设置与管理；洪水期、枯水期等特殊情况下的航道管理；人为加大或减少水流量对航道影响的管理等。

（二）与通航有关设施的管理

1. 与通航有关的设施的概述

与通航有关的设施，大体上可分为三类：

一是拦河建筑物，是指在通航河流的某一断面上建设的闸坝等水工建筑物。拦河建筑物是造成航道中断的一种与通航有关的设施，如拦河节制闸、拦河坝等。

二是跨河或过河建筑物，是指从江河、湖库、海峡、港湾上空跨越的桥梁、渡槽、缆线、管道等，以及从其床底穿过的涵管、管道、缆线、隧道等，它们同航道形成立体交叉，与通航条件之间的关系极为密切。

三是临河建筑物，主要包括码头栈桥、驳岸、护岸码头、滑道、房屋、涵洞、抽排水站及其他工程设施等。

2. 与通航有关设施的审批及管理程序（图 3-6）

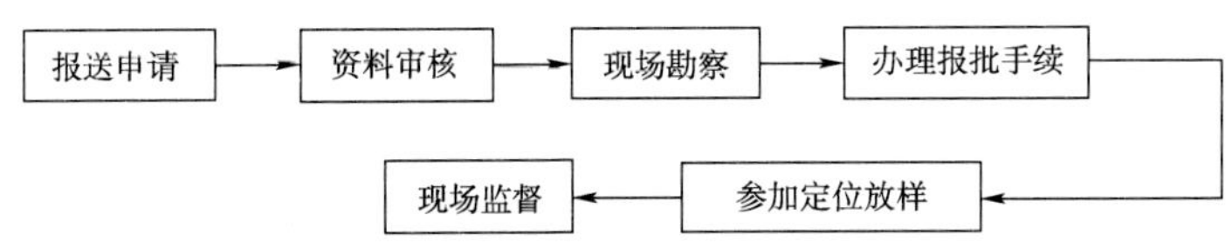

图 3-6　与通航有关设施的审批及管理程序流程图

（1）报送申请

建设单位或设计单位必须在工程项目建议书批准之后，向当地航道主管部门提出书面申请，报送有关文件、资料、说明修建的理由，与通航有关设施的种类、结构、规模、位置、地点等。

（2）资料审核

建设单位必须将设施所处位置的航道平面图、断面图以及设施的总体布置图若干份，报送当地航道主管部门进行审核。

（3）现场勘察

根据建设单位提供的申请报告和图纸，航道主管部门须派员到现场，勘察拟建设施是否符合通航标准和有关技术要求。

（4）办理报批手续

根据建设单位报送的图纸、资料及现场勘察的情况进行综合分析，对符合通航标准和技术要求的，逐级报告，由有审批权的航道主管部门发出批准文书；对不符合通航标准和技术要求的，由建设单位修改或重新设计，另行办理报批手续。

（5）参加定位放样

经过审查批准的设施，建设单位必须按照审批的内容进行施工放样，经航道主管部门认可后，方能进行施工。不得擅自更改审批内容，若须更改，必须经原审批机关同意。

（6）现场监督

建设单位在整个施工工程中应当接受航道主管部门的现场监督检查；竣工验收应由航道主管部门参加，合格后方可投入使用。

（三）有关拦河、跨河、临河建筑物的管理

1. 拦河建筑物——过船建筑物的运行管理

在福建省，过船建筑物主要是船闸和升船机，过船建筑物是航道的一个组成部

分。因此,做好过船建筑物的运行管理与维修保养工作至关重要,是航道维护管理的一项重要任务。

过船建筑物的管理部门应当提高建筑物的使用效率,缩短船舶候闸和过闸时间,并按此原则合理确定建筑物开放通航时间、船舶过闸运行方式和过闸船舶排序等问题。

目前,福建省的主要过船建筑物,有闽江干流上的“水口水电站船闸(升船机)”、闽江主流上“沙溪口水电厂船闸”及官蟹、高砂、沙县城关、斑竹水电站船闸。

为了保证通航,福建省人民政府办公厅印发《转发省交通厅关于福建沙溪口水电厂船闸管理规定的通知》(闽政办〔2006〕29号)和《转发省交通厅关于福建省水口水电站过船建筑物通航管理规定的通知》(闽政办〔2004〕207号),三明市政府依据国家相关法律、法规于2003年5月制定了《沙溪河梯级水电站船闸通航管理暂行办法》对其实行行业监督管理(表3-2)。

为了保障过船建筑物的正常运转和船舶过闸、过机的安全,要求过往船舶做到以下各点:

(1)遵守水上交通管理规定,听从过船建筑物值班人员的调度指挥,按照先出后进的原则,顺序慢速过闸,不准抢档超越;

(2)进入闸室或承船厢前,应按指定停泊区顺序停靠,不得堵塞主航道或引航道;

(3)主动办理过闸手续,按规定缴纳过闸费用;

(4)进入闸室或承船厢后,按指定部位停靠,不准超越安全停靠线,并随时注意水位的涨落(或波动)和缆绳系泊状况;

(5)进入闸室或承船厢,严禁在甲板上生火、燃放鞭炮、敲击或进行其他可能引起火花的作业;

(6)严禁在闸室或承船厢内倾倒废弃物和排放污油、污水或粪便;

(7)不准在闸室内上下旅客或装卸货物,不准在爬梯上系缆;

(8)严禁在闸墙上涂写或钩捣闸门;

(9)装有危险货物的船舶,必须具有安全防护措施,按规定设置明显标志;

(10)特殊大型船舶或运送特大件的船队,过闸前必须确实丈量和申报水面以上的最大高度、宽度,防止碰损固定建筑物或酿成其他重大事故。

船舶凡具有下列情况之一者,不准通过过船建筑物:严重漏水、漏油的;机器发生故障,或者严重超载,干舷过低,影响通航安全的;超宽、超高、超吃水或其他超过过船建筑物设计限定标准的。

2. 临河建筑物

与航道关系密切的临河建筑物:

水口、沙溪口、三明沙溪河过闸通航运行管理办法　　表 3-2

<table>
<tr><th rowspan="2">船闸地点</th><th rowspan="2">通航时间</th><th rowspan="2">过坝放行原则</th><th rowspan="2">过闸船舶排序</th><th rowspan="2">通过最大船队</th><th colspan="2">最高通航水位(米)</th><th colspan="2">最低通航水位(米)</th><th rowspan="2">船舶过坝程序</th></tr>
<tr><th>上游</th><th>下游</th><th>上游</th><th>下游</th></tr>
<tr><td>水口水电站</td><td rowspan="2">每天不少于22小时;当入库流量小于通航所需最低通航流量,不能满足22小时通航,要编制过船建筑物运行方式的调整方案</td><td rowspan="3">遵循满闸(承船厢)放行,在过坝船少,船舶未能满闸(承船厢)时,船舶等候过坝时间不超过2小时</td><td rowspan="3">到港先后次序安排。优先安排情况:客班轮、紧急军事运输船、防汛抢险船、救护救灾船、海巡政运政艇、鲜活货船及重点紧急物资运输船。
装载危险品的船舶要提前5小时向地方海事管理机构申报,并安排单独从船闸过坝</td><td>一顶二驳500吨级标准船队,最大尺度:109米×10.8米×1.6米,通航净空高度为6.8米</td><td>65.0</td><td>21.8(船闸)
17.8(升船机)</td><td>55.0</td><td>6.18</td><td rowspan="3">1. 上、下游来往来船舶需先向船闸运行值班调度人员发出靠泊信号,经准许后在指定停泊区码头停靠。
2. 过坝船舶停靠就位后,到停泊区值班调度点,由值班调度排档编组(队),按顺序等候过坝。
3. 船舶应按船闸或升船机显示的信号进出船闸或升船机,严禁抢进抢出,避免碰撞闸门及闸墙。
4. 船舶出闸(或承船厢)后,不得堵塞闸口和航道,禁止在航道内滞留和抛锚</td></tr>
<tr><td>沙溪口水电厂</td><td rowspan="2">一顶二驳300吨级标准船队,最大尺度:87米×9.2米×1.3米,通航净空高度为5.5米</td><td>88.0</td><td>72.6</td><td>84.5</td><td>63.3</td></tr>
<tr><td>官蟹、高砂、沙县城关、斑竹沙溪河梯级水电站</td><td>船闸通航时间为每天08:00时至18:00时,船舶、排筏每满一闸过一次,每日上下行最少过四个闸次。未满一闸的船舶候闸时间最多不超过2个小时</td><td></td><td></td><td></td><td></td></tr>
</table>

(1)位置居于靠近主航道一侧,无论是常年靠近主航道,还是一年中有一定时段靠近主航道,或者是因河床演变而将导致靠近主航道的建筑物;

(2)位于可通航的排灌渠道以及其他狭窄河道两岸任何一岸岸边的建筑物;

(3)位置处于或靠近河道的控制节点,或者位于河道的分流或汇流口附近的建筑物。

鉴于码头、浮坞和取排水设施多数具有由岸边向外伸出的构筑物或其他设施,如固定式码头及其栈桥,浮码头,浮坞及其引桥,取水泵房、取水趸船及其引桥、管道乃至滑道等,均不可避免地要占用一部分水域。

大型排水设施(如大型火电厂的排水口等)本身虽不一定伸出河岸,但若排出水量过大,也会影响到近岸的可航水域。因此,航道管理部门对码头、浮坞和取排水设施等临河建筑物在建设选址时,应注意以下几点:

①应选在航道较宽阔的河段,避免选在狭窄航道边缘。在控制通行的单线航道上,不得兴建有构筑物或其他设施自岸边向外伸出,或有大量水体向外排泄的临河建筑物。

②应尽量选在较为顺直的河道上,避免选在曲率较大的弯道凹岸,以免对船舶航行和建筑物本身安全构成威胁。

③不宜布设在易变的浅滩段或急滩、险滩河段上,以免对通航造成不利影响,对建筑物安全也缺乏保障。

④应避免建在可能引起河势或水流发生变化的和控制节点或分、汇流口附近。

对临河建筑物布置的要求:

(1)对码头工程的基本要求

①不侵占主航道

码头前沿要保持足够深度和宽度的可航水域,或可供船舶掉头用的水域,一般船舶掉头水域的宽度大于可航水域的宽度。当只能满足可航水域时,从码头前沿到可航水域另一侧的垂直距离,宜大于或等于该河段航道标准宽度的两倍,以确保船舶停泊时不占用主航道。

②不起明显的挑流作用

除挖入式码头外,一般码头均会在一定程度上自岸向外突出。如果该处水流较缓,稍有突出,一般不会有明显的挑流作用影响上下游河势变化;反之,则可能形成明显的挑流。为减弱挑流造成的负面影响,一般可采用透空式的码头结构。

(2)对取水设施的基本要求

①不侵占主航道

修建水泵房和在岸边设置抽水趸船或斜架车等，均不得占用规划主航道。为保持船舶航行所需的安全距离，斜架车入水后的外缘距航道边线不得小于1倍标准航宽或者1/2倍标准船队宽度。

②伸入航道的管道不得影响航深

在一般情况下，不允许取水管道或取水口伸入航道。如因当地条件特殊，管道或管口确需伸入航道时，管顶高程必须低于规划航道底高程，其高差在Ⅰ～Ⅴ级航道不应小于2米，在Ⅵ、Ⅶ级航道不应小于1米，在通航海船的内河航道应通过专题论证确定。在取水口伸入航道的情况下，还应要求取水时不得形成妨碍船舶航行安全的涡旋。

③设置专设航标

为避免船舶触碰取水设施造成损失，在取水泵房、趸船、斜架车的适当部位，以及水下管道有碍航行部位的外侧，必须由有关使用单位设置专用标志和标灯。

(3)对其他工程设施的基本要求

①对浮坞的要求可参考码头工程处理。

②护岸建筑物一般采用平顺式。如确需修建护岸矶头或短丁坝时，其头部的向河坡不宜缓于1:5，严防建成梯级式的向河坡。

③排水量较大的排水口应斜向下游方向，不使造成有碍航行的横流。

④在水网地区的河岸边新建房屋、道路、堆场等，不应占用已经规划确定的航道岸线保护范围。

3.跨河建筑物

对于跨河建筑物的选址问题，应按照国家标准《内河通航标准》(GBJ 139—90)和交通行业标准《内河航道维护技术规范》(JTJ 287—94)中的规定执行。

在航道管理中，对在通航河流上建设桥梁、渡槽、架空电线、水下过河电缆、管道、隧道等跨河建筑物中，涉及通航方面的管理和审批，桥梁是较常遇到的。为此，着重介绍跨河桥梁的管理。

(1)航道上跨河建筑物的净空尺度

船舶在航道上行驶，要满足一定的水深、宽度、弯曲半径和水上净空尺度。在通航河流上建设过河建筑物的通航净空尺度，应当满足所通过的最大船舶(队)的高度、宽度和航行技术要求。

《内河通航标准》对各等级的天然及渠化河流、限制性航道上的水上过河建筑物通航净空尺度作出规定。在过河建筑物的下面需保留的一个为船舶安全通过所需的空间，称为净空。净空包括过河建筑物的净高和净宽。净空高度是指代表船型安全通过桥孔的最小高度，其起算面为最高通航水位，其高度数据为代表船型空载水面以上最大高度与富余高度之和；净空宽度是指桥址处规划航道底高程以上供代表船型安全通过桥孔的最小宽度。

天然河流设计最高通航水位的洪水重现期见表3-3。

天然河流设计最高通航水位的洪水重现期　　表3-3

航道等级	Ⅰ~Ⅲ	Ⅳ、Ⅴ	Ⅵ、Ⅶ	等外
洪水重现期(年)	20	10	5	1~3

(2)跨越国家航道的桥梁通航尺度的审批

①规定

交通部于1994年发布了《跨越国家航道桥梁通航净空尺度和技术要求的审批办法》(交基发906号),其具体规定如下:

凡在长江、黑龙江干流和通航3000吨级以上(含3000吨级)的海轮的沿海、内河航道上修建桥梁的通航净空尺度和技术要求,由交通部审批。

凡在上述规定以外的其他国家航道上修建桥梁的通航净空尺度和技术要求,由省交通厅审批,报交通部核备。

②建桥单位报送资料

桥梁建设单位必须在桥梁工程项目建议书批准之后向省航道管理局报送文件资料。

③审批程序

拟在省交通厅管辖范围内的海港建设桥梁的通航净空尺度和技术要求,建设单位必须先取得省交通厅会同桥梁所在航道的港务、海事部门的书面意见,内河航道上建设桥梁的通航净空尺度和技术要求,必须先取得省交通厅会同桥梁所在航道的航道监督部门、海事部门的书面意见。

桥梁建设单位在取得有关单位书面意见后,将有关文件、资料或《桥梁通航净空尺度和技术要求论证研究报告》以及《桥梁工程预可行性研究报告》连同有关单位意见报送交通部。

(3)闽江河道上跨河桥梁

福州市区闽江北港河道上跨河桥梁现有:洪山桥和洪山旧桥、解放大桥、闽江大桥(二桥)、鳌峰洲大桥(三桥)、三县洲大桥(四桥)、金山大桥(五桥)、尤溪洲大桥(六桥)共七座;南港河段跨河桥梁现有:洪塘大桥、金上大桥、316国道乌龙江大桥、乌龙江特大桥、在建的湾边特大桥、浦上大桥和福厦铁路乌龙江特大桥共7座。马尾建有青州高速公路大桥。见福州闽江水口大坝~马尾河势及桥梁示意图(图3-7)。

(4)跨越地方航道桥梁通航尺度的审批(图3-8)

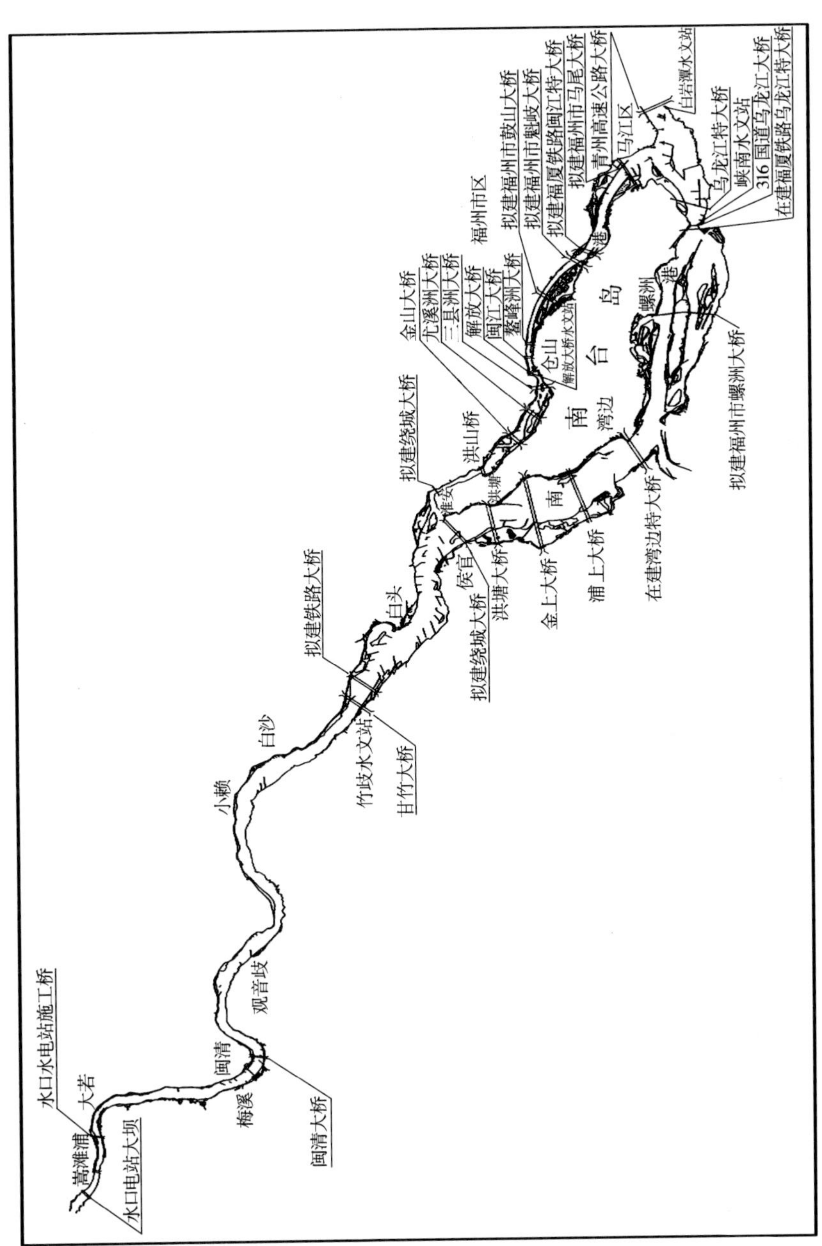

图3-7　福州闽江水口大坝～马尾河势及桥梁示意图

地方航道是指国家航道和专用航道以外的航道。在地方航道上建桥，建桥单位应该向省航道管理局提出申请，报送有关资料：能反映与通航净空尺度和技术要求有关的资料，如桥位平面图；拟建桥所在航段的平面、断面图；拟建桥梁与弯道、装卸作业码头之间距离；该航道设计最高、最低通航水位等。

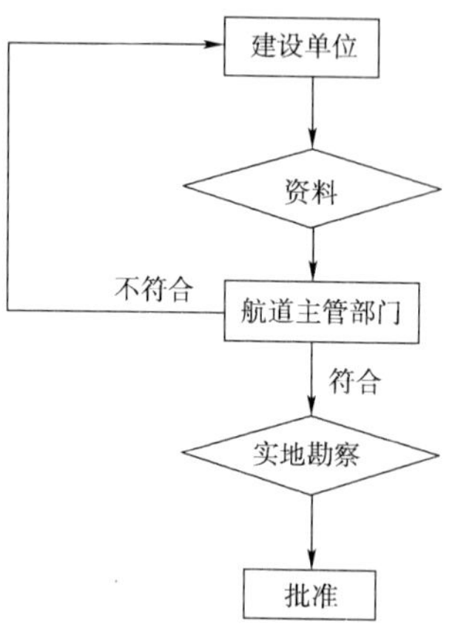

图 3-8　跨越地方航道桥梁通航尺度的审批图

（四）航道采砂、挖砂管理

《中华人民共和国航道管理条例》第十三条规定："航道和航道设施受国家保护，任何单位和个人均不得侵占或者破坏。加强对航道设施的保护是航道管理机构的主要职责之一。"在通航河流上采挖砂，必然对航道造成影响，为保证航道不受破坏，采挖砂必须在相关部门管理下有序的采挖。1990 年全国人大常委会法制工作委员会《关于河道、航道内开采砂石、砂金适用法律问题的答复》（法工办法文（90）14 号）明确指出："为了合理开发利用和保护矿产资源，同时保证行洪排涝、航行安全，任何单位和个人申请在河道、航道范围内开采砂石、砂金等矿产资源，须经河道主管部门批准或者经河道主管部门会同航道主管部门批准。单位和个人凭批准文件和办矿审批文件到采矿登记管理机关办理采矿登记手续。今后，未经河道、航道主管部门批准，采矿登记管理机关不得办理在河道、航道范围的采矿登记手续，不得颁发采矿许可证；河道、航道主管部门批准后未取得采矿许可证的，不能从事开采活动。否则，均按违法处理。"

2005 年 11 月 14 日福建省人民政府第 42 次常务会议通过，2006 年 2 月 1 日起施行的《福建省河道采砂管理办法》，对在河道采砂管理作了具体规定。其中第五条规定，设区的市人民政府水行政主管部门应当组织编制本行政区域内一、二、三级河道采砂规划，经征求航道管理机构和海事管理机构的意见后，报省人民政府水行政主管部门批准。批准前，应当征求省人民政府交通行政主管部门和国土资源行政主管部门的意见。第十二条规定，县级以上人民政府水行政主管部门应当自受理或者收到转报的河道采砂许可申请之日起 5 日内，征求海事、航道管理机构及国土资源行政主管部门意见。海事、航道管理机构及国土资源行政主管部门应当自收到有关材料之日起 10 日内提出意见；逾期未提出意见的，视为同意。

第五节　航标管理

航标，即助航标志，是指供船舶定位、导航或者用于其他专用目的的助航设施。

航标设置在通航水域及其附近,用以表示航道、锚地、碍航物、浅滩等,或作为定位、转向的标志等。航标也用以传送信号,如标示水深,预告风情,指挥狭窄水道交通等。

一、航标分类

(一)按航标的作用分类

根据传播方法和介质的不同,可以分为视觉航标、音响航标和无线电助航设施。

1. 视觉航标

又称目视航标,是固定的或浮动的供直观的助航标志,广泛设置于沿海及内河上,是一种最重要、最基本的助航标志。视觉航标通常颜色鲜明,以便白天观测;发光的视觉航标可供日夜使用。常见的视觉航标有灯塔、立标、灯桩、浮标、灯船和各种导标。

(1)灯塔是设置在重要航道附近的塔型发光固定航标,一般有人看守。

(2)立标是设置在岸边或浅滩上的固定航标,标身为杆形、柱形或桁架形。

(3)发光的立标称灯桩,发光射程比灯塔近得多。

(4)浮标是用锚链锚碇于水中的航标,用以表示航道、浅滩、碍航物等。

(5)灯船是作为航标使用的专用船舶,装有发光设备,作用与灯塔相同,锚碇于难以建立灯塔之处,一般不能自航。

(6)导标是由前后两个立标或灯桩组成的一对叠标,经过精确测量定点建立。导标最易观测,在其作用距离内两标重叠时,即船舶位于导标线上。导标用于引导船舶进出港口,通过狭窄航道,进入锚地以及转向、避险、测速、校正罗经等。激光导标也已开始应用。

2. 音响航标

音响航标是指能发出声音传送信息以引起驾驶人员注意其概略方位的助航标志,特别在能见度不良的天气里,起警告船舶避免发生危险的作用,一般与视觉航标共同设置,多用于沿海地区。

音响航标根据传播介质可分为空中音响航标和水中音响航标两种,都是用特殊规定的长短声、电码信号传递音响设备传递。

空中音响航标以空气作为传播介质,是使用最早、最普遍的音响航标,又称雾号。雾号有多种,最初是用雾钟、雾锣安装在灯塔、灯船或浮标上,以人工敲打或借助波浪自行撞击发出音响。

水中音响航标又称水质音响航标,是借声波或超声波在水中传播,最初是用机械动力敲打发声,近代利用电力振荡器发声,船舶利用声纳测定声音发出的方位、距离。

3. 无线电助航设施

无线电助航设施是以无线电波传送信息供船舶接受以测定船位的助航设施，能在大雾或恶劣的气候条件下远距离地保证船舶准确测定船位和航行安全。

无线电助航设施包括无线电指向标、无线电测向仪、雷达应答器、雷达指向标、雷达反射器等。

(1)无线电指向标是供船舶测向用的无线电发射台，有全向无线电指向标和定向无线电指向标两种。

(2)无线电测向仪是船舶无线电定位和导航系统的地面设备。

(3)雷达指向标是一种连续发射无方向信号的雷达信标，被船用雷达波触发时能发回编码信号，在船用雷达荧光屏上显示该标方位、距离和识别信息。雷达应答器和雷达指向标安装于需要与周围物标回波区别开的航标上。雷达反射器为反射能力很强并能向原发射方向反射雷达波的无源工具，安装在灯船或浮标上，可以增大作用的距离，常见的有用金属板或金属网制成的各平面互相垂直的角反射器和球形介质透镜反射器两种，后者反射力大、体质轻小。

(二)按航标设置水域分类

由于航标设置在不同的水域，又可分类为内河航标(包括湖泊、水库)和海区航标；当航标设在岸上或水中时，也可简单地划分为岸标与浮标。

1. 内河航标

1993 年 12 月 4 日，国家技术监督局发布 GB 5863—93《内河助航标志》、GB 5864—93《内河助航标志的主要外形尺寸》两项强制性国家标准，并自 1994 年 9 月 1 日起正式实施。

内河航标按功能分为航行标志、信号标志和专用标志。

(1)航行标志用于标示内河安全航道的方向和位置等。有过河标、接岸标、导标、过河导标、首尾导标、侧面标、左右通航标、示位标、泛滥、桥涵标等(图 3-9)。

(2)信号标志用于标示航道深度、架空电线和水底管线位置，预告风讯，指挥弯曲狭窄航道的水上交通。有水深信号标、通行信号标、鸣笛标、界限标、横流标、节制闸标等 6 种。

(3)专用标志包括管线标和专用标。

中国内河航标表示右岸的漆红色，灯标发红光；表示左岸的漆白色，灯标发白光或绿光。河流的左右岸以面向下游为准，港口的左右岸以面向进港为准。

现在不断采用现代技术改进航标设备，如采用自动化、电气化、电子化的高性能强光源发光器，使用太阳能电池、波浪和风力发电设备等能源，采用无线电遥控和监视方式等。

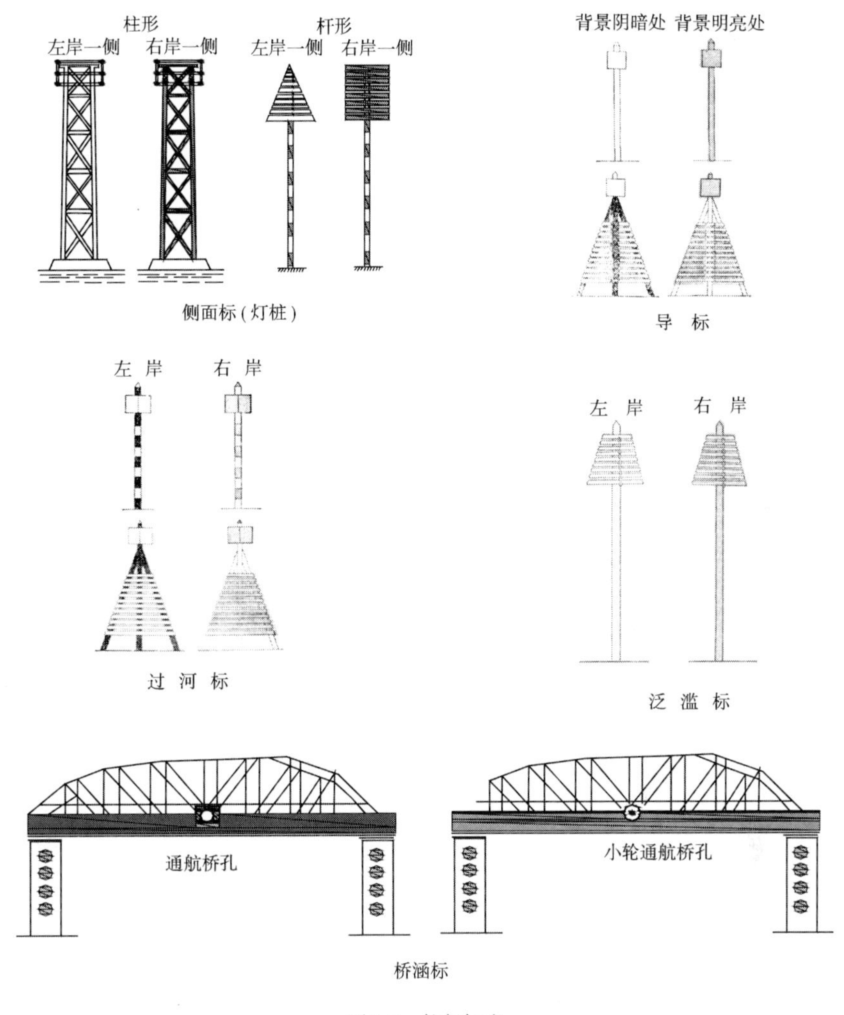

图 3-9　航行标志

2. 海区航标

我国采用国际航标协会(International Association of Lighthouse Authorities, IALA)海上浮标系统(A 区域)的原则,结合我国具体情况,为船舶航行的安全和便利提供类型简单、作用明确、特征明显、易于辨认的海区水上助航标志。

海区航标有灯塔、灯桩、灯船、大型助航浮标、灯浮标、立标、导标等标志。

海区航标包括侧面标志、方位标志、孤立危险物标志、安全水域标志、专用标志,其中侧面标志包括左侧标、右侧标、推荐航道左侧标及推荐航道右侧标,方位标志又包括北方位标、东方位标、南方位标及西方位标(图 3-10)。

根据《中国海区水上助航标志》(GB 4696—84)规定,航道走向(即浮标系统习惯走向）是指：

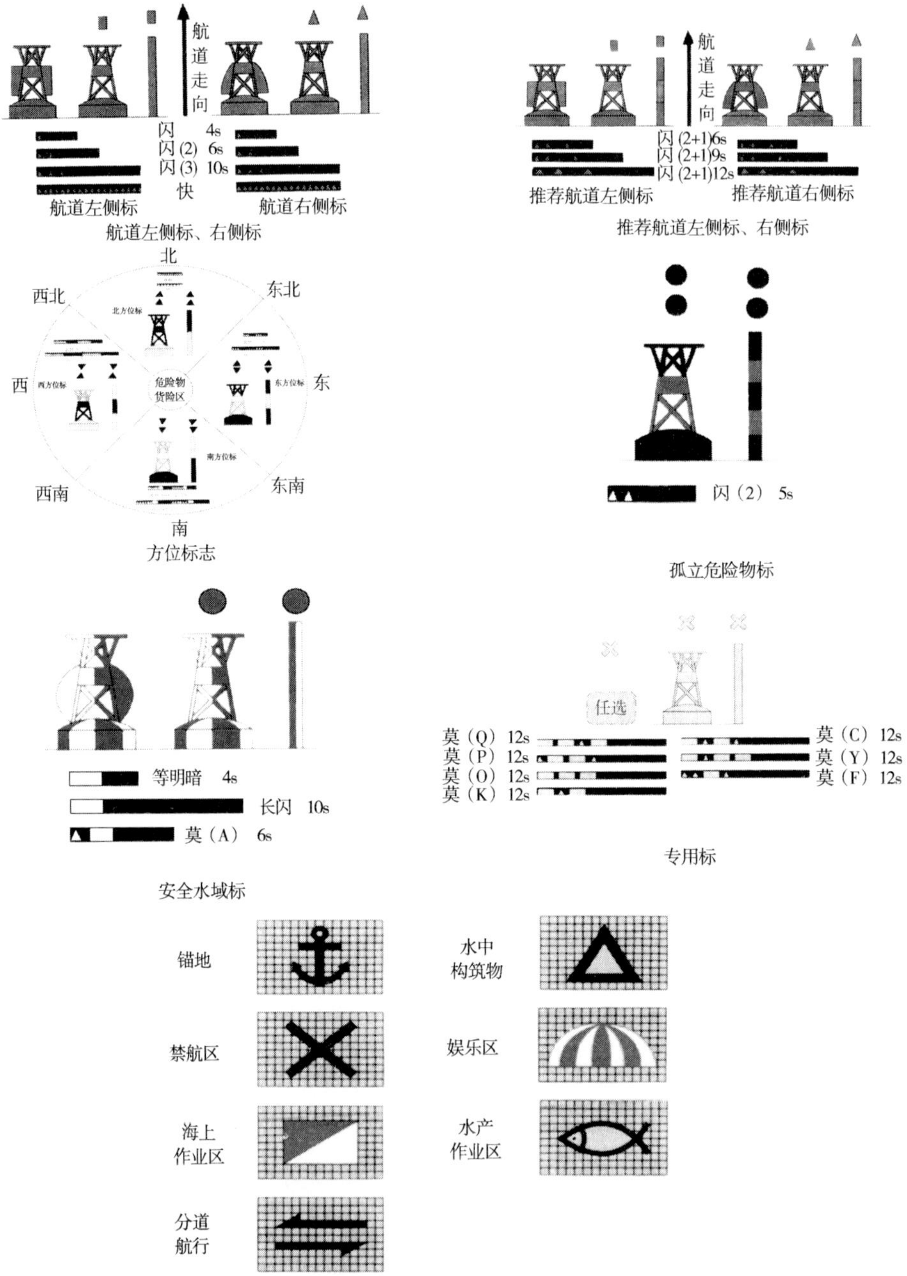

航道走向

闪 4s
闪 (2) 6s
闪 (3) 10s
快

航道左侧标　　航道右侧标

航道左侧标、右侧标

航道走向

闪 (2+1)6s
闪 (2+1)9s
闪 (2+1)12s

推荐航道左侧标　　推荐航道右侧标

推荐航道左侧标、右侧标

北
东北
东
东南
南
西南
西
西北

北方位标
东方位标
南方位标
西方位标
危险物
货险区

方位标志

闪（2） 5s

孤立危险物标

等明暗 4s
长闪 10s
莫（A） 6s

安全水域标

任选

莫（Q） 12s
莫（P） 12s
莫（O） 12s
莫（K） 12s
莫（C） 12s
莫（Y） 12s
莫（F） 12s

专用标

锚地
水中构筑物
禁航区
娱乐区
海上作业区
水产作业区
分道航行

图 3-10　海区航标

(1)船舶由海向里,即从海上驶近或进入港口、河口、港湾或其他水道的方向;

(2)在外海、海峡或岛屿之间的水道,原则上按围绕大陆顺时针航行的方向;

(3)在复杂的环境里,航道走向由航标主管部门确定。

为规范我国沿海可航水域桥梁助航标志的设置和管理,保障桥区船舶航行及桥梁安全,交通部海事局于 2007 年 8 月 22 日制定了《中国海区可航行水域桥梁助航标志》(试行)。

桥梁助航标志包括设置于桥梁上的视觉、音响和无线电航标。

视觉航标包括双向通航桥孔中央标志、通航桥孔左侧标志、通航桥孔右侧标志、单向通航桥孔标志、桥孔禁航标志、桥墩警示标志(图 3-11)。

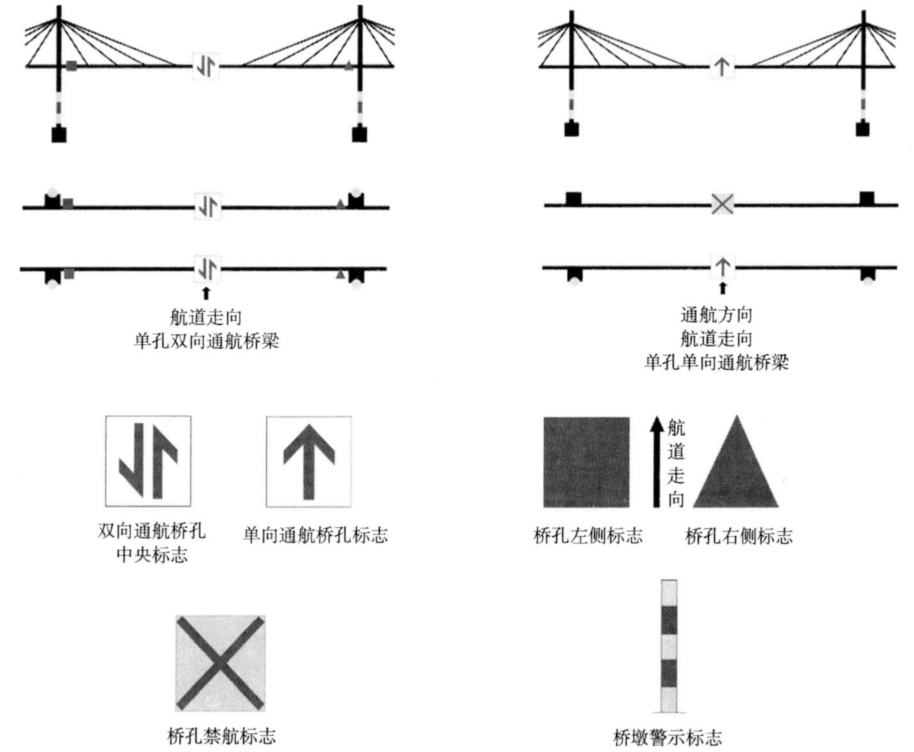

图 3-11　视觉航标

为加强应急沉船示位标设置管理,更有效地标示在我国沿海发生的新危险沉船,保障船舶航行安全,保护水域环境,根据 GB 4696—1999《中国海区水上助航标志》国家标准和有关法规、国际海事组织相关通函和国际航标协会(IALA)相关建议和指南,制定《中国海区应急沉船示位标设置管理规则(试行)》,2007 年 9 月开始施行。应急沉船示位标为柱形或杆形,浮标表面是等分的蓝黄垂直条纹(最少 4

个条纹最多8个条纹),如装有顶标,为直立/垂直的黄色十字(图3-12)。

(三)河口港海区航标与内河航标的衔接

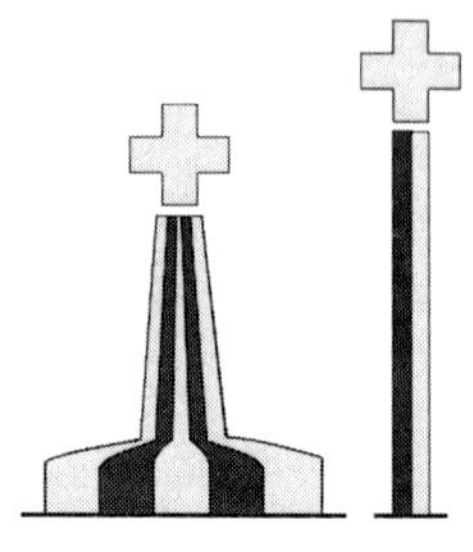
图3-12　应急沉船示位标

福建省河口港通海航道配布沿海航标,内河段配布内河航标或海区航标。通海航道按航标A制度实施以按船舶进港方向区分为航道的左、右侧,即按左红右绿的原则确定其标志和灯质的颜色。而现行内河助航标志以面向下游方向区分内河航道左、右岸侧,并按左白右红原则确定其标志和灯质的颜色。虽然对河口型海港而言,海区航标与内河航标在区分航道左、右侧方向的方法正好相反,但红色均在航道的同(岸)侧,因此相互间是衔接的,不易造成误认。

二、航标维护管理

(一)航标维护的主要任务

航标是维持水上交通运输畅通,保证船舶安全、经济航行的重要设施。为保持航标的正常状态,提高航标维护质量,航标管理部门应对所设航标进行有效的维护管理。航标的维护管理工作主要包含下列各项任务:

(1)编制航标配布设计图,按照航标配布设计图布设各种标志;

(2)对航标进行检查、维护,做到标位正确,外形尺寸符合规定,颜色鲜明,灯光明亮,灯质、视距符合要求,通行信号揭示正确、及时;

(3)探测航道,掌握航道变迁,及时调标、改槽;

(4)测报航道尺度,向航运部门和船舶通告;

(5)及时恢复漂移、流失、损坏的航标和熄灭、失常的标灯;

(6)对航标进行维修、保养,使航标处于正常技术状态;

(7)在浅险水道或重要河段建立值班守槽制度;

(8)开辟新航道、航道情况不明、出现新的碍航物以及封冻河流开江情况下,进行扫床工作,以搜寻航道内的碍航物,确定碍航物的位置、高程;

(9)发布航标异动和航行注意事项的航道通电和航道通告;做好航标维护和信号台工作的原始记录,建立航标技术档案;保护航标设施,制止偷盗和破坏行为。

(二)航标管理机构的基本职责

根据交通部1996年5月20日颁布的《内河航标管理办法》的规定,航标管理实行统一领导、分级管理的原则。福建省内河航标管理由各设区市县级以上人民

政府交通行政主管部门负责航标管理工作,省航道管理局负责航标监督管理工作,这些机构对航标管理的基本职责是:

(1)负责宣传、贯彻、执行上级各项指示、规定;

(2)制定航标工作规章制度,督促、检查贯彻执行情况;

(3)负责编制和审定航标维护工作计划,提出实施措施;

(4)掌握航道特征、水情变化及碍航物分布情况,保持航标的正常状态,发布航道通告;

(5)定期检查航标,指导和帮助基层班组工作;

(6)编制航标船艇及设备维修保养计划,并组织实施;

(7)收集整理航标技术资料,分析航标维护质量,总结航标维护管理经验;

(8)参加评审本辖区与航道有关的拦河、跨河、临河建筑物及其他水上工程的航标设施建设项目和审定航标配布图;

(9)参与航标新材料、新结构、新工艺的研制、鉴定和推广使用;

(10)按规定对违反《航标条例》、《航道管理条例》及其《实施细则》中有关航标保护条款以及其他有关规定的行为进行处罚。

(三)专设航标的管理

专设航标具体指:一是建设和管理单位为了保障拦河、跨河、临河建筑物施工期间及建成后的安全和船舶航行安全所设置的航标;二是企事业单位为本单位生产需要而开辟的航道、锚地及生产作业区所设置的航标;三是船舶所有者或经营者按规定为标示沉船、沉物的位置和其他原因设置的航标。

在通航河流上设置专用航标,要报经航标管理机构同意,按《内河航标管理办法》和《内河航道维护技术规范》执行管理,并接受航标管理机构的指导和监督。

委托航标管理机构代设、代管专用航标时,委托方要提供与航标有关的技术资料,签订委托代设、代管的协议。

修建桥梁、闸坝时,建设单位应按国家有关规定设置航标。桥梁施工期及桥梁建成后,桥梁建设、管理单位宜委托当地航标管理机构负责桥区水上航标的维护管理。桥涵标及桥柱灯由桥梁管理单位自行维护管理,也可委托航标管理机构维护管理。

桥梁管理单位自行维护桥区水上航标时,必须执行以下规定:

(1)应按航标法律法规、国家标准、技术规范的有关规定编制航标配布图,报航标管理机构审批;

(2)根据需要设立维护管理桥区航标的机构,按航标管理机构的要求对航标进行维护和管理,确保桥区航标与航道标志的衔接,保证航道畅通;

(3)变更通航桥孔或调整桥区航标配布时,必须报航标管理机构同意,并通知有关部门承担航标管理机构发布航道通告的费用;变更通航桥孔时,桥梁上的桥涵标及桥柱灯应与水上航标同步调整。

船闸信号标志由船闸管理单位负责设置和管理。

除桥梁、船闸外,其他与通航有关设施的专用航标管理办法,由航标管理机构根据辖区航道的具体情况按《内河航标管理办法》的原则自行制定。

第四章

沿海各设区市港口、航道

第一节　福　州　港

一、港口、航道概况

（一）地理位置

福州市为福建省省会，位于我国东南沿海，北纬25°16′～26°39′，东经118°23′～120°31′。东临台湾海峡，北依宁德市，南接莆田市，西邻南平市。辖鼓楼、台江、仓山、马尾、晋安5区，福清、长乐2市，闽侯、连江、罗源、闽清、永泰、平潭6县，面积1.2万平方公里。

福州市区地形分南北两部，南部为福州盆地的大部分，东边鼓山至鼓岭一带为典型的断块山，北部为火山岩中低山地，主峰旗山海拔1130米。闽江自西流入，经长门、梅花注入台湾海峡，两岸峰峦夹峙，地势十分险要，江内琯头至马尾附近段江宽水深，通航条件优越。福州港水路东距台湾基隆149海里；北距上海420海里，距温州174海里；南距香港420海里，距广州549海里，距厦门201海里。沿闽江上行至南平近200公里，并通过沙溪、建溪、富屯溪与闽北的三明、建阳、顺昌相通。

（二）自然条件

1. 气象

福州港西起福州市区，东至闽江口，南至兴化湾，北至罗源湾，地域跨度大，地形复杂，自然条件不尽相同。

（1）气温

河口港及海港港区的多年平均气温为19～19.7℃。

（2）风

冬季（11 月至次年 3 月）主要受东北季风影响，夏季（6 ~ 9 月）常受台风袭击，受台风影响时风力一般为 6 ~ 8 级，阵风 9 ~ 11 级，最大风速可达 40 米/秒以上。

（3）降水

罗源湾港区多年平均降水量 1649.5 毫米，其他各港区均在 1330 毫米左右。

（4）雾

闽江口内港区雾季集中在 1 ~ 4 月，松下、江阴港区雾季集中在 3 ~ 5 月，罗源湾港区雾季集中在冬季。

2. 水文

（1）潮汐

闽江口内港区马尾一带最高潮位 6.38 米，最低潮位 -0.49 米（罗零）。松下、江阴、罗源三个港区最高潮位分别为 8.75 米、7.77 米、6.50 米（理基）。

（2）潮流

闽江口外的潮流为逆时针方向的旋转流；闽江口内的潮流基本上是沿河道方向的往复流，落潮流速大于涨潮流速，落潮历时大于涨潮历时。长安作业区附近洪水大潮汛涨潮最大流速 1.0 ~ 1.5 米/秒，落潮最大流速 1.03 米/秒。

松下港区属正规半日潮流，且具有往复流特性。松下港区附近涨潮最大流速 1.25 米/秒，落潮最大流速 1.2 米/秒。

江阴港区属正规半日浅海潮流，且具有往复流特性。港区落潮流速稍大于涨潮流速，实测落潮最大流速 0.74 米/秒，涨潮最大流速 0.71 米/秒。

罗源湾港区潮流为往复流。湾北岸实测涨潮最大流速 1.18 米/秒，落潮最大流速 1.55 米/秒；湾南岸实测涨潮最大流速 0.63 米/秒，落潮最大流速 0.56 米/秒。

（3）波浪

闽江口外平均波高 0.9 ~ 1.6 米，最大波高达 6.5 米以上，最大周期 9.8 秒，发生在 7 ~ 9 月的台风季节。

闽江口内波浪较小，长门口以内基本不受海浪的影响。

松下港区的主要波浪方向为东北偏北—东南偏东向，其中东北向为强浪向。江阴港区的主要大浪为东南偏东—东南偏南向。罗源湾海区常浪向东北。

（三）历史沿革

1. 港口发展

福州港开港于 1900 多年前的汉代，时称“东冶港”。1842 年英帝国主义侵略中国，迫使清朝廷签订《南京条约》，福州港被辟为五口通商口岸之一。1930 年建成台江第一至第六码头。抗日战争爆发后，港口设施被毁，港口发展几乎处于停滞

福州市港口航道分布现状示意图
1:600 000
图例
进出港航道
I级航道
II级航道
III级航道
IV级航道
V级航道
VI级航道
VII级航道
VII级以下航道
港区
上游 下游
航道起讫点
枢纽 闸坝
未建成的枢纽 闸坝
船闸
升船机
未建成的船闸
未建成的升船机
航道名称
罗源湾港区
闽江口内港区
松下港区
江阴港区
福州市
长乐市
福清市
永泰
闽清
闽侯
连江
罗源
马尾区
鼓楼区
台江区
仓山区
晋安区
马祖岛
白犬列岛
东洛列岛
海坛岛
东庠岛
大练岛
十八列岛
南日岛
西洋岛
浮鹰岛
东张水库
闽江干流航道
罗源湾进港航道
松下进港航道
江阴进港航道
南港航道
大樟溪航道
敖江航道
龙江航道
福州长乐国际机场
南平市
宁德市
三明市
莆田市
泉州市

状态。

1949 年 8 月福州解放后成立了“福建省航务局”，准备复兴海运，但因台湾海峡长期处于军事对峙状态，海运发展缓慢。1970 年福州港开辟了马尾深水港区，结束了无深水泊位的历史。20 世纪 80 年代相继完成闽江出海航道一期整治工程和松门煤炭专用深水泊位的建设，开辟了青州港区(现为青州作业区)，并建成华能电厂 2 万吨级煤炭泊位，港口面貌有了较大改变。至 1990 年末，全港共有生产性泊位 78 个，其中深水泊位 4 个，年综合通过能力 516 万吨。跨入 90 年代，福州港建设进入一个迅速发展的新时期。1990 年闽江通海航道二期整治工程开工，1993 年、1995 年青州港区(现为青州作业区)一、二期工程相继建成投产，1994 年松下港区的 3 万吨级元洪码头建成投产。2000 年江阴港区起步工程动工建设，标志着福州港从此由河口港走向深水海港，跨入了河口港和深水海港并存、共同发展的新时期。在交通部、省、市各主管部门的关心支持下，“十五”期间福州港建设取得了较好成绩，港口建设项目招商引资力度加大，港口建设步伐明显加快，多元投资建港体制已逐步形成，出现了国有、民营、外资投资建港的新局面。“十五”期间，青州作业区 6 号泊位码头、魁岐二期码头、江阴港区 1 号 3 万吨级多用途泊位(兼靠 5 万吨级集装箱船)、福清融侨码头改扩建工程、连江琯头长门液化气码头、福州台泥洋屿 2 万吨级专用码头、福州开发区顺利 2 万吨级建材码头、中油福州 5000 吨级油品专用码头、江阴港区 0 号泊位、罗源湾狮岐 3 万吨级多用途泊位等 12 个项目计 13 个泊位(其中万吨级以上泊位 5 个)相继建成投产，新增吞吐能力 549 万吨(含集装箱 23 万 TEU)。“十五”期全市累计完成港航建设总投资 163525 万元，是“九五”期的 306.50%。此外，为加快深水外港的建设步伐，福州港“十五”期间着力推进了罗源湾港区、江阴港区和松下港区以工业项目带动港区开发的配套专用大型深水泊位及大型深水集装箱泊位前期工作的进展。

至 2006 年底，全市拥有生产性泊位 130 个，其中万吨级以上深水泊位 26 个；核定港口通过能力 3864 万吨；其中集装箱进出口能力 81 万 TEU。2006 年全港实际吞吐量达到 8849 万吨，其中集装箱突破 101 万 TEU。

2. 航道发展

20 世纪 20 年代对闽江的整治，保证了台江老港区达到近代最繁盛时期。在公路铁路修筑前，闽江是闽北等地区对外交通命脉。闽北的主要土特产如大米、木材、茶等，都是靠闽江输送出口，而海盐、海产和日用百货等也均由闽江上运。至 20 世纪 20 年代，闽江下游(福州万寿桥以下)由于航道久未整治，泥沙淤积，浅滩毕露。所有外海船舶都只能行至罗星塔，货物和旅客从罗星塔再雇吃水 1.2 ~ 2.5 英尺的小船在潮水半潮以上才能逆流而上。1912 年，福建海关贸易报告称：“南台海关与罗星塔之间的河道日难行船，拖带货船的小汽轮常搁浅在岸边浅水处，人们强烈要求能够立即采取措施，改变这种可悲的状况。”在各方面的倡议和客观形势的压力下，1916年，福州市政府和闽海关税务司决定疏浚闽江，设立了闽江疏浚局。闽江下游（台江至马尾段）航道历经15年（1919～1934年）的整治，发生了巨大的变化，进入台江的轮船小潮可装货4.5米，大潮则可加至5.5米，沿海吃水4米左右的大轮可乘潮直达台江。

20世纪八九十年代对闽江入海航道的整治又确保了马尾深水港区的生存和继续建设发展，从而在改革开放中崭露新姿。闽江口通海航道风浪小、潮差大、航行条件好。但因该航道内有大屿、新丰、中沙、马祖印、内沙和外沙6处浅滩碍航，长期只能乘潮通航五六千吨级海轮。1975年和1977年，虽曾两次在中沙浅滩分别挖沙22万立方米和10万立方米，但很快回淤，效果甚微。为适应福州港生产发展的需要，自20世纪80年代开始，变单纯疏浚办法为全面治理，开始对闽江通航航道进行综合疏浚治理。1980年，省委、省政府批准了交通部门提出的闽江通海航道第一期乘潮通航万吨级海轮的治理计划。1981年该整治工程动工，1987年底竣工，各浅滩水深达到设计要求，可乘潮通航万吨海轮。20世纪80年代后期，福州港的生产建设有较大的发展。港区内建成了2万吨级码头。闽江口内港区应投产需要，在通海航道一期整治工程成功实践的基础上，开展了闽江通海航道二期整治工程。工程于1991年1月开工，1998年4月竣工，可乘潮通航2万吨级海轮。随着世界航运事业的不断发展，为适应不断发展的船舶大型化、码头泊位深水化的趋势，福州港航道也逐渐随码头发展从闽江走向外海，形成与“一港四区”港口布局相对应的航道布局。20世纪90年代后期，随着闽江口内港区逐步发展，闽江通海航道三期整治工作摆上日程。闽江口拦门沙航道增深工程于2005年9月开工，2007年3月竣工，闽江口拦门沙航道由原来航道底宽125米拓宽至150米，内沙航道底高程为－7.4米，外沙航道底高程为－7.7米，大大改善了闽江口航道的通航条件。

（四）港口、航道现状

1.港口范围

（1）水域

福州港的四个港区分别位于闽江口内以及兴化湾、福清湾和罗源湾三大海湾内，各港区在水域使用上相互独立。平潭岛的港口岸线尚未进行规划，水域范围待确定。

①闽江口内港区

上游以闽江解放大桥和乌龙江大桥为界，下游以尖尾山、半洋礁、七星礁、沙峰角的连折线为界。

②江阴港区

以兴化湾的万安、塘屿、南横岛、南日岛东侧的大桥山所连折线为东港界，南日水道西侧石城山东南灯桩与南日岛西端灯桩连线为南港界。

③松下港区

以福清湾的牛角，东洛列岛中的东银岛、竹排岛、乌猪岛、屿头岛东北端和福清东营村东侧的连折线为港界。

④罗源湾港区

由可门角与虎头角连线所围成的罗源湾口门以内的全部水域以及可门口北锚地和可门口南锚地水域。

（2）陆域

①闽江口内港区

分布在闽江解放大桥和乌龙江大桥下游的南北两岸，由台江作业区、马尾作业区、青州作业区、松门作业区、长安作业区、小长门作业区、琅岐作业区、筹东作业区等8个作业区组成。

②江阴港区

位于兴化湾江阴半岛南部，福清市境内。预留龙高半岛近湾口牛头尾至高山湾段13公里岸线和仁屿至万安港段3.5公里岸线作为建港岸线。

③松下港区

位于福清湾北岸口门以西至梁厝村间，长乐市境内，部分码头陆域在福清市境内，港区北部的牛角嘴处规划为松下港区发展区。

④罗源湾港区

位于罗源湾内的南、北两岸，分属连江县和罗源县，由可门作业区、迹头作业区、碧里作业区、牛坑湾作业区组成。

⑤平潭岛作业点

位于平潭岛西岸，目前有平潭金井码头、竹屿口码头等作业点。

2. 港口现状

福州港由河口港和海港组成，河口港指闽江口内港区，海港包括江阴港区、松下港区和罗源湾港区及平潭岛金井码头等作业点。

（1）闽江口内港区

闽江口内港区目前仍为福州港的主体，主要承担能源物资、原材料、沿海及近洋集装箱运输任务。

台江作业区主要为福州市与闽江流域和沿海其他地区间的物资交流运输服务，以装卸小批量件杂货为主。

马尾作业区近期为以水泥、钢铁、木材及非金属矿石等物资运输为主的杂货作业区。现有万吨级和5000吨级泊位各2个,通过能力为150万吨。

青州作业区主要承担沿海及近洋集装箱、客运和海峡西岸对台客滚运输,岸线已全部利用完毕(图4-1)。共有6个泊位,其中1.5万吨级集装箱泊位和件杂货泊位各2个、万吨级沿海客运及海峡客滚泊位各1个,年货运通过能力364万吨,其中集装箱为30万TEU,旅客发送能力30万人次/年、车渡5万辆次/年。

图4-1　福州港青州集装箱港区鸟瞰

筹东作业区主要承担进口能源、出口河砂为主的大宗散货装卸作业,主要有榕通码头、长通码头、燃供油码头、筹东河砂码头及电厂煤码头、机场油码头、长乐水泥中转码头和BP液化气码头等货主专用码头。自上游的榕通码头至下游机场油码头,全长10公里,线长、点散。

松门作业区自红山油轮管理站至闽安镇,由货主成品油码头和松门码头组成,主要承担工业动力用煤炭及河沙、金属矿石和成品油的接卸任务。松门码头岸线长880米,陆域纵深220米、面积16.6万平方米,拥有2万吨级卸煤泊位1个和500吨级装煤泊位2个,年通过能力110万吨,如果疏港铁路进港,设备配套,年通过能力可达300万吨。

长安作业区主要承担近洋集装箱和部分件杂货装卸任务。

小长门作业区靠近长门口,主要为油品及液化气等危险品运输服务,目前已建3000吨级对台贸易码头1个。下游在建千吨级液化气码头1个,码头后方三面环山,平均陆域纵深约200米、面积6万平方米,作为罐区建设用地。

琅岐作业区是以油品及液化气运输为主的危险品作业区。

(2)松下港区

主要是为福清元洪投资区和长乐工业区物资进出口服务的临港工业港区。港区现有元洪作业区4号泊位(元洪3万吨级多用途泊位)、5号泊位(元载5万吨级多用途泊位)以及牛头湾作业区1号泊位(康宏7万吨级散杂货泊位)。

(3)江阴港区

以集装箱、化工品和散杂货运输为主的多功能、综合性深水港区。港区西部作业区现有1号、2号集装箱泊位,3号泊位2007年下半年交工试投产,4号、5号泊位正在建设中,6号泊位、7号泊位、10号建滔液体化工码头将于2007年内开工建设。1号泊位为5万吨级集装箱泊位,2~7号泊位均为5万吨级集装箱泊位(结构按10万吨级考虑)。东部作业区已建有7万吨级国电江阴电厂配套码头。

(4)罗源湾港区

以散杂货和集装箱运输为主的多功能、综合性深水港区。可门作业区现有可门华电5万吨级煤码头和万吨级重件码头,4号、5号泊位工程(5万吨级多用途泊位)、10号(10万吨级通用泊位)、11号泊位工程(5万吨级通用泊位)正在建设中。

(5)平潭岛作业点

位于平潭岛西岸,目前仅有平潭金井码头、竹屿口码头、东澳陆岛交通码头等。

3. 航道、船闸现状

(1)航道现状

福州港现有闽江口内港区航道、江阴港区航道和松下港区航道,正在开展建设有罗源湾深水航道一期工程和福清湾深水航道工程。

①闽江口内港区航道

自解放桥至外沙航道进口处全长66.6公里。其中马尾至外沙航道进口处长50公里为深水航道,粗芦岛玉霞山灯桩以外航道可乘潮通航3万吨级海轮,筹东电厂码头至粗芦岛玉霞山灯桩可乘潮通航2万吨级海轮;解放大桥至马尾为内港航道,长16.6公里,为II级航道,可乘潮通航3000吨级船舶;南港航道40.2公里,为IV级航道,水深1.9米,底宽50米,可乘潮通航500吨级船舶。

解放大桥至雄江全程长84.9公里,为IV级航道,水深1.9米,底宽50米,通航2×500吨级顶推船队。

②江阴港区进港航道

于2002年建成投产,全长约44公里,设计航道底宽360米、底高程-15.5~-17.2米,为全天候通航5万吨级集装箱船舶双向航道。现航道尺度满足满载吃水的10万吨级集装箱船舶乘潮通航。

③松下港区进港航道

于1994年5月建成,航道自东洛锚地至元洪码头,全长约13.1公里,底宽150米,设计底高程-7.3~-8.1米,可乘潮通航3万吨级集装箱船舶。

④罗源湾港区进港航道

截至2006年底基本处于天然状态,口门段及可门水道的水深条件优越,水深25米以上,将军帽附近的水深20米以上。罗源湾北岸航道由可门水道经将军帽转向狮岐港址,最浅水深为7.8米,满足3万吨级船舶乘潮进港。

⑤海坛海峡航道

从海坛海峡南部口门草屿岛北侧海域至海峡北部口门鼓屿岛北侧海域,全长约35.7公里,为沿海自然航道,其中荖箩水道与四屿水道之间有沙咀浅滩,最小通航水深为-3.7米。金井码头专用航道全长约12.2公里,航道宽80米,最小通航水深-7.5米。

(2)航标概况

①闽江航道

闽江口至马尾航段设有航标49座(含代管航标11座)。其中,发光灯桩8座,发光灯浮标30座。代管航标中,发光桥涵标3对(6座),发光灯桩2座,发光灯浮标3座。

马尾至解放大桥航段按内河一类航标配布,共有航标38座,其中灯浮3座,其余为岸标。

解放大桥至雄江航段按内河一类航标配布,共76座。其中,沿岸标20座,过河标23座,侧面标(灯浮)28座,桥涵标4座,指路牌1座。

水口坝区配布航标12座。其中,过河标5座,鸣笛标2座,节制闸标1座,侧面标2座,沿岸标1座,桥涵标1对。

②沿海港湾航道

松下港区进港航道13公里,有航标11座。江阴港区进港航道44公里,有航标16座。罗源湾港区进港航道19.6公里,有航标12座。

(3)船闸概况及管理

①水口船闸

水口船闸位于闽江下游,上距南平88公里,下距福州83公里。按IV级航道标准,通过500吨级一顶二驳船队设计,闸室有效尺度为135.0×12.0×3.0(米),主体由4个闸首、3个闸室、输水廊道及上下游引航道所组成,下闸首与一闸室及二闸首与拦河坝段共同直接参与挡水,二闸室与三闸室及三闸首与四闸首仅为短时挡水。

船闸上游最高通航水位为65.00米,最低通航水位为57.00米;下游最高通航水位为21.80米,最低通航水位为7.64米。最下级船闸下闸首门槛高程为4.64米。

船闸设计通过能力为过坝年货运量300万吨,单向运行一次,过闸时间约90分钟。

②水口水电站升船机

设计为垂直升船机，承船厢有效尺寸为114.0米×12.0米×2.5米（长×宽×水深），最大升程为59.0米。

升船机设计通过能力过坝年货运量400万吨（或竹木运量250万吨、货运量171万吨），单向运行一次，过坝时间约40分钟（表4-1）。

水口水电站（2001～2006）过船建筑物通航运行统计表　　表4-1

过船建筑物	年份	闸次			船舶过闸总艘数	运量（吨）	运行情况		备注
		上行	下行	合计			通航天数	停航天数	
船闸	2001	1293	1273	2566	16124	1129627	287	78	
	2002	1397	1397	2794	14396	1590220	303	62	
	2003	774	773	1547	8321	922991	180	185	
	2004	709	720	1429	6307	650356	138	227	旱情严重
	2005	1084	1109	2193	8565	875891	205	160	
	2006	1024	1123	2147	7348	1132446	172	193	停航因下游水位不能满足通航
升船机	2003	30	30	60	193	31233	11		
	2004								
	2005	222	196	418	1285	125904	78		
	2006	381	274	655	2661	296677	177		

2003年过坝总运量为954224吨，2005年过坝总运量为1001795吨，2006年过坝总运量为1429123吨（图4-2）。

图4-2　水口枢纽全貌

③水口船闸管理

福州市地方海事局在闽清县水口镇设立水口海事处，主要负责水口船闸通航区域的安全管理，负责对该水域航行、停泊、作业船舶和设施的监督检查，过闸船舶的签证，并协助水口水电厂做好船舶的过闸工作，维护水上交通安全秩序。

（五）集疏运通道现状

福州港陆路交通运输条件较为便利。公路经104、316、324国道和罗长高速公路、福厦高速公路与全国公路网相连；铁路通过福马、外福线接鹰厦线、浙赣线，并与全国铁路网相通；航空通过福州长乐国际机场可到达全国各地。

1. 闽江口内港区

台江作业区直接依托福州城区，疏港主要通过福州江滨大道；马尾作业区集疏运以福马公路、福州江滨大道和福马铁路为主；青州作业区港外疏港公路经青州路与福马公路、江滨大道相接；筹东作业区以后方投资区公路为主；松门作业区后方紧邻104国道；长安作业区集疏运依靠104国道、沈海高速公路至福州连接线以及正在建设中的温福铁路；小长门作业区后方公路通过隧道与104国道相连。

2. 松下港区

以福北一级公路为主要疏港道路，港区道路与元洪投资区路网相连。

3. 江阴港区

集疏运主要通过正在扩建中的新江公路。

4. 罗源湾港区

以公路为主，远期自温福铁路接支线沿疏港路进入港区。

二、港口、航道规划

（一）港口规划

《福州港总体规划》于2004年10月获得交通部和福建省人民政府的联合审批。

1. 闽江口内港区

(1)台江作业区

为配合福州市“东扩南移”发展战略的实施，规划开发壁头作业区，为开发南台岛和闽江内河航运服务。壁头作业区规划码头岸线1015米，陆域纵深205~420米，陆域面积38.1万平方米，后方疏港公路可接福厦铁路。

(2)马尾作业区

规划岸线全长772米，陆域纵深370~480米，陆域面积20.7万平方米。近期港区布局维持现状,远期规划调整为港务管理用地,或通过土地置换发展城市旅游及商贸。

(3)青州作业区

规划码头岸线总长1433米,陆域纵深380~570米,陆域面积37.8万平方米,港区布局维持现状,重点提高设备现代化水平。

(4)筹东作业区

规划建设的洋屿作业区位于华能福州电厂与洋屿村之间,是以大宗散货装卸为主的作业区。规划码头线总长1510米,可建1~2万吨级泊位8个,形成陆域约120万平方米,年通过能力可达500万吨。考虑到太平港通航内河小型船舶因素,洋屿作业区分为南、北两个作业区。北作业区位于小屿岛,规划码头岸线长395米,陆域纵深为250~390米;南作业区规划码头岸线长1115米,陆域纵深为1000米,可建1~2万吨级泊位6个。

(5)松门作业区

作业区岸线长880米,陆域纵深220米,陆域面积16.6万平方米。为充分利用现有码头能力,规划在温福铁路建成后,成为以装卸煤炭和金属矿石为主的散货作业区。

(6)长安作业区

该作业区是今后福州港在闽江口内的重点发展区。规划岸线为福州救助站码头至英屿,长约3200米,陆域平均纵深500米,自上游向下依次布置通用泊位区和集装箱泊位区。

通用泊位区以粮食、钢铁、件杂货作业为主,码头岸线长1510米,可建万吨级泊位6个,陆域纵深350~600米、面积69.1万平方米,年设计通过能力450万吨。

集装箱泊位区位于长柄矶头至英屿间,英屿矶头和英屿村将作业区一分为二。长柄矶头至英屿矶头规划岸线长1140米,建设靠泊第二代集装箱船舶的泊位4个,前屿矶头至东岐规划岸线长500米,可建靠泊第二代集装箱船舶的泊位2个。集装箱作业区陆域平均纵深近520米,总面积约为87.2万平方米,年通过能力可达90万TEU。港区后方预留保税及仓储区用地,英沙礁和前屿矶头附近布置工作船码头和港监、海关码头及航道工程基地等。

(7)小长门作业区

规划将作业区内3000吨级对台贸易码头改造为危险品码头,形成危险品作业区,预计年通过能力可达200万吨。

(8)琅岐作业区

规划码头岸线长1500米,可建1~3万吨级危险品泊位7个,陆域平均纵深724米,面积108.6万平方米,规划年通过能力600万吨。

2. 松下港区

规划港区呈顺岸布置形式，码头岸线总长4290米，可建深水泊位18个，形成年通过能力约2000万吨。规划港区陆域纵深710～860米，总面积约255万平方米。元洪码头以东预留200米×180米的小港池，作为松下村交通码头和陆岛交通口岸，同时作为港区工作船及支持系统船舶基地。港区北部的牛角处规划为松下港区发展区。

3. 江阴港区

江阴港区采用顺岸形式的平面布置，西部为公用码头作业区，东部为业主码头作业区。规划码头岸线8370米，可建设深水泊位约30个。规划码头岸线8370米，可建深水泊位约30个。

（1）西部作业区

位于壁头岬角以西，由集装箱和化工码头区组成。

①集装箱码头区

码头前沿线布置在－10米深槽边缘，回填造陆形成港区陆域，规划集装箱岸线长4185米，可建设靠泊第四代、第五代集装箱船舶的码头13个，形成年通过能力约450万TEU。在作业区内布置集装箱拆装箱库、铁路、辅助建筑物，规划陆域纵深1500米，形成陆域总面积627万平方米。

②化工码头区

位于集装箱码头区西侧150米、－5米深槽处，规划岸线长985米，主要为江阴工业区的化工企业及仓储服务，可建3～5万吨级泊位4个，通过能力达800万吨，陆域纵深1300米，形成陆域面积128万平方米。

西部作业区共规划码头岸线长5170米，可建设深水泊位17个，形成集装箱年通过能力450万TEU，其他货物年通过能力800万吨。规划在作业区后方设置港口物流园区，陆域平均纵深约为700米，形成面积约308万平方米。

（2）东部作业区

位于壁头岬角以东，为江阴工业区大型企业所需的货主码头建设区和江阴港区远景发展区，共规划码头岸线长约3200米，可建深水泊位10余个，规划陆域纵深为1500米。西部作业区和东部作业区之间680米岸线规划作为支持系统使用岸线。

4. 罗源湾港区

根据罗源湾可建港岸线长，但陆域纵深受限的特点，规划港区的平面布置采用顺岸布置形式，并根据运量预测对各作业区的功能做了初步分工。各作业区陆域布局规划如下：

（1）碧里作业区

位于狮岐东侧纵深800~1400米的碧里湾，码头前沿水深8~11米，码头岸线长3710米，可建2~5万吨级深水泊位9个，自西向东依次布置通用码头和集装箱码头。陆域纵深为400~1130米，陆域面积357万平方米。

(2)牛坑湾作业区

位于将军帽以西的牛坑湾，该浅海湾纵深约3000米，湾口水深变化较大，具备建设深水码头的优良条件，但对外联系较困难，因此拟作为远景发展区。该作业区规划码头岸线长4680米，陆域纵深2690米，陆域总面积1258万平方米。

(3)可门作业区

位于南岸的门边至古鼎屿之间，码头前沿水深10~20米，深水水域宽阔，规划码头岸线5000米，可建3~10万吨级深水泊位16~18个。规划陆域平均纵深1500米，形成面积863万平方米。

另外《福州港罗源湾港区控制详细规划》中增加了西部远景发展作业区，并且在北岸段增加将军帽作业区和濂澳作业区。

(二)航道规划

根据《福州港总体规划》，福州港划分为江阴港区、罗源湾港区、松下港区、闽江口内港区四个港区。各港区对应的为江阴港区进港航道、罗源湾港区进港航道、松下港区进港航道和闽江通海航道。

1. 江阴港区进港航道

根据江阴港区建设发展需要，计划开展江阴港区进港航道二期工程建设工作，建成后可满足10万吨级集装箱船舶全天候通航。

2. 罗源湾港区进港航道

为适应罗源湾内南北两岸在建、拟建码头建成投产需要，于2006年12月实施罗源湾深水航道一期工程。

罗源湾深水航道一期工程口外至可门角、可门角经担屿北水道至将军帽(长12.7公里)航段为全天候30万吨级航道(可满足5万吨级双向航道要求)；将军帽经牛坑湾作业区至碧里作业区(长11.2公里)为10万吨级航道，10万吨级船散货船乘潮通航，乘潮保证率90%，乘潮历时为7小时，乘潮水位3.01米，可同时满足3.5万吨级散货船不乘潮通航；碧里作业区至狮岐头为5万吨级航道(长1.14公里)，5万吨级集装箱船乘潮通航，乘潮水位为2.73米，乘潮保证率为90%，乘潮历时为7小时；可门角经担屿南水道至可门作业区10万吨级航道(10.1公里)，其中蛇头山至牛坪山航段为10万吨级船散货船乘潮通航，乘潮保证率90%，乘潮历时为7小时，乘潮水位3.01米，可同时满足3.5万吨级散货船不乘潮通航。

罗源湾深水航道一期工程预计于2007年底建成投产。

3. 松下港区进港航道

为适应松下港区牛头湾作业区康宏码头、松下港区18号和19号泊位鑫海码头、松下港区5号泊位元洪二期码头建成投产需要,实施松下港区进港航道。

主航道:从笠屿北侧锚地至人屿西侧建设10万吨级航道,长20.95公里。该航段天然水深条件良好,前半段为双向航道,航道宽度为420米,后半段为单向航道,航道宽度为250米,10万吨级船舶须乘潮通航。从人屿西侧至元洪码头附近的建设为5万吨级航道,宽180米,长5.42公里,5万吨级船舶可单向乘潮通航。

松下港区牛头湾作业区支航道:从主航道进港后至松下港区牛头湾作业区康宏码头回旋水域附近,长5.07公里,宽250米,10万吨级船舶可单向乘潮通航。

松下港区西作业区支航道:从主航道人屿西侧起至鑫海码头回旋水域附近。该航段为船舶制动区域,长1.07公里,宽250米,10万吨级船舶可单向乘潮通航。

松下港区进港航道工程预计“十一五”期内建成投产。

4. 闽江航道

闽江航道以马尾为界,分为闽江通海航道和内河航道。

为适应闽江口内港区发展需要,计划“十一五”期内实施闽江通海航道三期整治工程,整治范围为马祖印封锁线附近至马尾,全长30公里,建成通航3万吨级海轮航道。

闽江内河航道福州至南平段规划为Ⅳ级航道,南平至沙溪为Ⅴ级航道;远期沙溪口至三明永安渠化成Ⅴ级航道。开发规划实施后,300~500吨级船队可直达福州港,内河航运将是福州港主要的集疏运通道。

(三)集疏运通道规划

福州港集疏运方式有公路、铁路等,另外还包括电厂煤码头皮带机、机场油码头管道等。

1. 公路

福州市是福建省内国道和省道主干线的交汇点,目前福州港主要集疏运公路有324、316、104国道以及福厦高速公路、同江至三亚国道主干线、北京至福州国道主干线。上述2条国道主干线便捷地沟通福州港的省内、外腹地。各港区的公路集疏运通道布局如下:

(1)闽江口内港区

闽江口内港区北岸的马尾、青州、松门和长安作业区规划以公路集疏运为主,南岸作业区货物规划主要以皮带机、管道及驳运运输为主。

(2)松下港区

松下港区疏港公路主要为福(清)北(山)一级公路,西接324国道和福厦高速公路,东接长乐机场专用公路,并经青州大桥与闽江北岸公路网相接,可满足疏港要求。

(3)江阴港区

为配合江阴港区5万吨级集装箱码头的建设,现正在建设与福厦路相通的新(厝)江(阴)二级公路,计划再建设渔江汽车专用路,将港区与福厦高速公路连接,届时江阴港区对外公路运输能力将会有很大提高,可满足疏港需要。

(4)罗源湾港区

罗源湾港区北岸目前陆路集疏运通道主要通过可湖—狮岐—碧里—牛坑湾—将军帽二级疏港公路与“沈海”沿海高速公路以及104国道连接,从而实现与外部高速公路、干线公路网络的连接。其中可湖—狮岐段7公里、狮岐—碧里段2.5公里已经建成通车。

南岸目前陆路集疏运通道主要通过可门—颜岐—文山—官岭—浦口—东湖疏港公路实现与“沈海”沿海高速公路以及104国道连接,打通外部公路网络通道。其中一期工程(文山—官岭3.4公里)、浦口—东湖已经建成通车,颜岐—文山段9公里完成施工图设计。全线规划或已建均采用平原维丘区二级公路(控制一级)标准,路基宽17米,路面宽14米。

2.铁路

福州港目前通过福马铁路、外福线接鹰厦线完成物资运输,现福马铁路主要为港口服务,能力有余。外福线和鹰厦线经电气化改造后,能力分别为1400万吨/年和1500万吨/年。新建成的横南铁路,是全省的第二条出省铁路,远期能力为1400万吨/年,可以承担港口的集疏运任务。目前正在施工的温福铁路以及福厦铁路,将有效地提高港口的铁路集疏运能力。

(1)闽江口内港区

福马铁路自福州沿闽江北岸进入马尾作业区,并设有马尾港口站,承担马尾作业区的铁路集疏运任务。长安作业区铁路专用线可引自温福铁路亭江站,距离约1公里左右。外福、温福和福厦三条铁路的交接点规划在樟林车站,也为长安作业区提供便捷的铁路运输条件。

(2)松下港区

我国沿海铁路主干线福厦铁路规划“十一五”期末建成通车,届时可视港区发展需要建设疏港铁路支线至港区。

(3)江阴港区

福厦铁路在福清渔溪预留站,届时可视港区发展需要建设约长12公里支线至港区。

(4)罗源湾港区

罗源湾港区紧邻在建的温福铁路。北岸的作业区疏港铁路自罗源县新厝里站接线,接线长度约5公里,规划能力为500万吨/年,计划在“十五”期末开工;南岸的作业区疏港铁路自连江县塘边站接线，接线长度约9公里。

三、港口设施

（一）码头泊位

截至2006年底，全港共有生产性泊位130个，泊位总长度为11917米，其中万吨级以上泊位26个，泊位长度5353米；集装箱及多用途泊位9个，其中万吨级以上集装箱泊位3个、多用途泊位1个。

福州港货物年通过能力为4028万吨，其中集装箱99万TEU、煤炭1135万吨、液体散货573万吨、矿石495万吨、其他1033万吨，旅客年通过能力为253万人次，汽车年通过能力为5万辆次。万吨级以上泊位货物年通过能力3004万吨，其中集装箱88万TEU、煤炭1100万吨、液体散货298万吨、矿石485万吨、其他417万吨，旅客年通过能力30万人次。

（二）港口锚地

福州港现有18个锚地，为进出福州港船舶提供锚泊服务。

1. 闽江口外锚地

七星礁候潮锚地。

2. 闽江口内港区锚地

乌猪口1号薰舱锚地、乌猪口2号薰舱锚地、琯头1号候泊锚地、琯头2号候泊锚地、亭江候泊锚地、亭江生产作业区候泊锚地、营前候泊锚地、马杭洲候泊锚地、罗星塔候泊锚地。

3. 江阴港区

塘屿南引航锚地、白屿东检疫引航备用锚地、江阴待泊锚地。

4. 松下港区

东洛候潮锚地。

5. 罗源湾港区规划的锚地

可门口北引航锚地、可门口南引航锚地、岗屿南候泊锚地、岗屿北候泊锚地。

（三）系船浮筒

福州港作业浮筒主要分布在闽江口内港区，共有9个，最大系泊能力3万吨。

1. 长安系泊作业浮筒

长安系泊2号浮筒（万吨级）、长安系泊3号浮筒（万吨级）、长安系泊6号浮筒（3万吨级）、长安系泊7号浮筒（3万吨级）、长安系泊8号浮筒（3万吨级）。

2. 亭江系泊作业浮筒

亭江系泊 1 号浮筒（万吨级）、亭江系泊 2 号浮筒（万吨级）、亭江系泊 3 号浮筒（万吨级）、亭江系泊 4 号浮筒（万吨级）。

（四）港口机械（表 4-2）

福州港各港区装卸设备基本情况表　　表 4-2

港区泊位名称		泊位装卸货物种类	码头前沿装卸配置		水平运输装卸配置		码头后方装卸配置（库场、堆场）	
			机械名称	数量	机械名称	数量	机械名称	数量
闽江口内港区	马尾港务公司1号~4号泊位	散杂	门机	7	拖车	14	轮胎起重机	12
					胶带输送机	6	叉车	22
							装载车	14
							推耙机	4
	马尾港务公司青州3号~6号	散杂	轻型桥吊	1	皮带机	20	叉车	5
			装船机	6			正面吊	2
			门机	4			集装箱叉车	1
							双主梁门式起重机	1
	青州0号、1号、2号	集装箱	岸桥	4	牵引车	20	RTG	12
							堆高机	1
							正面吊	3
	琯头	散杂	门机	1	拖车	4	汽车吊	2
							轮胎吊	1
							叉车	3
	台江	散杂	门机	1			内燃式起重机	1
			固定吊	1			龙门起重机	1
			轮胎式起重机	19			叉车	7
							牵引车	2
							装载车	1
	松门1号、2号	散杂	门机	2	皮带机	34	斗轮机	1
			装船机	2			堆料机	2
			上砂机	1			装载机	9
			下驳皮带机	1			推耙机	8
							叉车	1
	筹东	散杂	装船机	2	皮带机	34	堆料机	2
			卸船机	1			取料机	1

续上表

港区泊位名称		泊位装卸货物种类	码头前沿装卸配置		水平运输装卸配置		码头后方装卸配置（库场、堆场）	
			机械名称	数量	机械名称	数量	机械名称	数量
罗源港区	狮岐	散杂	门机	2	集卡	3	堆料机	1
					牵引车	2	装载机	6
					皮带机	6	推耙机	2
							正面吊	1
							叉车	5
							轮胎吊	1
江阴港区1号、2号		集装箱	岸桥	7			RTG	17
							正面吊	2
							堆高机	1
							叉车	6

（五）港作船舶

目前福州港港务船队有拖轮9艘为进出港船舶提供服务，另有引航艇3艘。

（六）仓库堆场（表4-3）

福州港码头堆场、仓库、储罐基本情况表 表4-3

码头泊位名称	单位名称	堆场（平方米）	仓库（平方米）	储罐（立方米）	备注
	合计	773725	65592	321490	
马尾1号泊位	福州港马尾港务公司	109000	42000	5750	含新港区堆场、仓库和路港储罐
马尾2号泊位	福州港马尾港务公司				
马尾3号泊位	福州港马尾港务公司				
马尾4号泊位	福州港马尾港务公司				
江阴港区1号泊位	福州港务集团	54965			
鳌峰洲技术改造工程	福州港台江港务公司	17890			
青州1号泊位	福州青州集装箱码头有限公司	206440	6668		
青州2号泊位	福州青州集装箱码头有限公司				
砂石码头装船泊位	福州港砂石港务公司	15000			
砂石码头卸船泊位	福州港砂石港务公司				

续上表

码头泊位名称	单位名称	堆场（平方米）	仓库（平方米）	储罐（立方米）	备注
松门1号泊位	福州港松门港务公司	62440			
松门2号泊位	福州港松门港务公司				
吉安油码头	福建吉安燃油储运有限公司			20000	该储罐属明达电厂
后安油码头	福州港燃油供应公司			14350	
榕通码头	福州港榕通码头有限公司	50000	5000		
长通码头	福州港榕通码头有限公司	10170			
琯头对台贸易码头	福州港琯头港务公司	4622	1404	5900	该储罐属一化、森福公司
平潭竹屿口码头	福州港琯头港务公司	800	1100		
罗源淡头码头	福州港罗源湾港务公司	1850	1260		
罗源1号泊位	福州港罗源湾港务公司				
罗源2号泊位	福州港罗源湾港务公司				
金井码头	平潭县交通局金井港务公司	5000	3600		
中钢1号泊位	中国国际钢铁制品有限公司	7700			
中钢2号泊位	中国国际钢铁制品有限公司				
兴闽油库码头	福建兴闽石油化工有限公司			89600	
红山油1号码头	福建福州石油分公司红山油库			39340	
红山油2号码头	福建福州石油分公司红山油库				
红山油3号码头	福建福州石油分公司红山油库				
长乐国际机场油码头	中国航空油料福建分公司			20000	
义序机场油码头	中国航空油料福建分公司			6000	
BP长乐液化气码头	BP（福建）石油有限公司			6000	
筹东油码头	福建省海洋渔业总公司渔需物资公司			6200	
中转油码头	福建省海洋渔业总公司渔需物资公司			2100	

续上表

码头泊位名称	单位名称	堆场（平方米）	仓库（平方米）	储罐（立方米）	备注
亭江油库码头	福建省水产物资储运公司			7000	
门边油库码头	福建省石油总公司福州分公司琯头油库			31000	
象屿液化气码头	福州发达燃料石化有限公司			5000	
榕昌码头	福州市榕昌柴油机发电有限公司			12500	
下垄集装箱码头	福清融侨码头港务有限公司	40000	800		
海星油库码头	福建长乐海星渔业石油供应有限公司			4000	
东升油库码头	福州国融化工产品有限公司			7500	
北茭过屿油码头	福建省福州石油分公司苔菉经营部			5250	
连江琯头小长门液化气码头	福州长门港务有限公司			1200	
中油福州油品专用码头工程	中油天然气股份有限公司福州销售分公司			31200	
沙厂码头	中国标准沙厂	800	1100		
火烧港码头	福建省平潭县盐厂	300	500		
罗源县鸡笼屿陆岛交通码头	罗源县陆岛码头有限公司	1850	1260		
福清融侨码头扩建泊位	福清融侨码头港务有限公司	58000	900	7600	该储罐属福耀公司
福州顺利建材码头工程	福州开发区顺利建材有限公司	20261			
罗源湾港区狮岐码头工程	福州港罗源湾码头有限公司	51672			
江阴港区 2 号泊位	福州新港国际集装箱码头有限公司	54965			

（七）陆岛交通

福州市于“八五”、“九五”、“十五”、“十一五”期开展陆岛交通码头建设，具体情况见表4-4。

福州市陆岛交通码头建设一览表　　表4-4

<table>
<tr><th colspan="2" rowspan="2">序号</th><th rowspan="2">项 目 名 称</th><th rowspan="2">泊位吨级</th><th colspan="4">总投资（万元）</th><th rowspan="2">完成情况</th></tr>
<tr><th>合计</th><th>中央</th><th>省</th><th>地方自筹</th></tr>
<tr><td rowspan="12">“八五”期</td><td>1</td><td>平潭流水码头</td><td>60</td><td rowspan="2">459</td><td rowspan="2">230</td><td rowspan="2">149</td><td rowspan="2">80</td><td>已完工</td></tr>
<tr><td>2</td><td>平潭东痒岛南江码头</td><td>100</td><td>已完工</td></tr>
<tr><td>3</td><td>平潭草屿岛/沃子底码头</td><td>60/60</td><td>280</td><td>160</td><td>98</td><td>22</td><td>已完工</td></tr>
<tr><td>4</td><td>平潭苏澳码头</td><td>200</td><td rowspan="3">530</td><td rowspan="3">265</td><td rowspan="3">159</td><td rowspan="3">106</td><td>已完工</td></tr>
<tr><td>5</td><td>平潭大练岛大练码头</td><td>100</td><td>已完工</td></tr>
<tr><td>6</td><td>平潭屿头岛田下码头</td><td>100</td><td>已完工</td></tr>
<tr><td>7</td><td>福清东壁岛码头</td><td>100</td><td>215</td><td>107</td><td>65</td><td>43</td><td>已完工</td></tr>
<tr><td>8</td><td>长乐长屿岛松下码头</td><td>200</td><td>205</td><td>102</td><td>62</td><td>41</td><td>已完工</td></tr>
<tr><td>9</td><td>福州琅岐岛琅岐、东岐码头</td><td>300/300</td><td>425</td><td>252</td><td>128</td><td>45</td><td>已完工</td></tr>
<tr><td>10</td><td>连江粗芦岛码头</td><td>200</td><td>265</td><td>132</td><td>80</td><td>53</td><td>已完工</td></tr>
<tr><td>11</td><td>连江壶江中岐码头</td><td>100</td><td>120</td><td>60</td><td>25</td><td>35</td><td>已完工</td></tr>
<tr><td>12</td><td>罗源鉴江码头</td><td>100</td><td>135</td><td>67</td><td>40</td><td>28</td><td>已完工</td></tr>
<tr><td rowspan="9">“九五”期</td><td>1</td><td>平潭东澳码头</td><td>1000</td><td>2200</td><td>730</td><td>220</td><td>1250</td><td>已完工</td></tr>
<tr><td>2</td><td>平潭塘屿码头</td><td>200</td><td>500</td><td>250</td><td>50</td><td>200</td><td>已完工</td></tr>
<tr><td>3</td><td>平潭小练码头</td><td>100</td><td>600</td><td>300</td><td>60</td><td>240</td><td>已完工</td></tr>
<tr><td>4</td><td>平潭东金码头</td><td>200</td><td>700</td><td>350</td><td>75</td><td>275</td><td>已完工</td></tr>
<tr><td>5</td><td>罗源鸡笼岛码头</td><td>500</td><td>900</td><td>320</td><td>90</td><td>490</td><td>已完工</td></tr>
<tr><td>6</td><td>福清大扁岛码头</td><td>200</td><td>600</td><td>300</td><td>60</td><td>240</td><td>已完工</td></tr>
<tr><td>7</td><td>连江川石码头</td><td>200</td><td>500</td><td>260</td><td>100</td><td>140</td><td>已完工</td></tr>
<tr><td>8</td><td>连江东洛岛黄岐码头</td><td>200/500</td><td>1570</td><td>780</td><td>157</td><td>633</td><td>已完工</td></tr>
<tr><td>9</td><td>连江下宫码头</td><td>500</td><td>800</td><td>400</td><td>80</td><td>320</td><td>已完工</td></tr>
<tr><td rowspan="4">“十五”期</td><td>1</td><td>平潭钱便澳码头</td><td>500</td><td>700</td><td>350</td><td>120</td><td>230</td><td>已完工</td></tr>
<tr><td>2</td><td>平潭小庠码头</td><td>100</td><td>500</td><td>250</td><td>60</td><td>190</td><td>已完工</td></tr>
<tr><td>3</td><td>福清目屿（牛头尾）</td><td>100/500</td><td>1100</td><td>550</td><td>175</td><td>375</td><td>已完工</td></tr>
<tr><td>4</td><td>平潭乐屿码头</td><td>200</td><td>700</td><td>200</td><td>60</td><td>440</td><td>已完工</td></tr>
</table>

续上表

序号		项目名称	泊位吨级	总投资(万元)				完成情况
				合计	中央	省	地方自筹	
"十五"期	5	罗源松山码头	500	700	350	100	250	已完工
	6	连江前屿码头	300	600	250	75	275	已完工
	7	福清斗门码头	500	700	350	100	250	已完工
	8	福清可门	200	400	200	60	140	已完工
	9	闽侯龙祥岛码头	200	260	100	60	100	已完工
	10	仓山吴凤码头	200	300	100	60	140	在建
	11	福清吉钓(梁厝)	100/500	900	450	150	300	在建
	12	福清小麦屿(球尾)	100/100	600	300	85	215	完工/在建
	13	平潭钟门	300	500	250	75	175	在建
	14	连江馆头	500	600	300	85	215	在建
	15	连江东岱	300	500	250	75	175	已完工
"十一五"期	1	琅岐(东岐)陆岛滚装码头	500/500	1600	800	210	590	在建
	2	渔限陆岛码头	300	650	300	85	265	在建
	3	北楼陆岛码头	300	600	300	85	215	待建
	4	晓沃陆岛码头	1000	1500	700	150	650	待建
	5	后港陆岛码头	300	500	250	75	175	待建
	6	海口垦区陆岛码头	500	800	400	100	300	待建
	7	定海陆岛码头	300	500	250	75	175	待建
	8	草屿陆岛滚装码头	1000	1200	600	160	440	待建
	9	松下陆岛滚装码头	1000	1200	600	160	440	待建
	10	大练陆岛滚装码头	1000	1200	600	170	430	待建
	11	东庠(流水)陆岛滚装码头	1000/1000	2300	1150	320	830	待建
	12	苏澳陆岛滚装码头	1000	1200	600	160	440	待建
	13	吉壁陆岛码头	300	500	250	75	175	待建
	14	吉钓(万安)陆岛码头	500/500	1700	800	210	690	待建

四、港口经营

(一)货物、客运业务

1. 福州港 2001～2006 年经营情况(表 4-5)

港口货物吞吐量生产情况表(2001～2006 年)　　表 4-5

年份	货物吞吐量(万吨)	全国排名	集装箱吞吐量(TEU)	全国排名
2001	2961.29	11	417834.25	10
2002	3906.72	10	481640.50	11
2003	4753.06	10	597554.00	10
2004	5938.63	11	707897.50	10
2005	7443.45	12	803919.00	11
2006	8847.82	11	1011738.75	13

2. 内外贸运输

主要散杂货有河砂、煤、工业盐、各种金属矿和非金属矿,主要杂货有粮食、石材、钢铁、冻鱼、鱼粉等。

3. 集装箱运输

外贸集装箱运输已开通西非、美西、欧洲地中海、日本、韩国、东南亚、香港、台湾航线及内支线等,还开通欧洲、中东等集装箱干线;内贸集装箱辟有通往营口、大连、上海、厦门、深圳等沿海主要港口城市的航线(表 4-6)。

福州港集装箱航班航线表　　表 4-6

航　线	挂港次序	运营船公司	班　期
欧洲线	上海—青岛—宁波—福州新港—深圳赤湾—香港—新加坡—伊斯坦布尔—康斯坦察(罗马尼亚)—萨洛尼卡(希腊)—比雷埃夫斯(希腊)—吉达(沙特阿拉伯)—新加坡—赤湾	地中海航运	周班(周五)
两岸三地线	福州新港—厦门—石垣—基隆—台中—石垣	美达船务	周班(周五)
	福州新港—厦门—石垣—基隆—石垣	马轮(华荣)	周班
台湾线	福州新港—台湾高雄—福州青州—台湾高雄—福州新港	美达船务	周班
	台湾高雄—福州新港—厦门—台湾高雄—厦门—台湾高雄—福州新港	外运	周班
	台湾高雄—福州新港—福州马尾—台湾高雄—厦门—台湾高雄	万海航运	周班(周二)

续上表

航线	挂港次序	运营船公司	班期
韩国线	釜山—光阳—仁川—平泽—香港—汕头—厦门—泉州—福州新港	泛洋	周班(周一)
西非线	上海—宁波—福州新港—深圳赤湾—巴生—德班—特马—拉各斯—科特努—洛美—阿比让—科伦坡—巴生	法国达飞	周班
中东线	宁波—上海—福州新港—赤湾—巴生—孟买新港—杰贝阿里—豪尔费坎—阿巴斯港		周班(周四)
东南亚线	香港—青州—香港—胡志明—香港	APL	周班(周一)
日本线	水岛—大阪—横滨—东京—名古屋—厦门—青州—水岛	吉舟	周班(周五)
香港线	香港—福州新港—福州马尾	永丰	周班
	福州新港—厦门—香港	华达船务	周班(周五)
	香港—福州新港—福州马尾	美达船务	周班(周四)
内支线	福州马尾—福州新港—厦门	外运	周班
	福州马尾—福州新港—厦门	昊海	周班
	福州新港—厦门—福州马尾	马轮	周双班
内贸线	大连线:大连—福州新港—汕头—泉州—营口—锦州 上海线:黄埔—新港—上海	中海集运	周班
	福州新港—厦门—漳州—泉州—天津—营口—烟台	中远	周班

（二）外理、外代

1. 外理

目前,福州港有福州外轮理货有限公司和福州中联理货有限公司2家外理公司,主要提供福州港口国际、国内航线的理货业务,国际、国内集装箱业务,集装箱装、拆箱理货业务,货物的计量、丈量,兼装、兼卸业务,货损、箱损鉴定业务等。

2. 外代

目前,福州港有20家外代公司为船舶提供服务。

（三）对台业务

(1)1981年10月9日,福州市港务局为实现海峡两岸通航作出四项决定:

①欢迎台湾同胞来福建省探亲访友,参加文化、体育、学术交流和旅游。在上述活动中,福州市港务局所属港口及其基层单位,积极提供方便和帮助。②台湾船舶在港务局所管辖福鼎至泉州航区内,如遇海损或避风需要,港务局将尽力做好引航和救助工作。③做好福州至基隆、台中、白犬、马祖等地的客运班轮业务的准备工作。关于船舶、候船室、航线、班次等事宜,欢迎台湾有关部门派人谈判、联系。④为台湾与福建省货运班轮开航作好准备,积极在库场、码头、泊位、装卸、理货等方面提供协作。

(2)福州港开辟有“两马”(马尾、马祖)客运直航线。福州港客运站是“两马”客运直航的定点港,自2001年1月2日首次通航以来,现周一至周五每天往返一个航班,另周末一个周末班,6年来已累计进出旅客近12万人次。2006年完成“两马”客运直航667航次,比增25.38%;进出旅客45872人次,比增25.42%(表4-7和表4-8)。

福州港海峡两岸试点直航集装箱吞吐量(单位:TEU) 表4-7

年度	小计	进口	出口
总计	1784146	874941	909205
1998	41030	19207	21823
1999	97576	47898	49678
2000	130041	65143	64898
2001	162359	76836	85523
2002	208215	102083	106132
2003	270737	142436	128301
2004	291045	148065	142980
2005	259098	118397	140701
2006	324045	154876	169169

历年“两马”直航客运量表 表4-8

项目 \ 年份	2001年	2002年	2003年	2004年	2005年	2006年	合计
客运量(人)	2160	4403	7160	21572	36575	45872	117755
航次	65	98	169	518	532	667	2049

2002年10月28日,在福州港中钢码头,满载1000吨闽江河砂的福州马尾华荣海运公司所属“明德壹號”直航马祖,标志“两马”贸易货物首次实现直航;2002年5月14日,装载3个集装箱台湾水果的“吉祥山”轮停靠青州码头,福州港首次接卸台湾水果。

(3)“福州—澎湖”货运直航首航仪式于2007年5月15日在琯头对台贸易码头举行,台湾籍“全富”轮由福州首航澎湖(图4-3)。该货运直航预计今后每年有望为澎湖地区输送20万吨碎石等原料。为满足福州至澎湖地区货运业务拓展的需要,琯头对台贸易码头将于年内动工扩建,靠泊能力将由5000吨提升到15000吨。

图4-3 台湾籍“全富”轮缓缓离开码头,驶向澎湖

(四)吸引港口货源政策

为加快福州港发展,福州市相关部门制定了许多政策促使港口投资多元化,吸引港口货源。

(1)福州市有关部门下发了《关于对进入江阴港区集装箱码头作业实行收费优惠政策的通知》(榕价费〔2003〕85号)。主要内容有:取消拖轮近洋航线附加费和航道建设基金;暂不收取班轮拖轮引航作业节假日附加费;内贸货物港务费按规定标准减半征收;集装箱班轮拖轮费根据船舶长度分别按规定标准的60%~85%收取,具体由福州市港务局规定;缩短拖轮辅助作业时间,具体由福州市港务局规定;暂不收取超规范船舶进出港护航费。

(2)根据福建省人民政府《关于印发鼓励中西部省份从福建省港口进出口货物及投资建设码头泊位暂行规定的通知》(闽政〔2006〕44号),为培育港口市场货源,对中西部省份经福建省港口进出的货物免征货物港务费。

(3)对新开辟的福州港新港区新班轮航线,自首航算起半年时间内,按交通部航行国际航线船舶引航费率标准的50%标准征收,半年后按70%标准征收。

(4)新港集装箱码头优惠措施:为客户提供24小时进出口服务;对出口集装箱免收7天堆存费;对进口集装箱免收10天堆存费;免收进出口集装箱货物的海关验关费;免收单箱退关一个航次的吊箱、拖箱、堆存费等退关转船关费;免收在FICT的陆路空箱吊箱费。

(5)建设高效便捷的口岸环境。通关中心设于新港口岸园区,距新港仅500米,海关、检验检疫、边防、海事等联检单位已进驻口岸园区,实现了报检、报关“一站式”通关服务。

①异地报关、口岸验放的通关模式:企业可选择在福州关区内任何一海关申报,福州关区含福州、马尾、三明、莆田、南平、福清、宁德等;

②实行进出口货物预申报、实物放行制度:企业可在货物未进港前先报关和单

证放行,待货物进港后进行电子数据放行。该制度对企业而言可延长生产时间;

③马尾海关和福清海关新港查验科实行七天24小时工作制,福清海关新港查验科配备H986大型组合移动式集装箱检查系统,使进出口货物不必开箱就能完成查验,既快速又便捷。

五、港口服务

福州港拥有完善的港口服务。

(一)港口供应

24小时为进出港的国内外船舶供应燃油、润滑油、淡水、主副食品及烟酒饮料、船用物料、垫舱物料、船舶配件、化工产品;代办海员个人需要的各类商品。

(二)船舶修造

福州港主要修造船企业有11家,主要分布于市区、闽侯、连江、平潭等地。有干船坞6座,其中万吨以上4座;船台25座,其中万吨以上2座。最大可修3万吨级船舶。

(三)救助

1. 海上救助

经福州市人民政府批准成立的福州海上搜救中心负责组织、协调、指挥海上人命救助、船舶遇险救助和船舶溢油应急反应。搜救中心办公室设在福州海事局。

2. 打捞服务

交通部上海打捞局在福州港设有海(水)上沉船(物)打捞、应急抢险、大型海难(包括环境)救助等专业单位。福州市港务局航务救捞中心协助闽江口内船舶救助打捞工作。

3. 船舶拖带服务

船舶拖带服务单位为进出福州口岸的国内外大中型船舶提供靠离码头、拖带护航、抢险救助、海上拖带、船舶系泊浮筒等业务。

(四)水上交通通信服务

保持VHF16和VHF70信道的全时值守,保障进出福州港口船舶遇险与安全通信的畅通,并按水上无线电通信规则的规定,在VHF16信道上广播有关航行安全信息。

（五）油污水垃圾处理

港内有专门单位进行船舶油污水和船舶垃圾处理。

第二节 厦 门 港

一、港口、航道概况

（一）地理位置

厦门市位于福建省南部沿海，北纬24°25′～24°55′，东经117°53′～118°27′。东临台湾海峡，北依泉州市，南接漳州市，辖思明、海沧、湖里、集美、同安、翔安6区，面积1652平方公里。境内大陆西北侧低山屏立，最高峰钉顶尾山海拔963米。

厦门岛原为福建第四大岛，高集海堤使之成为人工半岛。厦门港深入内陆，为水深浪平的天然良港，岛屿近30个。厦门港雄踞台湾海峡西岸，扼九龙江入海口，东望宝岛台湾，南北承接珠江三角洲和长江三角洲中国两大经济圈，是宁波至深圳绵延数千公里海岸线上最主要的深水良港之一。水路北距上海564海里，东距高雄165海里，南至香港292海里，可以顺畅地与沿海、世界诸港通航。

（二）自然条件

1. 气象

厦门港属亚热带海洋季风性气候，全年气候相差不大，港内水域宽阔，水深浪小，不冻少淤。

(1)气温

厦门港年平均气温20.8℃。月平均气温2月份最低，平均气温12.4℃；7月份最高，平均气温28.5℃。

(2)风

厦门港常风向为东北，东南风次之，春、夏两季以东南向风为主，秋、冬两季以东北向风为主，每年5～6月下午常有较强的东北或西南向风，平均风力3～4级，最大5～6级，瞬时极大风力可达7～8级，每年7～10月较常受台风影响。

(3)降水

厦门港降水主要集中于4～8月，年平均降水量约1181.0毫米。

(4)雾

厦门港年平均雾日为22天，每年春、夏季有雾，1～5月为雾季，3～4月雾日数最多。

(5)湿度

厦门港多年平均相对湿度为78%,每年3～8月较潮湿。

2. 水文

(1)潮汐

厦门港属正规半日潮,潮型较大。潮位特征是高潮位从湾口向湾顶逐步递增,最高潮位7.10米(以厦门理论最低潮面起算),最低潮位-0.20米;西海域潮差从湾口向湾顶先增大后减小,海沧一带达到最大,最大潮差6.92米,往九龙江口沿程递减;潮汐日不等现象非常明显。

(2)潮流

厦门湾海区海流以潮流为主,属正规半日潮流,以往复流为主,主流向与深槽等深线一致。嵩鼓水道和海沧深槽主槽的中底层先涨、先落现象明显,厦门港深水航道开辟后该水道涨潮流增强。

厦门湾海区一般落潮流历时大于涨潮流历时。九龙江口在泄洪时落潮流历时大为延长,2000年实测洪水来临时,北、中、南港和南溪口落潮流比涨潮流历时长5个多小时。鸡屿北水道中底层涨潮流历时始终比落潮流历时长,受径流影响很小。潮流流速具有大潮大于小潮、表层大于底层的规律,落潮流速大于涨潮流速,垂线平均流速34～70厘米/秒,最大流速一般发生在半潮位附近。

(3)波浪

厦门湾水下地形复杂,多岛屿、礁石,造成厦门湾内、外波浪要素有很大差别,波高在流汇向湾内的嵩屿过程中逐渐减小,多为风浪与涌浪的混合浪。东海域受大、小金门岛掩护,主要为有限风区产生的风成浪。厦门海区风浪的季节性变化明显,大浪是台风影响产生的台风浪,以东南向居多;冬季寒潮大风引起的风浪多为东北向。

(三)历史沿革

厦门港的历史十分悠久。从唐代起厦门港开始渐渐萌生,此后历经兴衰起伏,曲折变化,直至今日成为东南沿海重要贸易口岸。唐神龙二年(706年)起,本岛经济渐次开发,启动了陆岛之间的水上交通。至明代,厦门港在闽南地区港口群中初露头角,成为漳厦地区出洋商船盘验放行的关口和华侨出洋的门户之一。明末清初,郑成功创办的庞大海上贸易队伍使厦门港完成了面向南洋、通向世界的第一次历史性转折,发展成为东南沿海的重要贸易港口。鸦片战争使厦门港在被侵略压迫的痛苦之中,从原来面向南洋变为面向世界,较早地接受了西方相对先进的科学技术的影响。第一次世界大战前后,厦门港扩大了与国外的交流,航线增加,码头扩建,设施改善,称得上是东南贸易大港。日本侵华战争和内战将厦门港从近代顶峰打入谷底,港口设施损坏严重。

新中国成立后,厦门港主要为军事需要服务,远远落后于沿海其他主要港口,已降为地方性的小港。1973 年周恩来总理发出"三年改变港口面貌"的号召后,厦门港"以商港为主"的性质得到确认,较大规模的港口建设正式启动,厦门港的再次崛起具备了良好的内外部环境,重新成为福建省最大的外贸港口。1981 年厦门建立经济特区以后,厦门港成为中国最大的特区港口,被推到了对外开放的前列,再次面向世界,进入一个全新的发展时期。

"十五"期间,厦门港更是经历了快速发展阶段。货物吞吐量从 1965.3 万吨增长至 4770.8 万吨,年均增长率达到 19.4%,超过全国平均数 2.1 个百分点。集装箱吞吐量从 108.5 万 TEU 增长至 334.3 万 TEU,年均增长率达到 25.2%。2006 年集装箱吞吐量达到 400 万 TEU。跨越第 1 个 100 万 TEU,厦门港用了 17 年时间;跨越第 2 个 100 万 TEU,厦门港用了 3 年时间;跨越第 3 个 100 万,厦门港用了 2 年时间;跨越第 4 个 100 万,厦门港用了 1 年时间。持续高速增长的集装箱吞吐量标志着厦门港国际集装箱干线港地位的进一步巩固。

(四)港口、航道现状

1. 港口范围

(1)水域

厦门港水域包括西海域、东海域、湾口海域三部分,港口水域界限规划如下:

东北港界:欧厝—何厝连线;

东南港界:白石头—青屿—浯屿南端—白网礁—燕尾头连线;

西港界:包括九龙江南、中、北港三处水域界限。

(2)陆域

厦门港是跨行政区域管理的港口,由东渡、海沧、嵩屿、刘五店、客运、招银、石码和后石 8 个港区组成,具体规划陆域界限如下:

东渡港区:北自高崎码头,南至东渡 1 号泊位南端,东以港中路、长岸路、东渡路为界。

海沧港区:东自 1 号泊位东边界,西至北港口门牛头山附近,北侧以建港路为界。

嵩屿港区:北以建港路南边线为界,西至嵩屿电厂西边界,东至嵩屿北侧水陆联运站。

刘五店港区:原则上东侧以海湾大道为界,北至东坑湾下滨附近,南侧以澳头村为界。

客运港区：分为东渡客运区和五通客运作业区。东渡客运区北自东渡1号泊位南端，南至筼筜湖北，东以东渡路为界；五通客滚作业区西自下边村，往东至浦口附近，南以环岛路为界。

招银港区：东自诺尔港机厂围墙，西至漳州开发区西边界，南以招商大道和疏港大道为界。

石码港区：普贤作业区后方以疏港公路为界，海澄作业区后方以环城路为界，紫泥作业区后方以疏港公路为界。

后石港区：该港区主要为大型临港工业配套，港界暂未确定，与工业项目的具体布局相关。

2.港口现状

至2006年底，厦门港共有生产性泊位116个，其中万吨级以上泊位36个(5万吨级以上泊位20个、10万吨级以上泊位10个)。全港货物年吞吐能力达到5555万吨，其中集装箱年吞吐能力达到391万TEU，旅客年吞吐能力达到751万人次。

(1)东渡港区

位于厦门岛西北部筼筜湖北至石湖山附近，是目前厦门港最主要的商贸港区和港口货物运输的主体港区。东渡2号泊位为散粮专用泊位，6～20号泊位岸线总长3363米，集中发展集装箱运输，后方为象屿保税区，具有区港联动、发展现代物流的优势。该港区泊位总长6360.81米，拥有41个泊位，最大核算靠泊吨级为10万吨级，泊位年货物通过能力2581万吨，集装箱通过能力269万TEU，旅客通过能力250万人次。

(2)海沧港区

位于九龙江河口湾北岸、海沧台商投资区南部和东南部。海沧港区可利用岸线11公里，是厦门湾内最有条件发展大规模集装箱码头的港区，也是目前厦门港靠泊集装箱干线班轮的主要港区之一。东部约2.4公里天然深水岸线靠近10万吨级主航道；中部岸线建有10号液体化工码头。该港区泊位总长2117米，拥有8个泊位，最大靠泊能力为10万吨级，泊位年货物通过能力1155万吨，集装箱通过能力71万TEU。

(3)嵩屿港区

位于海沧台商投资区东南端，是主要能源进口港区。嵩屿附近向南已建嵩屿轮渡码头、海事局码头、博坦10万吨级油码头及油库；南侧岸线西端建有嵩屿电厂及配套的3.5万吨级煤码头、5000吨重件码头。该港区泊位总长997米，拥有5个泊位，最大靠泊能力为10万吨级，泊位年货物通过能力790万吨。

(4)刘五店港区

可利用深水岸线约9公里，岸线及后方陆域目前开发程度低，港口发展空间大，天然水深条件较好、淤积轻微。

（5）客运港区

和平作业区位于厦门岛西南部，紧靠市中心，主要经营厦门—金门、香港、龙海等客运航线及厦门—鼓浪屿、厦门环岛游等旅游航线；东渡客运区位于同益码头—东渡1号泊位南端之间。五通—刘五店交通码头工程目前正在施工，泊位自东向西依次为2个5000吨级货运通用泊位、1个3000吨级客运泊位、1个3000吨级客运泊位，共占用岸线603米。

（6）招银港区

位于厦门湾南岸，直接依托漳州开发区临港工业，岸线总长8.2公里，其中目屿以东约6.8公里岸线已建有3个深水泊位。该港区泊位总长1781.56米，拥有10个泊位，最大核算靠泊吨级为15万吨级，泊位年货物通过能力434万吨，集装箱通过能力49万TEU，旅客通过能力306万人次。

（7）后石港区

后石港区以漳州开发区四区和后石工业区的重化工业区为依托。该港区泊位总长770米，拥有2个泊位，最大核算靠泊吨级为10万吨级，泊位年货物通过能力415万吨。

（8）石码港区

位于九龙江下游的西溪、南溪和南港两岸，辖普贤、海澄、紫泥、一比疆、角美等作业区，另有镇头宫、浮宫、白水等一批小型客货运码头站点。该港区泊位总长939米，拥有24个泊位，最大核算靠泊吨级为3000吨级，年货物通过能力140万吨，旅客通过能力43万人次。

普贤作业区已建成普贤一期、普贤二期2个泊位。紫泥作业区已建500吨级陆岛交通和油码头各1个。海澄作业区已建2个千吨级泊位和1个500吨级泊位。一比疆作业区自渡口—田乾现有黄河油码头1个和扩建的3000吨级对台贸易泊位1个。

3.航道现状

厦门港进港航道自湾口外东碇岛附近20米等深线处起，经青屿水道至鼓浪屿西南海2号灯浮附近为主航道，由主航道通向各港区的航道为支航道。主航道和海沧支航道底高程－14 ~ －14.5米、底宽300米，可满足第六代集装箱船和10万吨级油轮乘潮通航的要求。东渡支航道至象屿码头掉头区航段底高程－10.5米、底宽200米建设；象屿码头调头区以北航道底高程－8.5米；招银港区支航道底高程－10.1米、底宽200米；后石港区支航道底高程－13.9米、底宽250米。

（五）集疏运通道现状

厦门市已初步形成以港口为龙头，公路、铁路为骨干的立体交通体系。陆路主要通过319、324国道及201、206省道和沈海高速公路与全国公路网相连，厦门本岛通过厦门大桥和海沧大桥与外通道相连。铁路方面，直达码头前沿的铁路专用线通过鹰厦线进入全国铁路网；刚刚建成通车的赣龙铁路使厦门由铁路的终点站变为枢纽站；厦门—南昌的集装箱“五定”班列开通后，内陆省市的大批货物通过铁路经由厦门港进出十分便利。航空方面，通过厦门高崎国际机场实现与全国各地及世界各地的快速联接。

1. 东渡港区

厦门北站设一、二分区车场，承担东渡港区的取送车和编解作业任务，货运能力262万吨，基本能满足港区对铁路集疏运的需求。

2. 海沧港区

海沧港区是厦门港集装箱重点发展港区，现以建港路、兴港路、海沧大道、马青路、角嵩路、海新路、翁角路、孚莲路与公路对外通道相连。海沧铁路支线为单线一级铁路，年输送能力2000万吨，设海沧、白礁、东孚三个车站，已引入4号泊位后方。

3. 招银港区

以疏港大道、省道201和省纵8线作为对外主要联系通道。

4. 后石港区

以漳云公路为主要疏港公路。

5. 刘五店港区

以翔安大道、水刘线、水琼线、海湾大道作为主要集疏运道路。向南由东通道同厦门本岛连接，向北从翔安大道经仑头立交连接国道324、沈海线、沈海复线，向西经水琼线、海湾大道连接同安、马銮、海沧，向东经水刘线、水琼线沟通泉州方向。

6. 石码港区

各作业区邻近省道210线，通过疏港路连接并满足疏港要求。

二、港口、航道规划

（一）港口、航道规划

20世纪90年代，为了港口资源的有效开发，各有关单位先后开展了厦门港总体规划和厦门港海沧港区、漳州招银港区规划的编制工作，其中厦门港总体布局规划于1998年经交通部和福建省人民政府联合批复。

福建省委和省政府高度重视厦门港的发展，为形成厦门湾港口的整体竞争力，在2001年《厦门湾港口总体布局规划》基础上，2005年福建省第2次省长办公会议专门研究了厦门湾港口管理体制一体化的有关事宜，明确指出厦门港（包括原厦门港和招银港区、后石港区、石码港区）是福建省目前最大和最具发展潜力的港口，其规划布局和发展方向对海峡西岸经济区的建设极为重要，要尽快组织修改《厦门港总体规划》。

根据厦门港发展面临的最新形势、腹地经济社会发展的需求和港口资源的特点，在进一步修订的基础上，2006年《厦门港总体规划》编制完成，并于2006年4月通过交通部和省政府联合审批。

1. 港口规划

规划中的厦门港将以外贸物资运输为主，以集装箱干线港为发展方向，以临港工业和现代物流为主要功能，兼顾客运、旅游、城市生活等多功能的现代化综合性港口。根据各港区的发展条件和腹地产业布局，结合城市总体规划、区域生产力布局规划，按照全湾港口合理分工、优势互补、协调发展、形成整体优势的原则，各港区有相应的功能定位规划。

（1）东渡港区

以调整、完善既有设施的布局和功能为主，发展中远洋集装箱运输及散粮等散杂货运输，发挥毗邻保税区的优势，积极推进区港联动，发展现代物流。共形成码头岸线长7000米，可建设26个泊位，年综合通过能力近4600万吨，其中集装箱通过能力为300万TEU，形成港区陆域面积540万平方米。

根据港区功能定位和厦门市城市总体规划，东渡港区今后一段时期的发展应以既有设施的资源整合为重点，调整泊位功能；远景将根据城市发展的需要，适当改变部分泊位的货运功能，实现城市化改造。规划期内东渡港区自南向北形成通用泊位区、集装箱泊位区、多用途泊位区三个功能区。

东渡1～4号泊位和一期小轮泊位岸线总长1103米，相应的陆域面积29万平方米，目前是内贸集装箱和散杂货作业区。规划近期该岸段仍作为通用泊位区，其中1号泊位与南侧邮轮泊位为内贸集装箱运输，2号泊位为散粮、杂货运输，3～4号泊位及小轮泊位为钢铁、建材等杂货运输。远期视城市发展和岛外码头建设情况，逐步改变其货运功能为城市旅游、生活服务功能。

东渡5～16号泊位岸线总长2486米，陆域面积102万平方米，码头水工结构和前沿水域均按3.5～5万吨级集装箱船舶设计，是厦门湾内成片发展的主要集装箱作业区，后方紧邻象屿保税区，今后将整合成9个2～5万吨级集装箱泊位，是厦门港以近洋和内贸为主的集装箱港区。

东渡18号～高崎小轮泊位除19号泊位为已建3.5万吨级煤矿泊位外，18号

厦门港口航道分布现状示意图
泉州市
漳州市
同安区
集美区
湖里区
思明区
厦门市
翔安区
海沧区
（海沧镇）
杏林湾
小金门岛
金门县
大嶝岛
大担岛
二担岛
福厦高速公路
324
东渡港区
客运港区
海沧港区
嵩屿港区
刘五店港区
石码港区
招银港区
后石港区
东渡支航道
海沧支航道
嵩屿支航道
客运支航道
招银支航道
石码支航道
九龙江南溪航道
刘五店支航道
厦门港进港主航道
后石支航道
漳州招银开发区
后石工业区
高崎机场
图例
进出港航道
Ⅰ级航道
Ⅱ级航道
Ⅲ级航道
Ⅳ级航道
Ⅴ级航道
Ⅵ级航道
Ⅶ级航道
Ⅶ级以下航道
港区
上游 下游
航道起讫点
枢纽 闸坝
未建成的枢纽 闸坝
船闸
升船机
未建成的船闸
未建成的升船机
航道名称

泊位为5万吨级多用途码头,20号泊位为3.5万吨级多用途泊位。规划将19号泊位改造为多用途泊位,与18号、20号和21号泊位及其北侧至高崎小轮岸线共同构成多用途泊位区;依托东渡保税区二期工程,在鹭甬油码头以北建设3个5万吨级多用途泊位;规划改造闽台避风港及其以北260米岸线建设中小级杂货泊位;将高崎码头改造作为渔轮停泊使用码头,高崎码头北侧水域回填后,将原东渡中心渔港的功能搬迁至高崎码头后方场区,与水产集团的部分功能进行整合。三航局厦门分公司预制厂和鹭甬石油公司占用了759米岸线,近期维持现状,远期规划为多用途码头使用岸线。

通用泊位区与集装箱泊位区之间的狗睡屿小港湾目前有航标码头和千吨级小轮泊位,是港口支持保障系统码头和城市公用码头区,近期是东渡港区的支持系统基地,远景将结合通用泊位区的功能调整实施城市化改造。

(2)海沧港区

重点发展集装箱中、远洋干线运输为主,与嵩屿港区共同构成全湾集装箱干线运输的主体港区,建设现代物流中心,并为海沧台商投资区临港工业发展服务。海沧港区共形成码头岸线长11030米,约可建设37个泊位,年综合通过能力可达1亿吨,其中集装箱通过能力为800万TEU,形成港区陆域面积14.19平方公里。

根据港区的功能定位及港区发展现状、中西部岸线开发需由东向西逐步推进等因素,海沧港区将在发展中逐步调整、整合形成集装箱作业区、液体散货作业区、集装箱泊位和多用途发展区、通用泊位发展区。

嵩屿电厂码头以西岸线紧临海沧深槽,后方陆域开阔,进港航道条件优越,规划为集装箱作业区,形成8个集装箱泊位。目前1~6号泊位按集装箱泊位设计施工,7号、8号泊位近期按散货泊位建设。根据现代化集装箱作业区的大型化、规模化、集约化的要求,后石港区散货泊位建设后,7号、8号泊位将改造为集装箱泊位,最终将1~8号泊位建成可靠泊10万吨级集装箱船,岸线长2390米,陆域纵深780~900米的大型集装箱作业区。

海沧南部工业区是石化中下游产业重点发展区,需进口较多的液体化工原料,10号液体化工泊位和11号PX专用泊位为翔鹭公司码头。根据石化产业发展的需求,规划9~12号4个3~5万吨级泊位为液体散货作业区,岸线长1060米,陆域纵深1500米。12号泊位与西侧相邻泊位间将规划200米岸线形成挖入式小港池,作为海沧港区港作船使用基地。

为适应厦门港集装箱运输发展的需要,规划港作船港池西侧3840米岸线为集装箱和多用途泊位作业区,后方陆域纵深850米,陆域面积332万平方米,将建设5~10万吨级的集装箱和多用途泊位10个。

集装箱和多用途泊位区以西至北港口门约3540米规划为通用泊位发展区，可建设15个万吨级以上通用泊位，为临港工业运输服务。

(3)嵩屿港区

在充分发挥现有煤炭、成品油码头作用的基础上，重点发展集装箱干线运输，并成为全湾集装箱干线运输的主体港区之一。嵩屿港区共形成码头岸线长约3750米，可建设11个泊位，年综合通过能力达3500万吨，其中集装箱通过能力为200万TEU，形成港区陆域面积166万平方米。

嵩屿中部约3.5公里岸线大部分位于象鼻浅滩范围，根据嵩屿港区的功能定位，这部分岸线将重点建设大型集装箱码头，发展中远洋干线运输。嵩屿港区码头岸线规划按反"L"型布置，南侧规划岸线长度1714米，其中西端陆域纵深偏小，安排130米工作船码头岸线，其余1584米布置4个10万吨级集装箱泊位。东岸线规划总长1058米，布置2个10万吨级和1个3万吨级集装箱泊位，初步规划与南侧东端423米岸线作为嵩屿二期工程。

(4)招银港区

依托漳州开发区和厦门湾南岸地区经济，以发展集装箱和杂货运输为主，兼顾海湾、海峡客运运输。招银港区共形成码头岸线长9180米，约可建设各类泊位40个，综合通过能力达6000多万吨，其中集装箱通过能力为400万TEU，形成港区陆域面积6.44平方公里。

根据自然条件和港区功能分工，规划招银港区自东向西依次布置集装箱作业区、客运及港作船基地的多功能港池、多用途及通用泊位发展区、中级泊位发展区。

港机厂码头以西至车客渡码头的岸线长1310米，水深和陆域纵深在本港区内相对最优，规划4~5个集装箱泊位。近期按多用途泊位建设，码头按靠泊5~10万吨级集装箱船舶设计，陆域纵深359~527.5米；远期视集装箱运输规模的扩大，逐步调整为集装箱专业化泊位。集装箱作业区以西水域布置宽300米、纵深200米的挖入式小港池，岸线长600米，陆域纵深70~140米，结合现有海达车客渡码头，布置对厦轮渡、沿海客运、对台客运、高速客船及港作船泊位。

小港池以西至打石坑处的多用途和通用泊位作业区规划岸线长3330米，平均陆域纵深为870米，建设9个5~10万吨级码头；打石坑以西的通用和中级泊位区规划岸线长3195米，陆域纵深为675~1080米，规划建设0.5~3万吨级通用泊位约19个。

(5)后石港区

该港区是依托后方临港重化工业区的大型临港工业港区，重点发展大宗散货码头。规划利用北段岸线，保留岛美渔港，南段除后石电厂已利用岸线外均作为港口预留发展岸线。后石港区是以大宗散货码头为主的大型临港工业港区，根据该段岸线的水陆域情况，港区北侧规划为干散货作业区，布置 8 个 3 ~ 20 万吨级的干散货码头；南侧规划为液体散货作业区，布置 4 个 5 ~ 25 万吨级液体散货码头。该港区的通过能力可达 1 亿多吨，陆路集疏运以管道和皮带机为主。

(6) 刘五店港区

是厦门港可持续发展的主要依托，将以集装箱运输、临港工业开发为主，并为对台经贸合作和"三通"服务。规划海湾大道与码头作业区用地之间陆域主要发展与港口运输密切相关的现代物流、临港工业等。刘五店港区共形成码头岸线长 9000 米，可建设 30 多个泊位，综合通过能力达 6600 万吨，其中集装箱通过能力为 560 万 TEU，形成港区陆域面积 11.68 平方公里。

规划形成南部集装箱泊位发展区、北部通用泊位发展区、西部鳄鱼屿预留发展区的格局。南部集装箱泊位区位于欧厝—澳头—桂圆岸段规划布置 4 个大型集装箱泊位，码头岸线长 1320 米，前沿底高程 -12.5 ~ -14.3 米。澳头—桂圆岸段前沿浚深至 -15 米后淤积少，规划布置 10 个大型集装箱泊位，形成码头岸线 3450 米。该段岸线北侧布置 6 个 5 ~ 7 万吨级泊位，南侧布置 4 个 10 万吨级集装箱泊位，码头前沿底高程 -13.3 ~ -15.3 米。港口生产用陆域纵深按 900 米预留，总陆域面积可达 410 万平方米。

北部通用泊位发展区位于桂圆—刘五店—东坑湾下后滨岸段。其中桂圆—刘五店岸段岸线 1230 米，规划布置 4 个 5000 ~ 20000 吨级通用泊位和支持系统码头，生产用陆域纵深 650 米、面积 65 万平方米。刘五店向北至东坑湾下后滨附近约 3000 米岸线初步规划布置 11 个 1 ~ 2 万吨级的通用泊位，码头前沿底高程 -9 ~ -12米，码头作业用地陆域纵深 700 米、面积 208 万平方米。刘五店附近规划 640 米客运泊位岸线，为游船、客轮提供靠泊服务，后方配套 24 万平方米的陆域用地。

(7) 石码港区

主要为漳州市和龙海市地方物资运输服务，并为九龙江两岸及来往厦门的客运服务。石码港区共形成码头岸线长约 3200 米，可建设 50 余个中小泊位，综合通过能力达 500 万吨，形成港区陆域面积约 60 万平方米。

该港区分为普贤、海澄、紫泥、一比疆 4 个作业区以及镇头宫、浮宫、白水等客货运港点。

普贤作业区自普贤镇—玉枕洲西端，规划码头岸线长 1060 米、陆域纵深 78 ~ 170 米，形成陆域面积 20 万平方米，规划建设 10 个 1000 ~ 3000 吨级泊位。

海澄作业区自玉枕洲西端海澄镇—下寮规划码头岸线长 1145 米、陆域纵深 75 ~ 175米，形成陆域面积 17 万平方米，可建设 13 个 100 ~ 3000 吨级泊位。

紫泥作业区自西良村至下楼村，规划码头岸线长 730 米、陆域纵深 150 米，形成陆域面积 14.2 万平方米，可建设 7 个 500～1000 吨级泊位。

一比疆作业区自渡口—田乾规划该作业区维持现状。

镇头宫、浮宫、白水等客货运港点主要承担九龙江两岸客运、河沙运输，规划维持现状。

(8)客运港区

发展国际客运和海峡、海湾客运以及沿海、本地区内的短途客运。客运港区包括和平作业区、东渡客运区和五通客运作业区。

和平作业区以和平 1～3 号码头为主，今后根据需要经适当改造可承担近洋、沿海客运，并为城市生活、旅游服务。

东渡客运区位于同益码头—东渡 1 号泊位南端岸线，目前除同益码头、海达码头外，还有沙石码头、渔港避风坞、渔港码头等老旧设施，与城市景观环境极不协调，将根据城市规划和国际旅游对台客运发展的需求，结合旧城景观改造调整为旅游客运泊位区。同益码头近期保留货运功能，远期改造为旅游客运码头；海达码头保留车客渡运输，海达码头以北至东渡 1 号泊位南端点依次设置 2 个 40 米、2 个 80 米的浮码头和 1 个 464 米豪华邮轮泊位。

五通客运作业区位于厦门岛东北部、规划的钟宅风景区内，五通码头附近 1.4 公里岸线规划为港口开发岸线，五通向南至浦口约 1 公里岸线为港口发展储备岸线。规划在客运码头工程西部布置 2 个 3000 吨级的客运泊位，岸线长 207 米，在客运码头工程东部布置 3 个万吨级的通用泊位，岸线长 590 米，最终形成西部客运泊位区、东部货运通用泊位区的格局，为厦门与金门之间的客、货运输，两岸三通后的空—海联运，厦门市的陆—岛客运以及旅游客运服务。五通客运作业区陆域总面积 81 万平方米，其中客运泊位陆域面积 15 万平方米，货运通用泊位陆域面积 66 万平方米，陆域主要由填海造地形成。

石码港区规划兴建一座具有标志性意义的石码客运站，年设计吞吐能力达到 100 万人次，届时将为龙海市乃至漳州市带来强大的人流、经济流、信息流。

2. 航道规划

(1)厦门港主航道

根据到港船舶大型化趋势和后石港区大型散货码头的建设，规划至后石港区的主航道段底宽 350 米、底高程 －18 米，满足 15～20 万吨级船舶通航需求。

(2)海沧航道

规划航道底高程为 －14 米，满足 10 万吨级集装箱船单向通航，同时满足 5 万吨级集装箱船双向通航要求；集装箱作业区至通用泊位区航道底宽 190 米、底高程 －10.4 米，有效宽度 190 米，满足 5 万吨级船舶通航要求。

(3)东渡航道

规划该航道将拓建成宽250米、底高程-12米;猴屿航段选用西航道,满足5万吨级集装箱船双向通航要求。

(4)招银航道

为满足第五、第六代集装箱船通航至集装箱作业区和5万吨级船舶乘潮通航至打石坑通用泊位区的要求,底宽250米,底高程将自东向西由-14米逐步过渡到-9.0米。

(5)后石航道

根据散货码头建设的需要,将开辟新航道,航道底宽350米,底高程-18米,满足15~20万吨级船舶通航要求。

(6)刘五店航道

刘五店深水码头的建设,必须解决进港深水航道问题。鉴于厦门东侧水道位于虎仔屿和大担岛之间,10米等深线全线贯通,水域相对较宽,与现有的10万吨级主航道的衔接条件好,总长约24公里,开发条件相对较好,可能规划按此线路建设刘五店航道。

(7)石码航道

规划乘潮通航3000吨级海轮至普贤作业区,航道底宽80米,海门岛以外航段底高程-4米、以内航段底高程-5.1米。

3. 锚地规划

近期规划在鼓浪屿南、主航道北侧新建6号深水锚地,新增临时锚泊水域1.5平方公里;远期扩大1号锚地,增加锚泊水域面积1.68平方公里。新建东碇岛东北20米等深线外的0号锚地,水域面积1.77平方公里,作为10万吨级以上船舶候潮引航锚地。受刘五店港区航道的影响,拟将原规划的2号锚地调整到1号锚地东南侧,面积12.8平方公里。为适应刘五店港区的发展需要,规划在五通东南海域设置临时锚地,供东部港区船舶临时停泊、防台。鉴于现有5号、7号锚地与招银港区水域规划有矛盾,5号危险品锚地紧邻招银港区,存在安全隐患,本次规划取消5号锚地,调整7号锚地范围。

①0号锚地:水域面积1.77平方公里,可泊10万吨级海轮。

②1号锚地:水域面积3.22平方公里,可泊5~10万吨级海轮。

③2号锚地:水域面积22.5平方公里,为港外临时锚地。

④6号锚地:水域面积1.48平方公里,可泊5万吨级海轮。

⑤8号锚地:水域面积4.2平方公里,可泊5~10万吨级海轮。

(二)集疏运通道规划

1. 公路

目前,厦门港配合海湾型城市建设,厦门市将建设“一环一联三放射”的城市内部快速路架构，厦门港各港区公路集疏运通道将重点解决与城市公路网的衔接。

东渡港区重点解决现有疏港路兼顾城市道路、交通拥挤问题。随着象屿保税区码头投产，高殿一、二号路将纳入港区集疏运路网，并按照一级公路结合城市主干道一级标准改造东渡路和长岸路，按一级公路结合城市次干道标准全线贯通港中路，经高殿一号路和石鼓山立交形成疏港环路。

海沧港区随着中西部岸线陆续开发和集疏运量增长，将建设漳州(长州)互通立交、海沧—林后高速公路连接线和厦漳大桥，使海沧疏港高速路进入厦门市高速路网，与沈海、漳龙高速路相连，与漳州市相互沟通，可快速疏导港区交通并实现各片区对外通道互通。

嵩屿港区将兴港路向西延伸作为进港道路，并通过规划的市政立交与建港路相接；在作业区西北角设副出入口，通过建港路、角嵩路、海新路等与腹地干线路网相连；兴港路作为城市主干道与厦门本岛沟通并承担少量疏港任务。

招银港区将以厦漳跨海大桥作为北向便捷通道。

2. 铁路

海沧港区今后将分别引入中部、西部港区，并建设港区车场。

招银和后石港区铁路支线将由漳州火车站引出，或由海沧港区支线引出，经紫泥镇到九龙江南岸，招银港区支线沿疏港公路至目屿附近；后石港区新建铁路支线在漳云公路南侧；各港区内设置港区车场。

刘五店港区视发展情况，远景从规划的福厦铁路引入港区铁路支线。

3. 管道

为解决海沧和后石港区液体化工品和液体散货的接卸问题，今后将规划建设集疏运管道。

(三)港口投资

厦门市是我国经济特区之一，对外开放、招商引资走在全国前列。厦门港港口水深条件优越，基础设施较为完备，港口自身具备较强的外资吸引能力。为加大外商投资经营、建设力度，厦门市先后出台了一系列招商引资政策，在吸引外资参与港口建设方面取得了显著成果，成功实现了厦门港投资主体多元化。在“九五”期间形成一定规模的基础上，“十五”期间各外资港口企业不断增资扩产，港口引资力度持续加大。台资独资建成海沧10号泊位液体化工专用码头，并与海沧石化临港工业体系配套，投资建设海沧11号、13号专用泊位。象屿集团、国贸集团、建发集团等国有企业将码头建设和经营作为公司主业之一，海澳集团等民营企业介入港口市场，马士基等国际著名航商和港口运营商也投资厦门港，形成了厦门港投资多元化主体格局。

厦门市出台的招商引资政策主要有：

1. 1994 年市政府出台《厦门市鼓励外商投资建设经营港口码头暂行办法》（详见附件 2）规定，外商投资建设经营港口码头企业按 15% 的税率征收企业所得税。经营期在 15 年以上的，从获利年度起，第 1 年至第 5 年免征企业所得税，第 6 年至第 10 年减半征收企业所得税，并在公用设施费、岸线和土地使用费等方面给予优惠（具体见附件 3）。

2. 允许外资码头自定装卸费率标准。

3. 1995 年市委八届党代会提出“以港立市”的发展战略，实行“多渠道投资，多元化经营”的港口产业发展政策。

4. 1998 年针对港口市场化要求，厦门港率先在全国沿海港口实行政企分开的港口管理体制，使外资等其他所有制类型的港口企业与国有港口企业平等参与市场竞争。

5. 2000 年市人大出台《厦门市港口管理条例》规定，港口发展实行政府投资和社会投资相结合。

6. 2001 年，厦门市分三批下调港口规费，进一步吸引外商投资。

“十一五”期厦门港将继续加大招商引资力度，加强港口基础设施优势。计划投资 145 亿元，占全省港口总投资 48.8%，全面推进深水码头和深水航道工程建设，其中码头项目投资约 135 亿元，航道建设项目计划投资 10 亿元。码头建设资金今后将进一步通过多渠道筹集、多元化经营管理，吸引国内外资本以合资、合作等形式投资建设集装箱泊位，支持企业以资本为纽带，跨行业、跨所有制参与港口设施的投资与经营，使港口的投资主体和经营方式日益多元化。

三、港口设施

（一）码头泊位

至 2006 年底，全港共有生产性泊位 116 个，泊位总长度 14216 米，其中万吨级以上泊位 36 个（5 万吨级以上泊位 20 个，10 万吨级以上泊位 10 个），泊位长度为 9284 米。

厦门港货物年通过能力为 5675 万吨，其中集装箱 394 万 TEU、煤炭 580 万吨、液体散货 724 万吨、其他 1216 万吨，旅客年通过能力为 736 万人次，汽车年通过能力为 70 万辆次。万吨级以上泊位货物年通过能力 5049 万吨，其中集装箱 392 万 TEU、煤炭 580 万吨、液体散货 697 万吨、其他 636 万吨，旅客年通过能力 183 万人次。

（二）港口锚地

厦门港现有1号、3号、4号、5号、7号五个锚地，水域面积约19平方公里。

（1）1号锚地（港外）：形成水域面积1.54平方公里，可泊5~10万吨级船舶；

（2）3号锚地（临时防台、避风）：形成水域面积5.97平方公里，可泊万吨级以下船舶；

（3）4号锚地（联检、引航）：形成水域面积6.4平方公里，可泊万吨级以下船舶；

（4）5号锚地（港内）：形成水域面积2.14平方公里，可泊千吨级船舶；

（5）7号锚地（危险品专用）：形成水域面积2.94平方公里，可泊千吨级船舶。

（三）系船浮筒

共有2个，分布在猴屿、和平码头，为千吨级系船浮筒。

（四）港口机械

厦门港共有生产用装卸机械625台。

（1）起重机械类：固定式起重机11台、汽车起重机8台、轮胎起重机113台门座起重机32台、浮式起重机1台、桥式起重机44台、门式起重机38台。

（2）输送机械类：气力输送机4台、皮带输送机72台。

（3）装卸搬运机械类：叉式装卸车102台、单斗车29台、集装箱跨运牵引车56台、载重汽车15台。

（4）专用机械类：装船机2台、卸船机4台、推靶机7台、装车机18台、卸车机2台、斗轮堆取机7台、集装箱起重机22台、装油臂1台。

（五）港作船舶

厦门港港务船舶合计8艘，总吨位6672吨，总载重量180吨，功率3648千瓦。

（六）仓库堆场、储罐

厦门港生产用仓库总面积为1826196平方米，总容量2405348吨。

（1）仓库面积47702平方米，容量215600吨；

（2）圆筒仓容积为183240，容量136000吨；

（3）油库容积为15556立方米，容量12300吨，其中成品油库容积为15000立方米，容量为12000吨；

（4）堆场面积1778494平方米，容量2041448吨。其中煤场面积80000平方米，容量1188000吨；集装箱堆场612804平方米，堆存能力41000 TEU；非生产用库场总面积9333平方米。

(七)陆岛交通

为改善海岛、沿海突出部不发达地区群众的交通条件，方便群众的生产和生活，为岛民、边民的经济发展创造支撑条件，厦门市于“八五”、“九五”期开展陆岛交通码头建设，具体情况见表4-9。

厦门市陆岛交通码头建设一览表 表4-9

序号		项目名称	泊位吨级	总投资(万元)				完成情况
				合计	中央	省	地方自筹	
“八五”期	1	大嶝岛沃头码头	100	158	79	33	46	已完工
“九五”期	1	翔安区角屿码头	200	720	300		420	已完工
	2	翔安区大嶝码头	200	1200	600		600	已完工

四、港口经营

厦门港全港货物吞吐量由2000年的1965.3万吨发展到2006年的7792万吨；集装箱吞吐量由2000年的108.5万TEU发展到2006年的401万TEU，在全国沿海港口继续保持第7位。目前，共有53条国际集装箱班轮航线通达全球各主要港口。全港旅客吞吐量累计完成832.91万人次(表4-10)。

厦门港1991～2006年港口吞吐量 表4-10

年度	全港货物吞吐量(万吨)			集装箱吞吐量(万TEU)	旅客吞吐量(万人次)
	合计(万吨)	外贸吞吐量	内贸吞吐量		
总计	40935.6	24694.2	16281.4	2015.1616	1322
1991年	570.3	307.5	262.8	7.4688	31.6
1992年	647.9	319.4	328.5	10.6528	38.3
1993年	920.6	628.5	292.1	15.4583	32.9
1994年	1140.6	560.4	580.2	22.4725	25.0
1995年	1313.9	719.0	594.9	30.9738	20.0
1996年	1553.2	856.9	696.3	40.0168	20.2

续上表

年度	全港货物吞吐量(万吨)			集装箱吞吐量(万 TEU)	旅客吞吐量(万人次)
	合计(万吨)	外贸吞吐量	内贸吞吐量		
1997 年	1753.7	1071.7	682.0	54.6005	30.2
1998 年	1639.5	979.0	660.5	65.3802	28.6
1999 年	1773.4	982.8	790.6	84.8493	30.6
2000 年	1965.3	1168.6	796.7	108.4591	28.8
2001 年	2098.9	1405.2	693.7	129.3175	31.9
2002 年	2734.5	1781.8	952.7	175.4367	47.6
2003 年	3403.9	2300.2	1103.7	233.1082	48.8
2004 年	4261.4	2848.3	1413.1	287.1717	321.0
2005 年	4770.7	3264.8	1505.9	334.2861	366.9
2006 年	7792.1	4187.6	3604.5	401.3417	61.4

(一)货物、客运业务

1. 散货

石材、钢材、粮食、化肥等大宗货物是厦门港进出的主要散货货种。近年来,依托厦门周边地区发达的石材加工业,厦门港已跃升为全国最大的石材进出口岸,进口石材集散量约占全国 70%。

厦门港的液体散货以石油、化工产品及成品油为主。座落于嵩屿港区内的厦门博坦码头,是一座现代化的石油化工专用码头,10 万吨级油轮可直接靠泊,码头目前已经建成 20 万立方米的石油化工产品储罐区。海沧港区 9 号、10 号泊位属于 5 万吨级液体化工专用泊位,是专门为厦门重点化工项目翔鹭 PTA 工程设计建造的。

2. 集装箱

厦门港是国家八大集装箱干线港之一,集装箱运输始于 1983 年。“十五”期间,集装箱吞吐量年平均增长速度达到 25.5%。

目前,厦门港的集装箱业务主要集中在东渡、海沧两大港区,现有集装箱专用泊位 11 个,集装箱装卸桥 30 台,最大外伸距达到 55 米。正在建设的嵩屿港区为大型专业化集装箱港区,计划建设 10 万吨级集装箱泊位 6 个和 3.5 万吨级集装箱泊位 1 个,设计年通过能力 280 万 TEU,能接卸当今世界最大的集装箱轮。2007 年 4 月 8 日嵩屿集装箱码头试投产当日,现世界最大、仅挂靠全球八个港口的集装箱船舶“艾玛 · 马士基”号成功靠泊嵩屿码头,厦门港接待大型船舶能力实现了质的提升(图4-4)。

图4-4　厦门国际集装箱码头

目前,厦门港已开辟117条集装箱班轮航线,其中港台航线25条、内支线15条、内贸线16条,集装箱航线通达全球各主要港口(具体见附件1)。为学习世界港口先进的经营理念、发展模式,加强与国际港口的合作与交流,厦门港先后与美国巴尔的摩港、德国杜伊斯堡港、乌克兰伊利乔夫斯克港、拉斯帕尔马斯港、马来西亚槟城港、荷兰阿姆斯特丹港、比利时泽布吕赫港、韩国木浦新港、阿根廷布宜诺斯艾利斯港、新西兰惠灵顿中心港和拉脱维亚的文茨皮尔斯港等11个港口缔结为国际友好港。

3. 客运

近年来,厦门的旅游业方兴未艾,厦门港的国际豪华邮轮接待量在全国口岸中名列前茅。承担港口旅游客运任务的厦门港客运站,建有2万吨级客运泊位和设施完备的客运大楼,为进出港的国内外旅客提供安全、优质、文明的服务。为进一步提升厦门港的旅游客运接待能力,大型豪华邮轮码头——国际旅游客运中心正在紧张建设之中。建成后,码头前沿可停靠14万总吨的大型豪华邮轮,年旅客吞吐能力可达到150万人次(图4-5)。

(二)外代、外理

目前,厦门共有包括外代、外运、联合船代、海松国际等在内的大型船舶代理企业43家。为提高厦门港国际船舶代理行业服务水平,树立船代行业形象,规范船代作业,促进口岸通关环境的持续改善及港航事业的发展,根据《海运条例》,结合港口实际,厦门港制定颁布了《厦门港国际船舶代理经营行为规范(试行)》,促进厦门港船舶代理业务健康、有序发展。

厦门港目前共有厦门外理理货、中联理货两家港口理货企业，严格按照《中华人民共和国港口法》规定，经营港口理货业务。

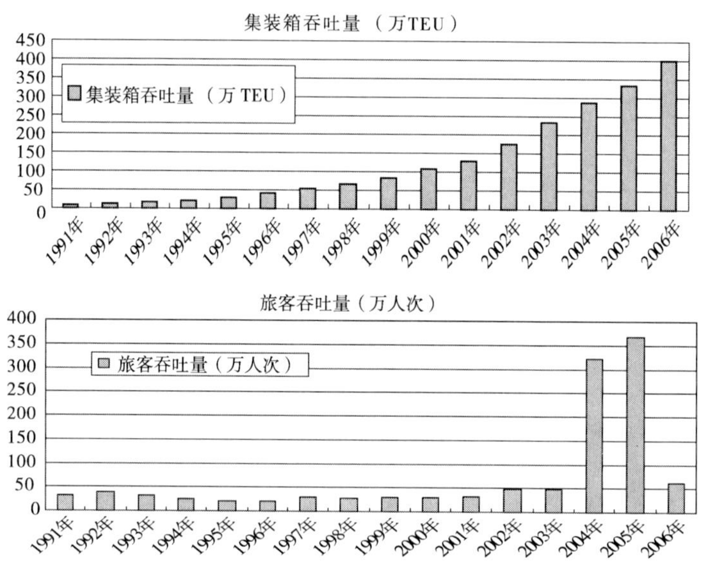

图 4-5　集装箱与旅客吞吐量

（三）对台业务

1996 年交通部和外经贸部分别颁布的《台湾海峡两岸间航运管理办法》和《关于台湾海峡两岸间货物运输代理业管理办法》，确定厦门港为海峡两岸的“试点直航”口岸之一。1997 年 4 月 19 日，厦门轮船总公司的“盛达”轮集装箱船，横渡台湾海峡直抵高雄港，两岸“试点直航”正式启动，结束了近半个世纪以来两岸互无商船直接往来的历史。经过两岸航运协会协商，1998 年开通了“两岸三地”航线，两岸船公司经营的船舶悬挂方便旗，绕经由“第三地”，可以从事两岸直接贸易货物的运输，在一定程度上促进了两岸贸易的发展。2001 年 1 月 2 日，180 名台商搭乘金门县渡轮“太武”号抵达厦门港客运站，拉开了两岸客运直航的序幕。翌年 2 月 27 日，厦门国贸集团租用“中洲”号货轮，运载一批建筑材料直航金门，此举使厦金航线的功能进一步得到拓展。2005 年 6 月 2 日，马耳他籍“齐春轮”运载一个集装箱各色台湾水果抵象屿码头，这是台湾水果以集装箱形式首次运抵厦门。

2005 年 7 月 25 日，随着厦门—金门段航道最后一座 JX－11 灯浮标抛设成功，厦金航道全部 10 座航标抛设成功。同日，台湾金门港也完成金门段全部 10 座航标的抛设。至此，厦金航道航标工程正式开通，厦金航线结束了没有航标的历史。2006 年，厦金航线全年出入境旅客突破 60 万人次。到 2006 年底，厦门港的试点直航吞吐量累计达到近300万TEU,占祖国大陆试点直航集装箱吞吐量的近70%(表4-11)。随着两岸人员往来的日益频繁,2006年7月份起,厦金直航每日航班增至20班次。截至2007年5月1日,两岸同胞已有200万人次通过厦门—金门客运直航往返于厦门与金门、台湾之间,厦金直航航线已成为两岸同胞交流、往来的最便捷通道。2007年2月1日,厦门"五缘轮"和金门"泉州轮"分别从厦门五通海空联运码头和金门水头码头相对开出,厦金航线"第二航道"成功试航。

厦门港海峡两岸试点直航集装箱吞吐量(单位:TEU)　　表4-11

年度	小计	进口	出口
总计	2815777	1322541	1493236
1998	235079	106742	128337
1999	268379	113807	154572
2000	306232	142033	164199
2001	353024	164378	188646
2002	346853	180597	166256
2003	324466	166132	158334
2004	362135	176269	185866
2005	318591	150678	167913
2006	301018	121905	179113

(四)吸引港口货物政策

为提高港口竞争能力,促进厦门港集装箱运输事业持续快速发展,自2001年始,厦门港多次制定出台港口收费优惠措施,包括对国际中装箱、内支线中装箱、内贸箱等予以适当补贴,进一步拓展了货源腹地。2006年度,厦门港出台了港口收费优惠措施(具体见附件2)。

五、港口服务

(一)水上交通服务

目前,厦门建立船舶交通管制系统中心(VTS中心)。主要提供下列水上交通服务:

(1)在甚高频无线电话(VHF)08频道上定时或者不定时播发船舶动态、助航标志状况、航行通(警)告及其他重要安全信息;

(2)应船舶的请求,根据其功能提供助航服务(船舶不再需要助航时,应及时向厦门VTS中心报告);

(3)为避免船舶发生紧迫局面和海上交通事故,适时向船舶提出航行建议、劝告或者发出警告;

(4)组织交通;

(5)应请求提供水文气象信息;

(6)应请求提供锚地安排;

(7)应请求提供支持联合行动。

厦门港每日逢双小时正点或者发生紧急情况时播发安全信息。

厦门港海上搜救中心挂靠厦门 VTS 中心,实施常年全天候值班制度。

(二)法律服务

设有厦门海事法院,处理海事、海商方面的法律诉讼,及其他法律服务。

(三)港口供应

厦门港有加入国际船舶供应商协会的专业船舶供应服务企业,可以 24 小时全天候为进出厦门港的国内外船舶供应燃油、润滑油、淡水、船用物料、船舶配件、化工产品、主副食品、烟酒饮料和国外免税商品等,并代办海员个人需要的各类商品。

(四)港作船舶

厦门港有全国第一家同时通过 ISO 标准认证及船舶安全营运和防污染管理规则审核的专业拖船服务公司,拥有世界先进水平的大功率全回转拖轮等船舶,可以全天候 24 小时为进出厦门港的中外船舶提供安全、优质、快捷的靠离码头、拖带护航、海上拖带、抢险救灾、消防救助、船舶靠离浮筒系解缆等服务。

(五)船舶修造

厦门港具有较大规模的造船厂 2 家,最大可修 5 万吨级船舶。厦门船舶修造企业集造船、修船、钢构、涂装、船舶设计、船舶机械制造等为一体,拥有大型起吊、运输和加工设备,可以提供各类船舶特检、坞检、海损及改装修理工程等修造服务。

(六)救助打捞

交通部东海救助局负责厦门港水域海上人命救助,主要职责包括:国内外船舶、海上设施和航空器等遇险时的人命救助;以人命救助为目的的海上消防;以人命救助为直接目的的船舶和水上设施及其他财产的救助;完成国家指定的特殊的政治、军事、抢险、救灾等救助任务,同时代表中国政府履行有关国际公约和双边海运协定等国际救助义务。

厦门港水域沉船(物)打捞、应急抢险、大型海难(包括环境)救助可以联系交通部上海打捞局。交通部上海打捞局是中国最大的救助打捞专业单位之一,拥有各类大型远洋、近海拖轮和特种船舶40余艘，其他各类救捞工程船舶齐全，可以担负沉船沉物打捞清障、沉船存油、难船溢油的应急清除等突发事件抢险救难任务。

（七）港口环境保护

厦门为我国风景旅游城市，同时也是白鹭保护区以及白海豚保护区，为此，厦门港非常注重环境保护工作，采取了以下几方面的措施：

（1）减轻施工过程对中华白海豚影响的环保工程措施；

（2）减轻疏浚过程对环境影响的环保工程措施；

（3）疏浚泥沙处置的环保工程措施；

（4）施工船舶产生固体废弃物处理措施；

（5）施工船舶交通安全的环保措施；

（6）减轻施工期噪声、大气环境影响的环保措施。

附件：1. 厦门港集装箱班轮表

2. 厦门市鼓励外商投资建设经营港口码头暂行办法

3. 厦门港2006年港口收费优惠措施

附件1　厦门港集装箱班轮表（2007/6/11）

序号	航线	船公司	船名	靠	离	挂港顺序	码头
一、美线（12）							
1	美西/AAS1	中海集运		一	二	广州/香港/盐田/厦门/釜山/长滩/奥克兰	海天
2	美加线	川崎汽船		二	二	神户/厦门/香港/盐田/上海/名古屋/东京/塔科马/温哥华/东京/名古屋/神户	国际货柜
3	美东线	韩进、川崎		二	二	厦门/香港/盐田/宁波/上海/釜山/萨凡纳/诺福克/查尔斯顿	国际货柜
4	欧洲线	大联盟		二	二	上海/厦门/盐田/香港/新加坡/南安普敦/汉堡/鹿特丹/巴生/新加坡/蛇口/香港/宁波/上海	国际货柜
5	美西南/HTW	长荣、意邮		三	三	厦门/香港/盐田/洛杉矶/奥克兰/高雄	海天
6	南美线	马士基航运		三	三	宁波/厦门/盐田/香港/光阳/墨西哥/巴拿马/宁波	象屿

续上表

序号	航线	船公司	船名	靠	离	挂港顺序	码头
7	美西线	马士基航运		四	四	盐田/厦门/高雄/清水/洛杉矶/塔科马	象屿
8	美西线/SSX	伟大联盟		四	五	高雄/厦门/蛇口/盐田/香港/长滩	海润
9	美西线	中远集运		四	五	宁波/厦门/南沙/香港/盐田/长滩/奥克兰	国际货柜
10	美西线	美总		五	五	洛杉矶/奥克兰/荷兰港/横滨/釜山/厦门/香港/盐田/高雄/洛杉矶	象屿
11	美西线	万海		六	六	厦门/盐田/香港/高雄/青岛/长滩/奥克兰	象屿
12	美西线	川崎汽船		六	六	宁波/厦门/盐田/香港/长滩/奥克兰	国际货柜
二、欧线(9)							
1	欧洲线	地中海航运		二	三	宁波/厦门/赤湾/香港/新加坡/瓦伦西亚/巴塞罗那/福斯/拉斯佩齐亚/杰贝阿里/新加坡/香港/厦门/博多/新港/宁波	国际货柜
2	欧洲线	马士基航运		四	五	宁波/厦门/盐田/香港/苏伊士/塞得港/费利克斯托/泽不腊赫港/敦刻尔克/上海	国际货柜
3	欧洲线/FAL1	达飞、美总		五	五	厦门/盐田/新加坡/巴生/马耳他/勒阿弗尔/鹿特丹/汉堡/泽布赫里/南安普顿/勒阿弗尔/马耳他/巴生/天津/大连/青岛/厦门	海润
4	欧洲线	美总		六	六	上海/宁波/厦门/香港/盐田/新加坡/科伦坡/南安普敦/安特卫普/不来梅港	象屿

续上表

序号	航线	船公司	船名	靠	离	挂港顺序	码头
5	欧洲线	地中海航运		六	日	香港/厦门/青岛/新港/釜山/上海/宁波/福州/香港/赤湾/新加坡/吉达/伊斯坦布尔/康斯坦察/伊利乔夫斯克/敖德萨/盖姆利克/焦亚陶罗/吉达/杰贝阿里/阿巴斯港/新加坡	国际货柜
6	欧洲线	地中海、达飞		六	日	奥克兰/厦门/赤湾/香港/盐田/长滩/奥克兰	国际货柜
7	欧洲线	马士基航运		日	日	高雄/厦门/蛇口/香港/丹戎帕拉斯港/苏伊士/瓦伦西亚/南安普敦/勒阿弗尔/汉堡/鹿特丹/苏伊士/上海	国际货柜
8	欧洲线	北欧亚航运		日	日	吉达/巴生港/青岛/上海/宁波/厦门/盐田/勒阿弗尔/汉堡/泽布勒赫/费利克斯托	象屿
9	欧洲线	阳明、川崎		日	一	宁波/厦门/高雄/盐田/新加坡/苏伊士/鹿特丹/汉堡/费利克斯托/安特卫普/苏伊士/新加坡/高雄/上海	国际货柜
三、地中海线(4)							
1	地中海/AMP	以星轮船		三	三	上海/厦门/蛇口/香港/新加坡/海法/科佩尔/威尼斯/的里亚斯特/比雷埃夫斯	海天
2	地中海线	阳明海运		三	三	上海/宁波/厦门/高雄/香港/盐田/新加坡/吉达/塞得港/热那亚/里窝那/福斯/塞得港/吉达/新加坡/香港/高雄	国际货柜
3	地中海/BEX	达飞		三	四	厦门/高雄/赤湾/巴生/科伦坡/塞德/达米埃塔/贝鲁特/拉塔基亚/比雷埃夫斯/伊斯坦布尔	海天

续上表

序号	航线	船公司	船名	靠	离	挂港顺序	码头
4	地中海/AMAX	中海集运		六	六	赤湾/香港/巴生/达米亚特/海法/那不勒斯/热那亚/巴塞罗那/瓦伦西亚/费利克斯托/汉堡/安特卫普/鹿特丹/哈利法克斯/纽约/诺福克/迈阿密	海润
四、澳洲线(3)							
1	澳洲/AANA	达飞、中海、OOCL		四	四	厦门/香港/高雄/墨尔本/悉尼/布里斯本/横滨/大阪/釜山/青岛/上海/宁波/厦门	海天
2	澳洲线	马士基、地中海		四	五	布里斯本/厦门/赤湾/香港/高雄/墨尔本/悉尼/布里斯班	国际货柜
3	澳洲线	中远集运		六	六	青岛/上海/宁波/厦门/香港/悉尼/布里斯本/香港	国际货柜
五、中东线(1)							
1	中东/CSG	太平船务川崎汽船		二	二	上海/宁波/厦门/新加坡/杰贝阿里/班达阿巴斯/卡拉奇/巴生/新加坡/林查班/香港/上海	海天
六、新加坡(1)							
1	新加坡线	美总		日	日	上海/厦门/新加坡	象屿
七、菲律宾(1)							
1	马尼拉线	德翔海运		五	六	厦门/香港/马尼拉/厦门	象屿
八、东南亚线(3)							
1	东南亚/IAS	中外运箱运		五	五	厦门/马尼拉	海天
2	东南亚/CPX	以星、烟台海运		五	五	厦门/仁川/新港/青岛/大连/香港/马尼拉/香港/厦门	海天
3	东南亚/RBS	宏海箱运		六	六	厦门/香港/新加坡/马尼拉(北港)/马尼拉(南港)/釜山/上海/厦门	海天

续上表

序号	航线	船公司	船名	靠	离	挂港顺序	码头
九、日本线(13)							
1	日本线/CJ28	上海泛亚、烟台海运		四	四	厦门/大阪/神户/门司/宁波/上海/东京/横滨/名古屋/宁波/厦门	海天
2	日本线	省轮总		四	四	厦门/福州/水岛/大阪/横滨/东京/名古屋	象屿
3	日本线/JSC1	烟台海运		五	五	赤湾/香港/厦门/东京/横滨/名古屋	海天
4	日本线/CJ12	上海泛亚		五	五	厦门/横滨/东京/名古屋/香港/厦门	海天
5	日本九州线	山东海丰		五	五	上海/香港/厦门/上海/横滨/门司/釜山/上海	象屿
6	日本关东线	德翔海运		五	五	厦门/名古屋/东京/横滨/基隆/香港/曼谷/林查班/香港/厦门	象屿
7	日本关西线	山东海丰		六	六	厦门/大阪/神户/天津/连云港/大阪/神户/香港	象屿
8	日本线/KTS2	OOCL		六	六	厦门/东京/川崎/千叶/横滨/大阪/横滨/高雄/香港/厦门	海天
9	日本线/KTS1	OOCL		六	六	厦门/大阪/神户/名古屋/横滨/东京/基隆/香港/蛇口/厦门	海天
10	日本线/JSC2	烟台海运		六	六	赤湾/香港/厦门/大阪/神户/东京/横滨	海天
11	日本线	日邮		日	日	厦门/神户/大阪/东京/横滨/香港/林查班/曼谷/香港/厦门	海天
12	日本关西线	万海航运		日	日	马尼拉(南港)/香港/蛇口/厦门/大阪/神户/清水/横滨/东京	象屿

续上表

序号	航线	船公司	船名	靠	离	挂港顺序	码头
13	日本关东线	万海航运		日	日	苏腊巴亚/雅加达/高雄/香港/蛇口/厦门/高雄/东京/横滨/上海	象屿
十、韩国线(6)							
1	韩国、东南亚线/ISS	高丽海运		二	二	厦门/香港/蛇口/宁波/上海/仁川/光阳	海天
2	韩国线	泛洋海运		五	五	厦门/汕头/福州/釜山/光阳/厦门	海天
3	日韩线	德翔海运		五	五	厦门/大阪/神户/门司/釜山/光阳/基隆/台中/香港/厦门	象屿
4	韩国/SCS	兴亚海运		六	六	厦门/釜山/汕头/厦门	海天
5	日、韩/JSC3	烟台海运		日	日	香港/赤湾/厦门/门司/博多/釜山	海天
6	釜山中转	中海	向利、向悦、向茂、向壮	不定期		内外贸同船运输(进内贸出外贸)	招银码头
十一、台湾线(10)							
1	两岸直航/KXS	阳明海运		一	二	厦门/高雄	海天
	两岸直航	阳明海运		四	四	厦门/高雄	海天
2	两岸直航/STW	长荣海运		一	二	厦门/高雄	海天
	两岸直航	长荣海运		四	四	厦门/高雄	海天
3	两岸直航	美达船务		三	三	厦门/高雄	海天
	两岸直航	美达船务		六	六	厦门/高雄	象屿
4	两岸直航	厦轮总		三	三	厦门/高雄	象屿
	两岸直航	厦轮总		六	六	厦门/高雄	象屿

续上表

序号	航线	船公司	船名	靠	离	挂港顺序	码头
5	两岸直航	万海航运		日	日	厦门/高雄/福州	象屿
6	两岸直航	美达船务		三	三	厦门/高雄	象屿
	两岸直航	美达船务		六	六	厦门/高雄	海天
7	两岸三地	万海航运		四	四	高雄/基隆/石垣岛/厦门/香港	象屿
8	两岸三地	美达船务		四	四	厦门/香港/高雄	海天
9	两岸三地	马尾轮船		四	四	厦门/石源道/基隆	海天
10	两岸三地	马尾轮船		四	四	厦门/蛇口/香港/高雄/香港/厦门	海天
十二、香港线(16)							
1	香港线	鹭丰船务		日	日	厦门/香港	海天
2	香港线	鹭丰船务		六	六	厦门/香港	海天
3	香港线	马尾轮船	闽台4	六	六	厦门/香港	象屿
4	香港线	马尾轮船		日	日	厦门/香港	海天
5	香港线	美丰船务	开富	三	三	厦门/香港	象屿
6	香港线	马尾轮船	闽台4	三	三	厦门/香港	象屿
7	香港线	港荣船务	宝中68	三	三	厦门/香港	象屿
8	香港线	福建外运		四	四	厦门/香港	海天
9	香港线	美丰船务		六	六	厦门/香港	海天
10	香港线	港荣船务		六	六	厦门/香港	海天
11	香港线	鹭丰船务		三	三	厦门/香港	海天
12	香港线	港荣船务		三	三	厦门/香港	海天
13	香港线	美丰船务		三	三	厦门/香港	海天
14	香港线	马尾轮船		四	四	厦门/香港	海天
15	香港线	鹭丰船务		四	四	厦门/香港	海天
16	香港线	烟台海运		一	一	厦门/香港	海天
内支线(15)							
1	福州内支线	福建外运		一	一	厦门/福州	海天
	福州内支线	福建外运		三	三	厦门/福州	海天
	福州内支线	福建外运		五	五	厦门/福州	海天

续上表

序号	航线	船公司	船名	靠	离	挂港顺序	码头
2	福州内支线	美丰船务		二	二	厦门/福州	海天
	福州内支线	美丰船务		五	五	厦门/福州	海天
3	福州内支线	马尾轮船		二	二	厦门/福州	海天
	福州内支线	马尾轮船		五	五	厦门/福州	海天
4	福州内支线	马尾轮船	闽台3	一	一	厦门/福州	象屿
	福州内支线	马尾轮船	闽台3	四	四	厦门/福州	象屿
5	福州内支线	马尾轮船	东鹏5	一	一	厦门/福州	象屿
	福州内支线	马尾轮船	闽台2	四	四	厦门/福州	象屿
6	福州、上海内支线	上海浦海		二	二	厦门/福州、厦门/上海	海天
	福州、上海内支线	上海浦海		六	六	厦门/福州、厦门/上海	海天
7	福州内支线	美达船务	鑫源66	一	一	厦门/福州	象屿
	福州内支线	美达船务	鑫源66	四	四	厦门/福州	象屿
8	福州内支线	厦门外代	金洲	二	二	厦门/福州	象屿
	福州内支线	厦门外代	金洲	五	五	厦门/福州	象屿
9	福州内支线	厦门外代	新安隆	二	二	厦门/福州	象屿
	福州内支线	厦门外代	新安隆	四	四	厦门/福州	象屿
10	福州内支线	省外运	鑫源36	一	一	厦门/福州	象屿
	福州内支线	省外运	宝中26	三	三	厦门/福州	象屿
	福州内支线	省外运	鑫源36	五	五	厦门/福州	象屿
11	福州内支线	莆田海神	海棠	三	三	厦门/福州	象屿
	福州内支线	莆田海神	力鹏7	三	三	厦门/福州	象屿
12	莆田内支线	莆田海神		三	三	厦门/莆田	海天
13	汕头内支线	厦门外代		四	四	厦门汕头	海天
14	上海内支线	省外贸		五	五	厦门/上海	海天
15	上海内支线	集海航运		六	六	厦门/上海	海天
内贸线(23)							
1	内贸线	中远	辽河、银河、洛河	不定期		厦门/天津、营口	招银码头

续上表

序号	航线	船公司	船名	靠	离	挂港顺序	码头
2	内贸线	青岛和易	和易、和瑞	不定期		厦门/宁波、青岛	招银码头
3	内贸线	青岛和易	武祥56、金山岭	不定期		厦门/宁波、日照	招银码头
4	内贸线	青岛和易	龙轮103、伟兴	不定期		厦门/汕头中转	招银码头
5	内贸线	温州新达	启明3	不定期		厦门/宁波、上海	招银码头
6	内贸线	福海船务	亚星6、新万兴	不定期		厦门/上海	招银码头
7	内贸线	安通船务	江信5	不定期		厦门/营口	招银码头
8	内贸线	安通船务	星光	不定期		厦门/日照	招银码头
9	内贸线	潮州物流		不定期		厦门/潮州	招银码头
10	内贸线	星航物流	星航56	不定期		厦门/漳州	招银码头
11	内贸线	中远	星河、辽河	不定期		厦门/营口、锦州、天津	东渡码头
12	内贸线	中谷新粮	海顺发、皖美1	不定期		上海/厦门/黄埔	东渡码头
13	内贸线	中谷新粮	海兴隆、德山	不定期		青岛/厦门/黄埔	东渡码头
14	内贸线	中谷新粮	武家嘴16	不定期		厦门/宁波	东渡码头
15	内贸线	中谷新粮	锦海集、中盛	不定期		厦门/上海	东渡码头
16	内贸线	中谷新粮	通海168、东成远、瑞盛9	不定期		厦门/连云港/青岛	东渡码头
17	内贸线	中谷新粮	顺赐	不定期		厦门/江阴	东渡码头

续上表

序号	航线	船公司	船名	靠	离	挂港顺序	码头
18	内贸线	海口南青	成功88、东鸿8、丰顺1、吉航7、长安101、大唐16、南泰21	不定期		上海/厦门/黄埔(经营口、大连、天津、烟台、宁波、温州、福州、泉州、蛇口、海口等)	东渡码头
19	内贸线	中良海运	生松1、生松2、成功92	不定期		日照/厦门/太仓	东渡码头
20	内贸线	扬子江航运	成功51、南泰21、华晟9	不定期		厦门/宁波/南通	东渡码头
21	内贸线	宁波港通	吉航17、金海盛6、侨航2	不定期		厦门/上海/宁波	东渡码头
22	内贸线	厦门船务	集立	不定期		厦门/福州	东渡码头
23	内贸线	内贸代理	吉航12	不定期		厦门/汕头	东渡码头

附件2　厦门市鼓励外商投资建设经营港口码头暂行办法

第一条　为吸引外商投资加快港口码头建设,促进港口管理现代化,制定本办法。

第二条　本办法适用于外国、香港、澳门、台湾地区的公司、企业、其他经济组织或个人(以下简称外方投资者)在厦门投资建设经营港口码头。

第三条　本办法所称港口码头,系指在港口区域内进行船舶装卸作业的营业性公用码头或企业专用码头。

第四条　外方投资者投资建设经营港口码头可以采取合资、合作建设经营港口码头的形式,也可以采取独资建设经营专用港口码头的形式。

第五条　合资、合作建设经营港口码头可以现金、实物、工业产权、专有技术等出资或作为合作条件。中方合营者还可以土地和岸线使用权折价出资或作为合作条件。

第六条　合资、合作建设经营港口码头，可以投资建设港口码头的水下基础设施和地面经营设施，也可以向码头所有者租用水下基础设施，仅投资建设港口码头的地面经营设施。

第七条　外方投资者要求港口码头及其设施的工程设计由外国设计单位承担的，可以由外国设计单位承担，但应有中国设计单位参加，并参与设计。

第八条　合资、合作建设经营港口码头企业除经营货物装卸和堆存业务外，也可以经营相关货物的加工整理和包装以及集装箱货物的拆、装箱等业务；经批准，还可以经营与该码头有关的船舶代理业务、货运代理业务、接送货物业务等为船方、货方提供方便的服务项目。

第九条　外商投资建设经营港口码头企业按15%的税率征收企业所得税。经营期在十五年以上的，从获利年度起，第一年至第五年免征企业所得税，第六年至第十年减半征收企业所得税。

在前款规定免税、减税期满后，纳税仍有困难的，按税收管理权限报批，可以适当延长免税、减税年限。

第十条　外商投资建设经营港口码头企业免征地方所得税。

第十一条　外商投资建设经营港口码头企业，经批准可以采取固定资产加速折旧的办法回收投资。

第十二条　码头用地、堆货场、其他非房屋建筑和道路用地的公用设施费，岸线使用费和土地使用费，根据项目特点，经批准可给予优惠。

第十三条　外商投资建设经营港口码头企业，除代收的有关港口规费外，所建码头的装卸费等费率标准，由企业自定，报厦门市物价主管部门和企业主管部门备案。

第十四条　外商投资建设经营码头企业允许兼营投资较少、建设周期较短、资金利润率较高的项目。

第十五条　外方投资者可以独资建设经营为本企业提供货物装卸服务的专用码头，也可以在其投资开发经营成片土地时，在地块范围内建设和经营为开发区内企业服务的专用港区和码头。

第十六条　本办法自1994年11月1日起施行。

附件3　厦门港2006年港口收费优惠措施

一、继续执行厦门市政府2001年出台的（取消、暂停、降低）33项港口收费项目、收费标准，以及相关的优惠措施。

二、外贸集装箱装卸包干费统一按交通部2001年公布的标准执行，码头公司结合本港实际可以给船公司适当的装卸费优惠，但幅度应控制在收费标准的15%以内。

三、凡到厦门港口装卸货物的船舶，外轮理货公司在执行原计费标准的基础上，根据委托理货量大小、理货业务合作时间长短，理货费给以相应的优惠。

四、拖轮辅助作业时间的计算办法，按厦门市港务管理局[2003]24号文的规定执行。厦门港务船务有限公司根据业务量的大小，拖轮使用费以拖轮马力折扣或助船舶靠离泊费用包干的形式给船公司适当的优惠。

五、厦门港引航站夜间引航，其附加费给以5%的优惠。

六、船舶代理公司根据代理业务量的大小以协议的形式给船公司代理费优惠。

七、国际集装箱中转优惠措施

1. 各码头对国际中转的集装箱船优先安排靠泊作业。

2. 在厦门港同一个码头进行国际中转的集装箱，进出港合并计收一次装卸费，收费按2001年交通部外贸集装箱装卸包干费标准的60%计收。

在厦门港不同码头进行国际中转的集装箱，进出港装卸由卸船码头和装船码头分别按2001年交通部外贸集装箱装卸包干费标准的50%计收。

3. 国际中转集装箱经海天与象屿之间的专用通道转栈运输，拖车的平面运输费用由相关的码头公司向船公司收取，收费最高不得超过两次搬移费的标准。即20英尺箱每箱收费不得超过49.5元×2，40英尺箱每箱收费不得超过74.3元×2。

国际中转集装箱涉及东渡港区与海沧港区之间的区间运输，由海关监管的专用车辆承担运输任务，运费标准为：20英尺集装箱每箱200元，40英尺集装箱每箱280元。区间运输费用由承运国际中转集装箱的一程船承担150元/箱(20英尺)、230元/箱(40英尺)；港务管理局补贴过桥费50元/箱。结算办法：拖车费用由拖车公司与作业一程船的码头公司结算。其中，船方承担的费用部分计入码头装卸费，由作业一程船的码头公司向船方计收，过桥费补贴由作业一程船的码头公司凭国际中转集装箱跨港区运输的凭证，一个季度与港务管理局结算一次。

作业一程船的码头应及时作好拖车区间运输的衔接工作，为国际中转提供快捷、高效、优质的服务；区间运输涉及的装卸车由相关码头负责，免收装卸车费用。

4. 国际中转集装箱免收中转环节报关代理费。

5. 国际中转集装箱15天内免收堆场费。

6. 国际中转集装箱免收行政规费。

7. 国际中转集装箱理箱费按交通部的标准，进出口各以理箱基本费的60%计收。

8. 载运国际中转集装箱的船舶，其拖轮费采取包干优惠的办法给以优惠。

9. 市港务管理局年终对有开展国际中转业务的相关船公司进行国际中转箱总量考核，对年度承运国际中转箱部分给以10元/TEU的奖励。

10. 市港务管理局年终对码头公司进行国际中转箱总量考核，对年度国际中转箱吞吐量部分给以5元/TEU的奖励。

八、内支线中转优惠措施

1. 干支线中转的集装箱进出港合并计收一次装卸费。

2. 内支线中转集装箱免费堆存期15天。

3. 免收内支线船舶停泊费。

4. 内支线中转集装箱免收行政规费。

5. 市港务管理局年终对参与内支线中转运输的相关船公司进行内支线中转箱总量考核，对年度国际中转箱运量部分给以5元/TEU的奖励。

6. 市港务管理局年终对码头公司进行内支线中转箱总量考核，对年度内支线中转箱吞吐量部分给以5元/TEU的奖励。

九、集装箱海铁联运优惠措施

1. 海铁联运的进出口集装箱暂时免收港口规费（货物港务费和港口建设费）。

2. 海铁联运集装箱进出口重箱免费堆存15天。

3. 海铁联运集装箱进出口转关操作过程中，码头企业免收搬移费，如因特殊情况需开箱查验，免收拆装箱费。

4. 海铁联运出口重箱在截箱期后进场的，码头企业免收搬移费用。

5. 非转关的海铁联运进出口集装箱需查验的，码头企业按相关收费标准的50%计收搬移费和拆装箱费。

6. 代理公司免收海铁联运中转报关费。

7. 延长集装箱空箱免费使用期限。由船公司提供的空箱，江西方向的免费使用期为30天，福建省内的免费使用期为15天。

8. 港务管理局根据2005年海铁联运业务发展情况，对作出贡献的船公司和港口企业给予奖励。

十、内贸集装箱的优惠

1. 进出厦门港需要引航的内贸集装箱班轮，厦门港引航站提供服务并按收费标准的50%计收引航费。

2. 厦门港务船务有限公司提供拖轮服务按收费标准的50%计收拖轮使用费。

3. 经厦门港口进出的内贸集装箱，暂不收取港口行政规费。

4. 由厦门港口进出的内贸集装箱，在厦门地区所发生的过桥费由港务管理局按规定给以补贴。

十一、以上优惠措施的实施时间从2005年1月1日起至2006年12月31日止。

第三节　泉　州　港

一、港口、航道概况

(一)地理位置

泉州市地处福建省东南沿海,东经117°25′~119°05′,北纬24°30′~25°56′,东西宽153公里,南北长157公里。北与福州市及莆田市接壤,南与厦门市相接,西与三明市、漳州市为邻,东与台湾省隔水相望。辖鲤城、丰泽、洛江、泉港4区,石狮、晋江、南安3市,惠安、安溪、永春、德化、金门5县和泉州经济技术开发区,总面积11015平方公里。泉州市境内主要有晋江、洛阳江和闽江支流大樟溪,通航的主要河流和港湾航道有晋江、洛阳江和湄洲湾、泉州湾航道,目前最大通航能力达10万吨级。

泉州市海岸线长541.2公里,大小岛屿207个,拥有湄洲湾、泉州湾、围头湾、深沪湾4大优良港湾。泉州港位于海峡西岸经济区中部,与台湾隔海相望,是我国"长三角"、"珠三角"两大经济中心的中点,处于福州市、厦门市两大中心城市中间。泉州港口区位优势显现,北距上海515海里,距福州马尾157海里;南距香港327海里,距广州416海里;东距高雄165海里。

(二)自然条件

1. 气象

泉州市属亚热带海洋性季风气候,四季分明。

(1)气温

多年平均气温为19.5~21.0℃。1月最低,极端最低为0.1℃,8月最高为38.7℃。

(2)风

全年6级以上大风日数约32天。5~8月多西南风,风力最大6级;9月至次年4月盛行东北风,风力达6级以上;7~9月多台风,台风在粤东或闽北登陆时,风力达7~8级。

(3)降水

平均降水量为977.5~1095.4毫米。

(4)雾

全年平均雾日为15.9~29.4天,2~4月为雾季,每月2~4天。

2. 水文

(1)潮汐

海域属强潮海区,除围头湾属不正规半日潮类型外,其他3个湾域属于正规半日潮。石湖大潮升59米,平均海面3.3米,间隙11时53分。

(2)潮流

祥芝角附近在高潮前1小时和高潮后5小时为转流时间,泉州湾内潮流顺深水航道流向,七星礁附近落半潮时最大流速达5海里/小时左右,秀涂至后渚主航道内流速2~3海里/小时。另外湾口潮流受季风和海流影响较大。祥芝角东方4海里处曾测得除潮流外,尚有0.8海里/小时的东北向余流。

(三)历史沿革

1. 港口发展

泉州港对外开放已有1500多年的历史。南朝期间,泉州古港开始与国外交往,并有大船与南洋诸国通航。唐朝期间,泉州港与广州、明州(宁波)、扬州并称为中国南方对外交通的四大港口。南唐,泉州设置主管海外贸易机构“榷利院”,并拓建罗城和环植刺桐,古后渚港因此得称“刺桐港”。北宋元祐二年(公元1087年),泉州设置“市舶司”,负责检验船货、征收关税,为经营外贸商品运输和贸易的船主商贾出具公证等。南宋期间,泉州港曾与东南亚、东北亚及南洋30多个国家和地区有着水运货物贸易往来,航程远及南亚、中东、东北洋。宋元期间,泉州港的出口货物以丝绸为主,故称泉州古港至西洋的航线为“海上丝绸之路”。元朝,泉州古港是“梯航万国”的世界东方第一大港。明清实行海禁,泉州港口逐渐衰落。

新中国成立后,泉州湾于1951年经国家批准对外国籍船舶开放,后因台湾海峡局势变化于1959年封闭。1979年作为外贸起运点通航香港。1980年重设海关机构。1983年1月1日,泉州港的后渚经国家批准正式恢复对外国籍船舶开放。位于肖厝的福建炼油化工有限公司专用码头群和万吨级杂货码头经国家批准也分别于1993年和1996年对外国籍船舶开放。

近年来,泉州市委、市政府高度重视港口发展,将泉州市的发展定位为“现代化工贸港口城市”,积极出台《“十一五”期间加快港口发展的意见》等一系列政策,持续投入港口规划研究、配套设施建设,全方位着力推进港口快速发展。

20多年过去了,泉州港已发生翻天覆地的变化。2002年,石井作业区开通了与金门货运直航,至2006年共运营了335航次,货运量43.3万吨。2006年6月8日,石井口岸再增赴金门客运直航航线。2004年泉州港内贸集装箱运输综合实力已跃居全省首位，位列全国沿海港口前六名，被交通部列为全国沿海内贸集装箱枢纽港。2006 年泉州港的发展再呈迅猛势头，开通了韩国、日本、香港国际集装箱航线，同时开通了丹东、营口、大连、天津、青岛、烟台、上海、宁波、温州、南通、九江、厦门、漳州、广州、防城、海口等港口货运航线。2006 年完成总货物吞吐量 5134 万吨，比增 26.91%，总量位居全国沿海港口第 16 位；集装箱吞吐量 83.9 万 TEU，比增 32.86%，位居全国港口第 14 位(图 4-6)。

图 4-6　泉州港后渚集装箱码头

2. 航道发展

泉州港所辖进港航道解放初期处于自然通航条件。1986 年 6 月，为保证泉州至香港客轮的正式安全通航，闽南航道段开通小坠门 1000 吨级航道，为后渚通航 5000 吨级航道的开辟奠定了基础。1987 年 6 月开始建设湄洲湾航道，主要为通往秀屿港码头服务。1988 年 8 月，福建省航道处泉州办事处成立，1994 年 6 月升格更名为福建省航道局泉州处，主要负责泉州辖区航道及航道设施的维护、管理、建设。1990 年，省航道处泉州办事处开始对晋江通海航道实施整治，目前通航能力为乘潮通航 1000 吨级海轮。1996 年，后渚通海航道一期工程按通航 5000 吨级进行整治建设。2002 年，小坠门至石湖 3 万吨级航道建成通航。2004 年，泉州市航道管理局成立，与泉州市港务局合署办公，履行辖区航道的建设、管理、维护职能。2006 年泉州市航道局实施了一系列工程：开通了石井至金门客运航道，保证泉金客轮的正常航行；实施围头湾石井进港 5000 吨级航道的整治建设；开展湄洲湾深水航道工程建设。2007 年开始实施泉州湾石湖至湾口深水航道建设工程。

（四）港口、航道现状

1. 港口现状

泉州港北起湄洲湾湾顶与莆田市交界处的枫亭溪，南至围头湾南部与厦门市交界处的莲河，海岸线长 541.2 公里，主要包括湄洲湾、泉州湾、围头湾、深沪湾、锦尚湾等水域。

泉州港口划分为肖厝港区、斗尾港区、泉州湾港区、深沪湾港区和围头湾港区五大港区，合计 16 个作业区和 5 个作业点。其中肖厝港区、斗尾港区、泉州湾港区是泉州市港口的中心港区。

（1）肖厝港区

由肖厝、鲤鱼尾两个作业区及峰尾作业点组成，主要承担件杂货、散货、成品油、原油、煤炭运输。

（2）斗尾港区

由斗尾、外走马埭两个作业区和小岞、大岞两个作业点组成。

（3）泉州湾港区

由秀涂、石湖、祥芝、后渚、锦尚五个作业区及崇武、内港两个作业点组成，主要承担件杂货、成品油、粮食、集装箱、客货运输。

（4）深沪湾港区

由深沪、梅林两个作业区组成，主要承担件杂货、散货运输。

（5）围头湾港区

由围头、石井、安海（水头）、东石、菊江五个作业区组成，主要承担集装箱、成品油、件杂货运输。

至 2006 年底，全港拥有生产性泊位 59 个，其中万吨级以上泊位 12 个，设计年吞吐能力为 3307 万吨，其中集装箱为 101 万 TEU。

2. 航道现状

泉州港所辖航道包括湄洲湾、泉州湾、深沪湾、围头湾航道，进港航道通航里程 126 公里。

（1）湄洲湾航道

南埔至小岞剑屿灯桩，通航里程 39 公里。其中：湄洲湾 10 万吨级主航道（南起湾口剑屿附近，北至内澳秀屿）30 公里，鲤鱼尾作业区 10 万吨级支航道（从 10 万吨级系船浮筒锚地附近至福建省炼化有限公司码头）5 公里，肖厝作业区 5 万吨级支航道（从秀屿至肖厝 5 万吨级码头）2 公里，湄洲湾电厂码头 2000 吨级支航道（从 10 万吨级系船浮筒锚地至湄洲湾电厂码头）2 公里。

（2）泉州湾航道

自泉州内港顺济桥至小坠门外湾口，通航里程35公里，其中：泉州湾3万吨级航道（从口外引航联检锚地至石湖港区）13公里，后渚5000吨级通海航道（从石湖至后渚港区）8.8公里，泉州内港千吨级通海航道（从沪坑口外至泉州内港作业区）13.2公里。

（3）深沪湾航道

深沪湾航道通航里程10.2公里，其中：梅林码头至深沪5000吨级航道3.8公里，深沪至湾口万吨级航道6.4公里。

（4）围头湾航道

围头湾航道通航里程41.7公里，其中：水头至石井500吨级航道9.8公里，石井至围头5000吨级航道18.5公里，石井至金门客运航道13.7公里。

（五）集疏运通道现状

1. 公路

泉州市已初步形成了以沈海高速公路和国道324、省道（S201漳东线、S203漳下线、S206西厦线、S207官九线、S306秀里线、S307东石线、S308金上线）为主体的对外运输通道及区内公路网。

2. 铁路

目前主要以漳泉肖铁路为主要集疏运通道，泉州港可通过它接上鹰厦铁路并与京九、京广等铁路相连，沟通省内、外腹地。

二、港口、航道规划

（一）港口、航道规划

1. 港口规划

泉州港全区域规划形成码头泊位总长度58405米，共可建设万吨级以上泊位150个，其中5万吨级以上深水泊位72个，形成的干散、液散、件杂货规划通过能力可达40851万吨，集装箱规划能力可达1509万TEU，全港合计形成综合规划能力5.3亿吨。湄洲湾南岸港区将发展成为福建省临海工业的重点港区和新兴的国际集装箱运输枢纽（表4-12）。

（1）肖厝港区

①肖厝作业区

肖厝是泉州市主要的大型工业区，承担未来福建省及泉州市国际航线大型集装箱船舶的进出口运输。该作业区平面布置规划形成码头泊位岸线5306米，形成综合通过能力为5020万吨，其中干散、件杂货规划通过能力2130万吨，集装箱规

泉州市港口航道分布现状示意图
1:600 000
福州市
三明市
莆田市
龙岩市
厦门市
漳州市
戴云
德化
永春
安溪
南安市
泉州市
鲤城区
丰泽区
洛江区
惠安
晋江市
石狮市
金门岛
金门
大嶝岛
小金门岛
山美水库
乌潭水库
龙门滩水库
肖厝港区
斗尾港区
泉州湾港区
围头湾港区
深沪湾港区
大樟溪水口航道
大樟溪南埕航道
南埕石垄溪航道
永春桃溪航道
山美库区航道
晋江东溪航道
晋江西溪航道
晋江干流航道
安溪城区航道
洛阳江航道
泉州湾进港航道
湄洲湾进港航道
围头湾进港航道
台湾海峡
图例
进出港航道
Ⅰ级航道
Ⅱ级航道
Ⅲ级航道
Ⅳ级航道
Ⅴ级航道
Ⅵ级航道
Ⅶ级航道
Ⅶ级以下航道
港区
上游 下游
航道起讫点
枢纽 闸坝
未建成的枢纽 闸坝
船闸 升船机
未建成的船闸
未建成的升船机
航道名称

划通过能力490万TEU。考虑到规划期2020年以后发展需要，结合洋屿岛、惠屿岛附近的水深、地理环境特点，将洋屿岛、惠屿岛附近岸线规划为预留远景集装箱码头区。

泉州港口总体规划一览表　　表4-12

港区名称	港区岸线长度（公里）	港区疏港公路里程（公里）	等级	港区疏港铁路里程（公里）	等级	作业区名称	作业区岸线长度（米）	规划岸线用途	规划泊位（个）	规划泊位能力（万吨）	规划陆域面积（万平方米）
肖厝港区	16.3	10	二	14.6	I	肖厝作业区	5366	多用途	19	7470	798
						鲤鱼尾作业区	7821	散杂	39	8580	528
斗尾港区	52.1	25	一	20.5	I	斗尾作业区	15340	散杂	56	20430	571
						外走马埭作业区	5984	散杂	28	2200	889
泉州湾港区	21.8			17.6	I	秀涂作业区	5290	多用途	15	4400	285
						石湖作业区	4336	多用途	15	6795	414
						锦尚作业区	1400	散杂	6	1196	31
						后渚作业区	0		0	0	0
深沪湾港区	6.7	2	一			深沪作业区	1544	多用途	8	960.5	24
						梅林作业区	2135	多用途	12	790	13
围头湾港区	15.3					围头作业区	2952	多用途	12	2655	26
						石井作业区	3202	多用途	26	937	99
						安海作业区	970	散杂	0	0	0
						菊江作业区	1181	散杂	10	250	741

②鲤鱼尾作业区

该作业区所处的泉港区是福建省石化产业基地，因此作业区是服务石化产业的专用作业区，同时提供港口水上支持系统服务。该作业区平面布置规划形成码头泊位岸线7820.5米，规划形成液散货综合通过能力达8580万吨。

（2）斗尾港区

①外走马埭作业区

外走马埭围垦规划为农牧渔业综合开发。该作业区平面布置初步规划形成码头泊位岸线总长为5984米，形成干散、液散、件杂货综合通过能力达2200万吨。

②斗尾作业区

该作业区平面布置初步规划形成码头泊位岸线15340米，形成干散、液散、件杂货综合通过能力达20430万吨。

（3）泉州湾港区

①后渚作业区

考虑泉州市政府开发丰泽城市新区的需要，该作业区将不再开发新的岸线进行码头建设，规划期内将维持现状。

②秀涂作业区

拟对秀涂岸段开展近岸为顺岸式、水域中间离岸岛式（简称"岛式"）的规划布置，最终该作业区形成南、北两个码头区。北岸码头区预留码头岸线5633米，陆域纵深500～1500米。预估综合通过能力达4400万吨，其中包括干散、件杂货通过能力2040万吨，集装箱295万TEU。

③石湖作业区

以顺岸式从泉州湾内向湾外新规划布置散货10万吨级深水泊位5座、5万吨级多用途深水泊位2个。作业区规划新增建港码头岸线2553米，石湖作业区平面布置规划形成综合通过能力6495万吨，包括干散、件杂货通过能力1225万吨，集装箱通过能力620万TEU。

④锦尚作业区

该作业区平面布置规划形成岸线长度1400米，形成综合通过能力1196万吨。

（4）深沪湾港区

①深沪作业区

该作业区平面布置规划形成综合通过能力960万吨，包括干散、件杂货通过能力875万吨，集装箱通过能力10万TEU。

②梅林作业区

该作业区平面布置规划形成综合通过能力790万吨，集装箱通过能力9万TEU。

(5)围头湾港区

①围头作业区

该作业区平面布置规划形成综合通过能力1705万吨,包括干散、件杂货通过能力336.5万吨,集装箱通过能力161万TEU。

②石井作业区

该作业区平面布置规划形成综合通过能力937万吨。包括干液散、件杂货通过能力852万吨,集装箱通过能力10万TEU。

③菊江作业区

在已建成菊江1000吨级陆岛交通码头的基础上,自南向北依次布置1000吨级杂货码头3个、3000吨级杂货码头4个、5000吨级杂货码头2个。规划岸线长度1181米,规划综合通过能力250吨。

2.航道规划

(1)湄洲湾内航道

规划包括湄洲湾主航道、湄洲湾电厂码头支航道、外走马埭万吨级支航道、福炼10万吨级支航道、洋屿5万吨级支航道、横屿西5万吨级支航道、洋屿西3000吨级支航道(表4-13)。

湄洲湾航道规划表　　表4-13

航道名称	起讫地点	航道底宽(米)	航道底高程(米)	航道里程(公里)	航道等级	
					不乘潮	乘潮
湄洲湾主航道	剑屿经林齿、白牛、惠屿至肖厝	500	-21.0	13.85	15万吨级油船、散货船	30万吨级油船、散货船
		450	-16.5	15.65	10万吨级散货船	20万吨级散货船
		300	-16.5	2.02	第四代集装箱船	第五、六代集装箱船
外走马埭支航道	林齿至后屿	190	-5.5	5.32	5000吨级油船	万吨级油船
福炼10万吨支航道	10万吨系船浮筒至码头前沿	450	-12.5	4.95	5万吨级油船	10万吨级油船

续上表

航道名称	起讫地点	航道底宽(米)	航道底高程(米)	航道里程(公里)	航道等级	
					不乘潮	乘潮
洋屿5万吨支航道	10万吨码头前沿至洋屿作业区	220	-10.0	1.73	2万吨级油船	5万吨级油船
横屿西5万吨级支航道	牛屎屿附近至肖厝	250	-10.0	2.35	2万吨级油船	5万吨级油船
洋屿西3000吨级支航道	牛屎屿至洋屿附近	90	-3.5	1.86	2000吨级油船、散货船	3000吨级油船、散货船

(2)泉州湾航道

泉州港进港航道自大小坠门外的祥芝锚地至后渚港区约19公里，为了保证进出港船舶的通航安全，规划泉州湾的进港船舶采取分道通航制——万吨级以上船舶由泉州湾主航道进出港，万吨级以下(含万吨级)船舶由大坠门航道进出港。主要包括泉州湾主航道、大坠门支航道、后渚5000吨级航道(表4-14)。

泉州湾航道规划表 表4-14

航道名称	起讫地点	航道底宽(米)	航道底高程(米)	航道里程(公里)	航道等级	
					不乘潮	乘潮
泉州湾主航道	口门至石湖作业区	300	-14.5	13.02	5万吨级集装箱、油船	10万吨级集装箱、油船
大坠门支航道	口门至大坠门	190	-5.5	7.1	5000吨油船、集装箱船	万吨油船、集装箱船
后渚5000吨级航道	石湖至后石	150	-4.0	6.65	2000吨级杂货船	5000吨级杂货船

(3)深沪湾航道

规划包括深沪湾主航道和梅林3万吨级支航道(表4-15)。

深沪湾航道规划表

表4-15

航道名称	起讫地点	航道底宽(米)	航道底高程(米)	航道里程(公里)	航道等级	
					不乘潮	乘潮
深沪湾主航道	深沪湾湾口至深沪作业区	250	-12.5	4.96	5万吨级散货、集装箱船	10万吨级散货、集装箱船
梅林支航道	深沪湾口至梅林作业区	160	-9.5	1.62	万吨级散货、集装箱船	3万吨集装箱船、散货船
	梅林作业区至万吨码头	120	-5.5	0.70	5000吨级集装箱、散货	万吨级集装箱、散货

(4)围头湾航道

包括规划10万吨级航道、石井5000吨级支航道和安平3000吨级支航道。此外,考虑到将来与金门直航的需要,预留围头—金门航道,其规模待定(表4-16)。

围头湾航道规划表

表4-16

航道名称	起讫地点	航道底宽(米)	航道底高程(米)	航道里程(公里)	航道等级	
					不乘潮	乘潮
围头湾主航道	湾口至围头作业区	250	-12.5	2.85	5万吨级集装箱船	10万吨级集装箱船
石井5000吨级支航道	围头湾2号锚地附近至石井作业区	150	-4.0	15.25	3000吨级杂货船	5000吨级杂货船
安平3000吨级支航道	石井5000吨级支航道终点至安海作业区	90	-3.5	8.49	2000吨级杂货船	3000吨级杂货船

3.锚地规划

（1）湄洲湾内锚地规划

规划湄洲湾待泊、候潮、引航、联检、过驳、避风等各种功能的锚地共计10处。

①大岞锚地（引航、候潮联检）：面积3.13平方公里，水深30米以上，可泊20～30万吨级船舶2艘。

②剑屿锚地（引航、候潮联检）：面积3.66平方公里，水深25～35米，可泊5～10万吨级船舶3艘。

③六耳南锚地（引航、候潮、联检）：面积3.05平方公里，水深18米以上，可泊5～10万吨级船舶2艘。

④LNG船舶应急锚地（LNG应急）：面积1.13平方公里，水深16米以上，可泊LNG船1艘。

⑤黄瓜屿锚地（候潮待泊）：面积1.94平方公里，水深15～35米以上，可泊3～5万吨级船舶3艘。

⑥六耳东锚地（候潮待泊）：面积0.99平方公里，水深10米以上，形成半径560米的圆形水域。

⑦采屿锚地（候潮待泊）：面积2.51平方公里，水深8～25米以上，可泊3万吨级船舶1艘、万吨级及以下船舶6艘。

⑧斗尾锚地（油船专用待泊）：面积4.03平方公里，水深6～25米以上，可泊10万吨级船舶1艘、2万吨级船舶2艘、5千吨级及以下船舶6艘。

⑨大生岛北锚地（避风、待泊、过驳）：面积2.32平方公里，水深9～20米以上，可泊10万吨级船舶1艘、万吨级及以下船舶3艘。

⑩峰尾锚地（避风待泊）：面积2.27平方公里，水深5～20米以上，可泊万吨级及以下船舶12艘。

（2）泉州湾锚地

泉州湾港区原有待泊、联检锚地8处。大小坠门外设置祥芝、崇武锚地2处，专供来港船舶引航、联检、临时停泊之用。

①1号锚地（引航、候潮、联检）：面积6.0平方公里，水深17～22米，可泊5万吨级船舶6艘。

②2号锚地（引航、候潮、联检）：面积4.8平方公里，水深7～12米，可泊万吨级及以下船舶10～15艘。

（3）深沪湾锚地

①1号锚地（引航、候潮、联检）：面积1.0平方公里，水深17～19米以上，可泊10万吨级船舶1艘。

②2号锚地（引航、候潮、待泊）：面积1.27平方公里，水深12～16米，可泊万

吨级及以下船舶4艘。

③梅林锚地(待泊):面积0.9平方公里,水深6~8米以上,可泊千吨级船舶4艘。

(4)围头湾航道锚地

围头湾规划有三个锚地,位于围头湾口门外的联检、引航锚地,供进出围头作业区的大型船舶使用;位于围头作业区港池外的锚地供水上过泊使用,水深在14米以上,可锚泊5~10万吨级船舶;另外还有白洋锚地,供进出石井作业区的5000吨级船舶使用。随着围头10万吨级集装箱泊位的建设,今后在港池内侧形成的掩护水域可考虑作为避风锚地。

①1号锚地(引航、候潮、联检):面积2.63平方公里,水深17~25米以上,可泊5~10万吨级船舶2艘。

②2号锚地(引航、候潮、待泊):面积1.80平方公里,水深9~13米,可泊5000吨级及以下船舶4~6艘。

③大佰锚地(预留):面积6.0平方公里,水深3~8米以上,功能待定。

(二)集疏运通道规划

目前泉州市港口集疏运方式主要以公路、水运为主,根据泉州市交通规划和港口集疏运量预测,未来泉州市港口将形成公路、水运、铁路、管道等多种方式并存的发达的集疏运网络,集疏运条件将日趋完善。

泉州港腹地综合交通运输发展现状及规划:

1. 铁路方面

目前泉州市境内已建有漳泉肖铁路,全长257公里,年输送能力350万吨。"十一五"期间泉州市将重点建设漳泉线和福厦线两条铁路干线及泉州市港口铁路支线、铁路专用线,完善泉州市铁路网。

2. 公路方面

泉州市境内现有一条国道(324国道)和福厦高速公路,全市公路总里程10786.72公里,公路密度为99.27公里/百平方公里。计划到2010年公路密度达110.4公里/百平方公里,2020年达125.1公里/百平方公里。

(三)港口投资

近几年来,泉州市委、市政府十分重视港口的发展建设,政策灵活,积极招商引资。泉州港目前的码头等生产经营设施全部由企业投资建设,有国有企业独资、中外合资、个人投资、外资独资等多种投资形式,其中公用泊位30个,专用泊位6个,私营企业泊位32个,经营内、外贸集装箱业务泊位6个,经营客运业务泊位1个,经营散杂货业务泊位60个。较大的码头泊位主要有福建炼油化工有限公司投资的10万吨级油品专用泊位、泉州港务集团有限公司投资的7万吨级散杂货泊位、福建省三梅有限责任公司投资的5万吨级散杂货泊位、中远太平洋有限公司和泉州港务集团有限公司合资的5万吨级集装箱泊位、晋江市港口投资发展有限公司投资的万吨级集装箱泊位和万吨级散杂货泊位。目前在建的斗尾30万吨级油品专用泊位由中石化、美国美孚、沙特阿美合资建设,石湖5万吨级多用途泊位由泉州太平洋集装箱码头有限公司投资建设,围头10万吨级集装箱泊位由晋江市港口投资发展有限公司投资建设。

航道等港口公共基础设施和配套设施由地方政府投资建设,现在建的有泉州湾5万吨级航道(乘潮10万吨级)、湄洲湾10万吨级航道等工程,未来拟在部分作业区采取"地主港"的投融资和建设发展模式。

三、港口设施

(一)码头泊位

至2006年底,全港拥有生产性泊位59个,泊位总长度7704米。其中万吨级以上泊位12个,泊位长度3120米,1000~5000吨级泊位35个,200~500吨级泊位15个。按运输功能类型分:集装箱专用泊位5个、原油专用泊位1个、成品油专用泊位15个、专用粮食泊位1个、杂货泊位27个、客货合用泊位1个、多用途泊位6个。

泉州港货物年通过能力为3162万吨,其中集装箱101万TEU、煤炭565万吨、液体散货1033万吨、其他756万吨,旅客年通过能力为4万人次。万吨级以上泊位货物年通过能力2200万吨,其中集装箱87万TEU、煤炭565万吨、液体散货555万吨、其他384万吨。

(二)港口锚地

1. 湄洲湾

(1)1号锚地:位于采屿以北、大竹岛以南海域,锚地面积约3.33平方公里。水深7~29米,水深分布南深北浅,底质主要为砂和泥。

(2)2号锚地:大型船舶锚地,在黄干岛以东附近水域,锚地面积约4.1平方公里,锚地水深16~39米,底质主要为砂。

(3)3号锚地:位于鹅冠角西侧水域,面积为半径560米的圆形海域。

(4)湄洲湾10万吨系船浮筒锚地:位于7号灯浮东侧,面积为半径300米的圆形海域。

(5)成品油锚地:位于斗尾村北侧,其水域范围东西长3.15公里,南北长2.11

公里，水域面积6.64平方公里。锚地东部紧邻航道深槽，水深20米以上，西部接近湾沃，水深渐浅，最浅处6~8米，锚地底质大部分为砂，局部夹有贝壳。

2. 泉州湾

泉州湾在祥芝角的东北侧水域设有一处万吨级的引航、检疫锚地，为一矩形海域，东西向长1.54公里，南北向宽1.12公里，水深在9.8~13.6米之间。

3. 深沪湾

深沪港区现有5000吨级和万吨级的待泊锚地各1处，面积66.9公顷，水深7~11米，底质为泥砂。

4. 围头湾

锚地水深均在14米以上，避风条件好，可锚泊5~10万吨级船舶。

(1)引航联检锚地：水域面积135万平方米，水深14~21米，底质泥沙。

(2)待泊锚地：水域面积97.5万平方米，水深13.5~16米，底质泥沙。

(三)港口机械

泉州港现有集装箱岸边起重机12台，最大负载65吨，最大外伸距55米；共有经营港口仓储的企业57家，拥有各种起重机械134台。

(四)港作船舶

泉州港现有拖轮7艘，主机最大功率4000马力(2940千瓦)。

(五)仓库堆场

泉州港现有堆场61个，面积753197平方米；仓库46个，面积202241平方米；储罐358个，容积2350368立方米。

(六)陆岛交通

泉州市于“九五”、“十五”、“十一五”期开展陆岛交通码头建设，具体情况见表4-17。

泉州市陆岛交通码头建设一览表　　表4-17

序号		项目名称	泊位吨级	总投资(万元)				完成情况
				合计	中央	省	地方自筹	
“九五”期	1	泉州后山陆岛码头	1000	1903	500	190	1213	已完工
	2	泉州东浦码头	1000	1400	460	140	800	已完工
	3	肖厝惠屿码头	200	500	250	50	200	已完工

续上表

序号		项目名称	泊位吨级	总投资(万元)				完成情况
				合计	中央	省	地方自筹	
“十五”期	1	惠安浮山(下宫)	500	1275	650	240	385	已完工
	2	惠安大竹(松村)	500/200	1000	500	180	320	已完工
	3	峰尾陆岛交通码头	1000	1200	400	130	670	已完工
	4	泉州肖厝码头	500	600	300	100	200	在建
	5	南安菊江码头	1000	1100	350	130	620	已完工
	6	泉州浔浦码头	300	500	200	75	225	已完工
	7	泉州大坠岛码头	100	300	100	60	140	已完工
“十一五”期	1	大佰(奎霞)陆岛码头	500/1000	2000	700	260	1040	在建
	2	鸿山陆岛码头	1000	1400	700	150	550	待建

四、港口经营

(一)货物、客运业务

泉州港是我国沿海地区性的重要港口和内贸集装箱枢纽港,是集大型液、干散货物和内外贸集装箱运输为特色的综合性港口。泉州港有航线28条,除国内航线,还与美洲、澳洲、中东国家以及香港、台湾、日本、新加坡、韩国等30多个国家和地区有水运往来,主要经营石油及其制品、杂货等运输业务(表4-18)。

1. 经营企业

泉州港现有港口经营人74家,其中经营集装箱业务的有2家,经营客运业务1家,经营理货业务2家,经营散杂货装卸仓储企业22家,油品装卸仓储企业32家,经营港口服务业务15家。

2. 货物

泉州港货物吞吐量由2000年的1712万吨发展到2006年的5134万吨。拥有最大10万吨级的油品泊位,2006年进出口油品764万吨;预计目前在建的30万吨级油品泊位将在2007年10月投入试营运,未来的油品进出口量将逐步增长到2000万吨以上;拥有最大7万吨级的矿石泊位,2006年进出口矿石近100万吨,预计2007年将有大幅增长;拥有最大5万吨级的煤炭泊位,2006年进出口煤炭538万吨;拥有最大5万吨级的粮食泊位,2006年进出口粮食103万吨;拥有10多个经营矿建和钢铁进出口的泊位,2006年进出口矿建499万吨、钢铁205万吨。

泉州港集装箱航班航线表　　表 4-18

航　线	挂港次序	运营船公司
国内集装箱航线	泉州 青岛 石岛 泉州	安通物流
	泉州 天津 泉州	安通物流
	泉州 营口 泉州	安通物流
	长江沿线 太仓 泉州 黄埔 泉州 太仓 长江沿线	福州明发
	泉州 嘉兴 太仓 温州	华洋集运
	泉州 蛇口 广州黄埔 珠三角港口周边城市	江苏中外运
	泉州 南京 张家港 南通 武汉 重庆 安徽地区港口周边城市	江苏中外运
	泉州 天津 泉州	捷安物流
	长江沿线 江阴 泉州 黄埔 泉州 江阴 长江沿线（安徽、重庆）	南京润丰
	青岛 温州(宁波) 漳州 泉州 青岛	青岛和易
	岚山 温州(宁波) 漳州 泉州 岚山	青岛和易
	黄埔 泉州 天津 龙口 黄埔	天津海运
	宁波 上海 福州 泉州	厦门弘信物流
	泉州 太仓 营口 龙口 泉州	厦门弘信物流
	泉州 太仓 龙口 营口 龙口 泉州	厦门弘信物流
	黄埔 泉州 营口 天津 泉州 黄埔	怡航船务
	泉州 营口 锦州 新港	中货
	泉州 营口 新港	中货
	泉州 唐山 烟台	中货
	泉州 上海	中货
国际集装箱航线	泉州 横滨 东京 名古屋 香港 韩国	中远

注:航班详情请查阅 www. qpct. com. cn。

3. 集装箱

拥有 6 个集装箱泊位,其中最大为 5 万吨级,2006 年进出口集装箱 83.9 万 TEU,是全国 5 大内贸集装箱港口之一。开通的集装箱航线近 50 条,共 263 个航班,较 2005 年比增 33%。2007 年泉州港主要将增开东南亚和中东 2 条国际航线,预计 2007 年泉州港货物吞吐量将达到 6200 万吨,集装箱吞吐量将突破 100 万 TEU。目前石湖在建的 10 万吨级集装箱泊位预计 2009 年将投入使用。

4. 客运

2006 年开通泉金共航行 406 航次,运送两岸旅客 16117 人次(表 4-19)。

泉州港吞吐量情况表

表 4-19

单位:万吨、TEU、人次

年份	货物吞吐量	其中外贸	集装箱	其中外贸	旅客吞吐量
2001 年	2102.08	597.34	226074	37503	
2002 年	2122.85	493.9	273077	30612	
2003 年	2511.52	569.54	410250	34846	
2004 年	3093.82	594.58	542579	37659	
2005 年	4046.16	634.64	631479	29852	
2006 年	5134.93	660.59	838981	33492	16117

(二)外代、外理

泉州港现有50多家企业可提供船货代理业务,有泉州外轮理货有限公司和中联理货有限公司泉州分公司2家理货服务企业可提供理货业务。

(三)对台业务

(1)泉州港与台湾省海上货运往来历史悠久,泉州古港于公元607年开始与台湾省通商。泉州港现已专设石井千吨级泉台贸易码头、崇武千吨级泉台贸易码头和围头万吨级泉台贸易码头,并在崇武、后渚、祥芝、梅林、深沪、围头、石井等海域设置台轮停靠站(点)。

(2)泉金客运航线自2006年6月8日开通以来,处于初始的培育和发展中,客源、运输环节及企业内部运作等方面也正进一步开拓、完善与规范,发展潜力很大。至2006年底共航行406航次,运送两岸旅客16117人次(其中大陆旅客4309人次、台胞11790人次)。

(3)2002年石井作业区开通了与金门的货运直航,至2006年底共运营了335航次,货运量43.3万吨,合计299.6万美元。

2003年,泉州港成功地引进马尾轮船公司,在泉州(后渚)开通“泉州—厦门—高雄(基隆)”两岸三地航线。

全市经交通部批准经营福建省沿海开放港口至金门、马祖、澎湖直航货物运输的企业有3家,船舶共14艘,2007年1~5月份共营运106航次,完成货运量116180.57吨。

五、港口服务

(一)港口供应

泉州港现有12家经泉州市港口管理局批准经营的港口服务企业,为进出港船舶提供岸电、燃料物、生活品、船员接送、拖带、顶推、围油栏供应、垃圾接收、压舱水(含残油、污水收集)处理等港口服务。

(二)船舶修造

泉州港主要船舶修造企业有9家,分布于泉州市、石狮市和崇武镇,有船坞5座、船排6座,年造船能力4万吨,年修理中小型船舶150艘左右,最大可修万吨级船舶。

(三)救助

泉州港水域的海上救助职责由泉州市海上搜救、海区溢油应急处理指挥部履行,主要包括搜救、协调海域的海上遇险人命、船舶、设施和航空器的搜寻救助工作,以及中国海上搜救中心、福建省海上搜救中心、驻闽部队或其他区域海上搜救组织请求我市协作的海上搜救工作。泉州市海上搜救、海区溢油应急处理指挥部办公室设在泉州海事局。

交通部东海救助局救助基地常年安排救助船舶在湄洲湾进行待命值班。

(四)港口环境保护

港口经营人为船舶提供围油栏、残油回收、污水回收、垃圾回收等可能造成污染的港口服务作业,应向泉州市港口管理局报告后方可进行作业。泉州市港口管理局有权对作业情况进行监督检查。

泉州港码头、装卸站和船舶修造厂均按照有关规定配备足够的用于处理船舶污染物、废弃物的接收设施。设施均处于良好状态。

泉州港福炼油港储运有限公司配有油污水处理系统,可用于处理船舶含油污水,处理能力达800立方米/小时。

第四节　漳　州　港

一、港口、航道概况

(一)地理位置

漳州市位于福建省最南部,介于厦门市和广东省之间,东经116°54′~118°15′、北纬23°33′~25°12′。东北与厦门市、泉州市交界,东南与台湾岛相望,西南与广东省毗邻,西北与龙岩市接壤。辖芗城、龙文2区,龙海市,云霄、漳浦、长泰、南靖、平和、华安、东山和诏安8县，面积12873平方公里。

漳州市山地丘陵广布，九龙江下游的漳州平原为福建省最大的冲积平原，境内有大小河流137条，均属于山地河流，干流多呈西北—东南走向，主要河流有九龙江和漳浦县鹿溪、云霄县漳江以及诏安县东溪。九龙江是福建省第二大河流，全长265公里，其下游河口航运较发达。漳州市海岸线十分曲折，长达682公里，拥有众多海湾，其中九龙江口厦门湾南岸和东山湾是福建省六大天然深水优良港湾。漳州港面对金门，与台湾岛和澎湖列岛隔海相望，也是上海、香港、台湾基隆三港连线所构成的三角形地域重心。

（二）自然条件

漳州市属亚热带海洋气候，降雨量丰沛。漳州港区南北分布340公里，地域跨度大，自然条件不尽相同，风、浪、流等条件差异较大。

1. 气象

（1）气温

本地区属亚热带海洋性气候，7月份平均气温最高，1月份平均气温最低。

古雷、东山港区多年平均气温20.8℃，历年最高气温36.6℃，历年最低气温3.8℃。

诏安港区年平均气温21.8℃，历年最高气温38.6℃，历年最低气温-0.6℃。

（2）降水

本地区雨量丰沛，降雨多集中在春、夏季，尤以4~8月份最多。

古雷、东山港区多年平均降雨量1071.2毫米，历年最大降雨量1583.7毫米，历年月最大降雨量458.2毫米，历年日最大降雨量229.5毫米。日降雨量大于25毫米的平均天数12.9天。

诏安港区多年平均降雨量1420.8毫米，历年最大降雨量2024.4毫米，历年月最大降雨量714.7毫米，历年日最大降雨量234.6毫米。日降雨量大于25毫米的平均天数17.7天。

（3）风

受地形及台风影响，各港区要素差别较大。古雷、东山港区常风向东北，频率26%，风向东南，多年平均风速7.1米/秒，最大风速40米/秒。诏安港区常风向东，频率21%，风向东北偏东，多年平均风速2.9米/秒，最大风速34米/秒。

（4）雾

每年春、冬季雾日较多，夏、秋季雾日较少。古雷、东山港区历年平均雾日30.5天，历年最大雾日46天。诏安港区历年平均雾日10.2天，历年最大雾日23天。

2. 水文

(1)潮汐

①东山、古雷、云霄港区

该海区潮汐属不规则半日潮。最高潮位 2.80 米,最低潮位 -2.01 米,平均高潮位 1.63 米,平均低潮位 -0.67 米,最大潮差 4.10 米,最小潮差 0.43 米,平均潮差 2.30 米。

②诏安港区

该港区潮汐属不正规半日潮。最高潮位 3.01 米,最低潮位 -0.07 米,平均潮差 1.80 米。

(2)潮流

①东山、古雷港区

东山、古雷港区均处在东山湾内,涨潮流向东北,流速 1.03 米/秒;落潮流向东南,流速 1.44 米/秒。涨潮流从东西两口门流入湾内,分向流往下寨和八尺方向,落潮流向相反。

②诏安港区

诏安港区潮流性质为不规则半日潮,潮流运动形式为往复流。涨潮最大流速 0.67 米/秒,流向北;落潮最大流速 1.10 米/秒,流向南。

(3)波浪

①东山、古雷港区

东山、古雷港区位于东山湾湾口,本地区强风向为东北、东北偏东向和南向。由于两个港区背靠古雷半岛,东北、东北偏东向来的风浪有该半岛掩护,对港区影响不大,而西北偏北、西南和南向来的风浪对港区有所影响。

②诏安港区

诏安港区在诏安湾内受海浪影响较小。

(三)历史沿革

1. 港口发展

漳州港开港历史悠久,唐末光化元年(公元 989 年)辟为贸易港口。宋置临水驿设沿海巡检寨,当时已为水埠要镇。明代于梅岭置安边馆,为漳州外贸口岸之一;嘉靖十年(公元 1531 年)诏安置县,为漳南海滨巨镇。然而最负盛名的是开港于明景泰年间的"月港",位于今龙海县海澄镇,是古代福建四大商港之一。万历年间(公元 1573 ~ 1620 年),月港盛况空前,当时每年进出港大船多达 200 多艘,输出商品主要有丝绸、陶瓷、布缕、茶叶、铁铜器、糖、纸等,输入商品有胡椒、香料、西洋布、槟榔、樟脂、粮食、烟叶等海外异产多达 100 余种。自明末天启至崇祯年间

（公元1622～1644年），由于荷兰人入侵，海盗为患，月港洋市急剧衰落。康熙二十二年（公元1684年），清政府在厦门设立海关，至此，月港海外贸易已被厦门港取代，漳州近海与内河水运中移至石码港。

石码港开港于1488年（明弘治元年）。1865年（清同治四年）石码设立海关，为漳州重要口岸之一。1922～1930年，置码头10余座，港口初具规模；1952年，对其中8个常用码头进行改建，设置起重吊机。

改革开放以来，漳州市政府致力于港口建设。1989年，漳州市委、市政府制定《九龙江三角洲经济发展战略》，确立九龙江三角洲在漳州市经济发展中的龙头地位，提出建设打石坑—屿仔尾万吨级码头泊位，打通漳州出海口。1990年9月，"打石坑万吨级杂货码头"项目被列入交通部"八五"计划。1992年12月，以招商局集团为主要股东的"漳州开发区"成立，随即兴建漳州市第一座深水码头——招银港区3号泊位，拉开了漳州市大规模建设沿海港口码头的序幕。1997年交通部正式批准漳州市所辖各港点统称"漳州港"，下设港区，至此，漳州市一港六区正式启动。

2004年福建省委提出"建设对外开放、协调发展、全面繁荣的海峡西岸经济区"战略构想，漳州市政府把港口发展作为港口城市发展战略的核心组成部分，提出"以港兴市、工业立市、建设生态工贸港口城市"的发展战略，制定了《漳州市港口经济发展纲要》，修编《漳州市港口总体规划》、《漳州市综合交通发展规划》，为漳州市的港口建设提供依据。

2005年，招银、后石、石码三个港区纳入厦门港。

2. 航道发展沿革

漳州航道开拓始于唐朝。陈元光创建漳州时，采取"重农垦，兴水利"的经济政策，组织军民疏通河道，开辟内河航线，发展水路交通。唐朝，漳平刘氏三兄弟随陈元光开漳，率当地乡民整治华封溪上游航道。北宋熙宁年间（公元1073～1077），龙溪人谢伯宜疏通龙溪九十九坑之水，连结海澄月港。明清以来，历朝政府对河道进行治理，多侧重于筑堤防溢、引航灌溉，导致河道长期处于自然游积状态。

1938年5月，日军占领厦门，为防止日本舰艇内侵，当局在九龙江各溪港口及沿海镇等港口，经抛石、沉舟、竖木桩为障碍，填筑水下封锁线，大大加剧航道淤塞过程。抗战胜利后，因九龙江下游封锁线未拆除，沙洲发育，航道日浅。

新中国成立后，漳州航管处成立（后先后改为龙溪航管总站、漳州港航管理处、漳州港口管理局），组织船民利用枯水季节对碍航浅滩进行整治。1973年后，龙溪航管总站归省航运管理局领导，对漳州辖区航道有计划地进行疏浚。1985年，龙溪总站改称漳州港航管理处，开始有计划、有步骤地清理历史遗留下来的碍航问题。先后整治新圩至汰口的天宫大滩，实现北溪客船上行不用拉，海澄航段进行部

漳州市港口航道分布现状示意图
1:600 000
0 6 12(千米)
云霄港区
东山港区
古雷港区
诏安港区
九龙江北溪航道
九龙江西溪航道
九龙江西溪支流航道1
九龙江西溪支流航道2
九龙江西溪支流航道
九龙江南溪航道
九龙江航道1
九龙江航道2
九龙江航道3
北溪支流航道
北溪引水工程桥闸
华安桥闸
城关拦河闸
西溪桥闸
南陂水闸
鹿溪航道
鹿溪支流航道
旧镇桥闸
漳江航道
漳江水闸
诏安梅溪航道
港口渡水坝
诏安东溪航道
诏安梅溪航道
东山湾进港航道
漳州市
龙文区
芗城区
龙海市
（石码镇）
华安
长泰
（武安镇）
南靖
（山城镇）
平和
（小溪镇）
漳浦
（绥安镇）
云霄
（云陵镇）
诏安
（南诏镇）
东山
（西埔镇）
鼓浪屿
大嶝岛
小金门岛
兄弟屿
菜屿列岛
海山岛
厦门港
厦门至高雄165海里(306千米)
东山至厦门77海里(143千米)
诏安至厦门80海里(148千米)
汕头至厦门143海里(265千米)
图 例
进出港航道
I级航道
II级航道
III级航道
IV级航道
V级航道
VI级航道
VII级航道
VII级以下航道
港区
上游 下游
航道起讫点
枢纽 闸坝
未建成的枢纽 闸坝
船闸
升船机
未建成的船闸
未建成的升船机
航道名称

分封锁，开通旧镇港进港航道，并对九龙江下游、漳州沿海四县进港航道进行布标和航道维护。

(四)港口、航道现状

1.港口现状

由于地理位置特点，漳州港沿袭历史成因的港口发展趋势，现由四个港区组成，从东北至西南依次为：古雷港区、东山港区、云霄港区和诏安港区。漳州港目前已建生产性码头岸线长1279.6米，生产性泊位总数13个(不含陆岛交通码头)。

(1)古雷港区

古雷半岛有着优良的深水码头港址，古雷港区水域主要为漳浦县辖区范围内连接九镇一乡二场的215公里长岸线的临海水域。港区分古雷作业区、六鳌作业区、整美作业区、将军澳作业区及其他作业点，现有生产性岸线总长526米。

①古雷作业区

位于古雷半岛古雷镇的西南侧，现有明达3000吨级码头1座，在建5万吨级液体化工码头1座。

②六鳌作业区

位于六鳌半岛中部西侧、浮头湾北岸。漳浦县六鳌下大澳于2004年10月已建成1座3000吨级业主硅砂专用码头，位于漳浦县旧镇湾东侧沿海中部。旧镇湾内现有100吨级石砌码头2座、200吨高桩梁板码头1座和500吨级码头1座。

③整美作业区

位于佛昙镇南侧，已建成服务于当地居民、物资进出岛屿的陆岛交通码头3座。

④将军澳作业区

位于赤湖镇南侧，将军屿与前湖湾外水深条件好，千吨以上船舶可以自由进出，已建游艇码头1座。

⑤其他作业点

下寨作业点位于东山湾湾顶、漳江入海口的左岸。水域西起北旗山，东至屿头村，长9公里，面积630万平方米，主航道水深5米，可乘潮通航千吨级海轮。

旧镇作业点位于浮头湾顶部，水域范围为鹿溪桥闸至下游5公里，水域面积250万平方米。

佛昙作业点水域范围为佛昙湾海域，主要功能为渔港，现有3座陆岛交通码头。

(2)东山港区

东山港区地处漳州市南部，是对外国籍船舶开放的一类口岸，是漳州市委对外

开放的一个重要窗口。该港区由城安作业区、冬古作业区及其他作业点组成,现有生产性岸线总长 666 米。

①城安作业区

该作业区是东山港区的水深岸线密集区,也是今后东山港区港口建设的核心。该作业区正在建设 2 号泊位 2 万吨级散货码头。

②冬古作业区

位于东山县东南面苏尖湾北部冬古村附近,是省批对外贸易起运点。作业区现有利用 1981 年建造的防波堤改造而成的冬古 3000 吨级散杂货码头 1 座。

③其他作业点

铜陵作业点位于东山岛北部、铜陵镇北面,自然条件较为优越。作业点北面有古雷半岛、塔屿、马鞍屿—大平屿,对面屿—赤屿等数道屏障,受风浪影响小;内港底高程一般为 -7 ~ -10 米,可供 5000 吨以下(含)海轮不乘潮进出。现有 2 座 5000 吨级矿砂码头。

大产作业点为向阳红盐场出运专用码头,原港务码头现为东山至诏安客运对渡船舶停靠点。

宫前渔港作业点位于东山岛南部、宫前港内,海域南面为台湾海域,为避东南向常浪建有一长 500 米的防波堤,堤内为渔船避风锚地,并建有 1 号、2 号泊位。

(3)云霄港区

港区水域范围为云霄行政辖区范围内包括漳江出海口两岸的海域,分为青径作业区、后安作业区、刺仔尾作业区及礁美、东坑、船场三个作业点。目前青径作业点、后安作业点、刺仔尾作业点均处于自然状态。

(4)诏安港区

港区水域为诏安湾西部和宫口湾水域,诏安梅岭的赭角一带尚属于自然状态,岸线底高程达 -8.0 ~ -12.0 米,可供建设深水泊位。港区宫口湾现有生产性岸线长 86.6 米。

2. 航道现状

(1)东山铜陵 3000 吨级航道

铁钉屿(北)—老鼠礁—码头—铁钉屿(南)航道长度为 8.3 公里,为 3000 吨级单线航道。

(2)东山冬古 3000 吨级航道

习惯航道—冬古硅砂码头,航道长度为 0.6 公里。

(3)东山大嵊盐场(大嵊—白屿)航道

长 4.6 公里,为乘潮通航 200 吨级航道。

(4)漳浦古雷 5000 吨级航道

长度为5.5公里(口门—明达硅砂码头)。

(5)漳浦旧镇港航道

旧镇—3号标(下大澳)航道长10.6公里,为乘潮500吨级航道。竹屿—4号标(叉口)航道长7.2公里,可乘潮通航500吨级驳船。口门(虎头山)—1号标(下大澳)航道长10.4公里,可乘潮通航3000吨级船舶。

(6)漳浦下寨航道

长22公里(东山铜陵—下寨码头),为乘潮通航500吨级航道。

(7)诏安宫口航道

长2.9公里(宫口—外屿),为乘潮通航500吨级航道。

3. 航标现状

目前,漳州市航标主要分布在诏安湾水域、东山湾水域、漳浦旧镇港、厦门港西港界至镇头宫。详见表4-20。

漳州港航标情况统计表 表4-20

航道名称	航标数量	按发光分类		按航标种类分			配备雷达反射浮标数量	管理机构名称
		发光航标数(座)	不发光航标数(座)	浮标数量	岸标数量	固定标数量		
厦门港西港界至镇头宫	7		7	7				漳州市航道管理处
漳浦旧镇港	16	8	8	5		11	2	漳州市航道管理处
东山湾水域	10	10		5	5		3	漳州市航道管理处
诏安湾水域	2	2			2			漳州市航道管理处

(五)集疏运通道现状

漳州市东与厦门市相连,北邻泉州市,西北与龙岩相接,西南紧邻广东省。漳州市腹地内公路骨架网由沈海高速的厦漳、漳诏高速公路和厦成高速的漳龙高速公路,国道324、319和6条省道及数条县乡道路构成,铁路以厦深铁路为主要集疏运线。

1. 古雷港区

公路方面,古雷作业区目前经古雷头—杜浔四级公路联接,新建杜浔—古雷20.6公里二级公路已竣工,接省道201线和漳诏高速公路。铁路方面,规划厦深铁路于2006年开工建设,古雷支线工程已进入前期准备阶段。

2. 东山港区

东山港区城安作业区通过50米宽港外道路连接省道201线、309线二级公路,

“十五”期间,新建东山铜陵—诏安林头25公里一级公路连接国道324线、漳诏高速公路。

3. 云霄港区

公路运输为云霄县对外交通的主要方式,主要有漳诏高速公路、324国道等。324国道在云霄县内南北向穿过;港区西侧有环岛公路与324国道连接,环岛公路路面宽8米;与港口集疏运密切相关的公路还有改扩建省道201线。铁路方面,云霄至东山铁路支线位于云霄县和东山县境内,线路北起厦深铁路云霄站,向南至东山县冬古港,支线分别至云霄县云霄港、东山县城安港。

4. 诏安港区

目前,诏安港区集疏运主要依靠纵贯梅岭半岛的公路,长度约12公里,随着港区集疏运量的发展,扩建成为二级公路,连接324国道和漳诏高速公路。铁路方面,2006年开工建设厦深、龙厦铁路漳州段,目前诏安支线的前期工作正在积极推进中。

二、港口、航道规划

(一)港口、航道规划

1. 港口规划

2004年11月,漳州市发改委委托福建省交通规划设计院编制《漳州市港口总体规划》,并于2006年12月通过省发改委和省交通厅的审查。

(1)古雷港区

具有十分优越的岸线资源和泊位条件,适合建设以重工业、石油化工业和火力发电等项目为主的大型临海工业的配套港口,逐步建成工业港。

该港区规划岸线长9.231公里,其中古雷作业区13.3公里、六鳌作业区2.061公里、将军澳作业区2.1公里、整美作业区1.5公里,用于建设油料、散杂货、矿石、煤炭等码头泊位38个,规划泊位能力5600万吨,形成陆域面积1070.7万平方米。

(2)东山港区

国家一类开发港口,是福建省三大对台贸易港之一。以发展集装箱喂给运输和件杂货、发展砂矿专用泊位、渔港码头及沿海海峡客运为主,逐步成为大中小泊位齐全、专业化程度高的漳州南部综合性港区。

该港区规划岸线长5.774公里,其中城安作业区2.485公里、冬古作业区3.2895公里、龙屿作业区9.07公里,用于建设散杂货,规划泊位能力3230万吨,形成陆域面积218.55万平方米。

(3)云霄港区

为临海工业服务及内陆物资中转，兼商贸、旅游等功能。港区以拟建的电厂为龙头，带动港区基础设施的完善，吸引其他大中型临港工作，逐步建设成为漳州南部临港工业服务的地方性港区。

该港区规划岸线长6.12公里，用于建设散杂货码头共32个泊位，规划泊位能力3920万吨，形成陆域面积680.4万平方米。

(4)诏安港区

重点发展梅岭作业区，争取发展成一个具有一定规模的工业港区。

该港区梅岭作业区规划岸线长4.39公里，用于建设件杂货码头共19个泊位，规划泊位能力3470万吨，形成陆域面积519.7万平方米。

2.航道规划

根据《漳州市港口总体规划》，东山、古雷、云霄共在一个东山湾内。

(1)古雷航道

习惯航道兄弟屿附近至古雷头距离29公里，为30万吨级航道，底宽为400米(单向)，底高程－23米，乘潮3米。

①六鳌作业区航道

从口门至下大澳，航道总长10.4公里，为万吨级航道，宽130米，底高程－7.6米，可乘潮通航。3000吨级航道正在设计中。

②将军澳作业区航道

从口门10米处至港区，长1.3公里，左右两边通航，共为2.6公里。

(2)东山城安航道

从东门屿(北)至城安距离4.8公里，为3万吨级航道，宽300米(双向)，底高程－11.5米，可乘潮通航。

(3)云霄港区航道

从古雷头至青径距离16.4公里，为5万吨级航道，宽200米(单向)，底高程－12.5米，可乘潮通航。

(4)诏安港区航道

从诏安湾口至城洲岛，航道总长约10.5公里，为7万吨级航道，宽200米(单向)，底高程－14.0米，可乘潮通航。

(二)集疏运通道规划

1.九龙江

九龙江是沟通漳州市区和九龙江沿线港口腹地的主要桥梁，中下游可通航3000吨级船舶，规划2010年九龙江内河集疏运量将达150万吨。

2. 铁路

随着东山县经济发展和东山港区规模的形成,规划中的厦深铁路建成后,通过常山支线可到达成安作业区,还可在康美附近接线到达东山港区,在港区前设港区车站,港区车站可以直接与港区的装卸作业线连接,中间不需要再设分区车场。

古雷港区规划建设厦深铁路古雷支线,等级为二级,长 20.6 公里;

东山港区规划建设厦深铁路东山支线,等级为一级,长 25 公里;

厦深铁路设有云霄站,规划建设 11.4 公里长的铁路支线到达云霄港区;

诏安港区规划建设厦深、龙厦铁路诏安支线,等级为三级,长 12 公里。

(三)港口投资

漳州市委、市政府为全面落实省委、省政府建设海峡西岸经济区的战略部署,凸显港口在漳州市经济发展中的地位和作用,加快建设海峡西岸港口大市,就实施依港立市提出了《关于实施依港立市战略的若干意见》(漳委发〔2007〕6 号),其中关于加强政策扶持力度,促进港口投资有以下内容:

设立港口发展专项资金。港区所在地市、县财政要按照各自财力情况,每年配套安排一定的港口发展专项资金。市、县收取的海域使用金的留成部分,由财政部门统筹安排用于海洋管理、海洋环境保护等。

加大信贷支持力度。加强银企合作,加大对建设重点项目、临港工业项目的信贷支持,着力培育一批具有自主知识产权和核心竞争力的大企业、大集团。出台港口设施建设财政贴息贷款鼓励政策,对重点工程、骨干项目、高新技术项目优先支持。

拓宽投资渠道。深化投融资体制改革,进一步开放港口市场,按照谁投资、谁开发、谁经营、谁得益的原则,鼓励多种所有制投资港口。

三、港口设施

(一)码头泊位

至 2006 年底,漳州港共有生产性泊位 13 个,泊位总长度为 1029 米。

漳州港货物年通过能力为 216 万吨,其中集装箱 2 万 TEU、液体散货 10 万吨、矿石 146 万吨、其他 44 万吨。

1. 古雷港区

古雷半岛有着优良的深水码头港址,古雷港区水域主要为漳浦县辖区范围内连接九镇一乡二场的 215 公里岸线的临海水域。港区分古雷作业区、六鳌作业区、整美作业区、将军澳作业区及其他作业点,现有生产性岸线总长 526 米,年综合通过能力为货78万吨、客6.3万人次。

2. 东山港区

该港区由城安作业区和冬古作业区及其他作业点组成，现有生产性岸线总长666米，港口装卸设备17台(套)，年综合通过能力为货117万吨、客10万人次。

3. 诏安港区

港区水域为诏安湾西部和宫口湾水域，诏安梅岭的赭角一带尚属于自然状态，岸线底高程达-8.0～-12.0米，可建深水泊位。港区宫口湾现有生产性岸线86.6米，年综合通过能力6万吨。

(二)港口锚地

东山湾有1号、2号、3号、4号锚地和1个检验锚地。

(1)1号锚地：面积2.94平方公里，水深2～27.7米，底质为泥质。

(2)2号锚地：面积1.57平方公里，水深10～24.8米，底质为泥质，可系泊1～10万吨级船舶5艘。

(3)3号锚地：面积1.45平方公里，水深3～26米，底质为泥质，可系泊5000～30000吨级船舶5艘。

(4)4号锚地：面积1.35平方公里，水深4.2～12.6米，底质为泥质。

(5)检疫锚地：面积3.74平方公里，水深9～17.5米，底质为泥质。

(三)港口机械

明达5000吨级建材综合码头有60吨轮胎吊1部和皮带输沙机4台套；下大澳华福3000吨级杂货码头(含虎头山陆岛交通码头)有皮带输沙机1台套，输送效率350吨/小时；铜陵3000吨级油码头配有1000立方米油库和输油管1套；铜陵5000吨多用途码头有40吨龙门吊1台、40吨多功能吊机1台、8吨叉车2台、集装箱拖车2台；冬古3000吨级散杂货码头有皮带输沙机1台套，长度为15米。

(四)仓库堆场

1. 古雷港区

现有仓库4343平方米，道路堆场20331.5平方米。

2. 东山港区

现有仓库3673平方米，道路堆场22400平方米。

3. 诏安港区

现有道路堆场6040平方米。

（五）陆岛交通

漳州市于“八五”、“九五”、“十五”、“十一五”期开展陆岛交通码头建设，具体见表4-21。

漳州市陆岛交通码头建设一览表 表4-21

序号		项目名称	泊位吨级	总投资（万元）				完成情况
				合计	中央	省	地方自筹	
“八五”期	1	龙海海门码头	100	100	49	31	20	已完工
	2	龙海浯屿码头	100	200	99		101	已完工
	3	漳浦岱嵩码头	50	141	70	42	29	已完工
	4	云霄北江、船厂码头	100/100	290	144	87	59	已完工
“九五”期	1	东山铜陵码头	500	1400	400		1000	已完工
	2	东山宫前码头	300	700	350	70	280	已完工
“十五”期	1	漳浦沙洲码头	100	300	150	60	90	已完工
	2	漳浦红屿（杏仔）码头	300/100	1254	450	150	654	已完工
	3	漳浦林进屿（江口）码头	200	700	350	120	230	已完工
	4	龙海紫泥码头	500	700	350	100	250	已完工
	5	龙海海澄陆岛码头	500	700	350	100	250	已完工
	6	东山澳角码头	200	500	200	75	225	已完工
	7	漳浦菜屿码头	200	400	200	60	140	已完工
	8	漳浦横屿码头	200	400	200	60	140	已完工
	9	漳浦虎头山码头	300	500	150	75	275	已完工
	10	龙海玉枕码头	100	300	150	60	90	在建
	11	东山东门屿码头	100	300	150		150	在建
“十一五”期	1	西屿（岐下）陆岛码头	300/300	1300	600	170	530	在建
	2	田尾陆岛码头	1000	1100	550	150	400	在建
	3	乌礁（普贤）陆岛码头	1000/500	2100	1050	260	790	待建

四、港口经营

（一）货物、客运业务

到2006年止，漳州港已有东山港区1个一类口岸，旧镇、下寨、冬古、宫口4个二类口岸，浮宫、旧镇、礁美、东山、宫口5个对台小额贸易点，东山、旧镇2个对台短期渔工劳务接送点，东山港区、漳州上敖2个进口废钢船直航交接冲滩点。

2006年漳州港总共完成货物吞吐量2240.78万吨，其中外贸435.86万吨；完成集装箱吞吐量189746TEU，其中外贸3226TEU。

1. 生产经营状况

古雷、东山港区货源单一，以硅砂为主，内外贸货运量较稳定，东山港区对台水产品贸易活跃。

(1)集装箱吞吐量增幅保持高速增长

集装箱吞吐量继续保持高速增长，国际集装箱吞吐量增幅达1870.83%，为港口生产的稳定增长创造了有利的物质条件。

(2)外贸进口货物增幅高于外贸出口

港口生产也表现出同样的变化特点。与2005年相比，2006年外贸进口吞吐量增幅为121.85%，外贸出口增幅-4.11%，进口增幅明显高于出口。

(3)一些重要货种吞吐量增长迅速

国内工业生产保持较快增长，带动港口生产中一些主要货种的吞吐量增长明显，如以散杂货、煤炭为主，外贸货运量大幅增长(表4-22)。

漳州港港口吞吐量统计表 表4-22

年份	货物吞吐量(吨)	外贸货物吞吐量(吨)	集装箱吞吐量(TEU)	旅客吞吐量(万人次)
2001	5343416	764901	12206	193.19
2002	7707522	1282128	20541	189.37
2003	10850638	2336520	54043	219.97
2004	15207368	2830561	120354	249.44
2005	20813121	2516474	134338	288.51
2006	22407779	4358578	189746	322.6

注：上述统计数据包含招银、石码、后石港区。

2. 港务和运输企业

至2006年年底，漳州市共有水运企业12家、内贸服务企业5家、外贸服务企业7家，共有运输船舶94艘，共计载重38429吨、963客位。水运企业经营近洋、国内沿海、遮蔽航区货物运输及龙海至厦门客运业务。其中沿海企业5家，拥有运输船舶12艘，1.6776万载重吨；内河企业6家，拥有内河货运船舶60艘，载重2.1653万吨，内河客运船舶22艘，963客位。

(二)外代、外理

漳州目前共有内外贸代理企业12家，核定经营范围为水路内贸货运、货运输、海上集装箱、国内船舶及相关代理业务、相关港区范围内的船舶运输仓储和中转业务。

(三)对台业务

漳州是福建省开展对台经贸合作的重点地区之一,漳州招银港区是国家一类对外开放口岸,1996 年被交通部列为首批对台“三通”试点港,2001 年被国务院列为对金门、马祖、澎湖的货运直航港。2002 年 11 月 22 日漳州港试点直航台湾高雄的集装箱航线正式开通,2002 年 11 月 23 日,漳州招银港区实现货运直航金门,正式启动直航金门的货运航线。2003 年 7 月 31 日,漳州港开辟“两岸三地”航线首航台湾高雄、基隆港。2004 年 4 月 10 日,漳州招银港区以个案的方式,实现了对金门的首次客运直航。

1. 对台货运直航

漳州轮船有限公司和东山县航运公司经交通部批准,共有 3 艘千吨级货轮参与金门航线的货物运输。漳州轮船有限公司另有 2 艘挂方便旗的万吨级货轮多次从国外港口运货到台湾各港口。2006 年,漳州市船舶总共航行金门、马祖、澎湖地区 89 航次,运载货物 98364 吨。

2. 对台小额贸易

漳州是福建省重要的对台小额贸易港,对台小额贸易非常活跃。2005 年 6 月 7 日,台湾首批名优水果在龙海对台码头上岸,承运包括杨桃、凤梨、香蕉等 13 个品种水果 774 箱,约 11 吨。2006 年,浮宫一比疆码头对台小额贸易进一步改进和规范,现被厦门海关作为厦门关区对台小额贸易的示范点。东山海关采取提前报关等措施,为对台小额贸易提供特殊通关便利,保证新鲜的水产品及时装船出口。2006 年东山关区对台小额贸易共完成 1814 航次,出口 4.93 万吨。

3. 海上客运直航

漳州港招银港区与金门水头港的海上航线距离只有 9.3 海里,这种特殊的区位优势及其带来的巨大经济效益是其他地区难以比拟的。漳州与台湾一衣带水,台湾现有人口中,祖籍漳州的占 35.8%,台湾政商两界名人和社会人士以及两地同胞的交流互访、商务往来、寻根谒祖等各种活动日益密切,已成为福建省台商投资最密集的区域。

(四)吸引货源政策

中共漳州市委、市政府《关于实施依港立市战略的若干意见》(漳委发〔2007〕6 号),其中关于吸引货源有以下内容:

鼓励开展外贸运输。按照漳州组合港功能定位发展业务,引进船公司开辟外贸航线和引进大宗货种的除码头经营人以外的单位和个人，及业绩良好的货代公司，由市、县(市、区)、开发区按属地原则给予奖励。

鼓励货物从漳州港口进出。对年营运收入增幅超过10%的为漳州港口服务的集装箱运输公司、船货代理公司，由市、县(市、区)、开发区按属地原则给予奖励。对从漳州港进出口的国际集装箱标准箱车辆通行费实行优惠。

第五节　莆　田　港

一、港口、航道概况

(一)地理位置

莆田市位于福建省沿海中部，北纬24°59′~25°46′，东经118°27′~119°40′，东临台湾海峡，北依省会福州市，南接泉州市、厦门市，面积4060平方公里，现辖城厢区、涵江区、荔城区和秀屿区4区，仙游县及湄洲岛为对外开放旅游经济区。

莆田市区西部多丘陵，其余属福建四大平原之一的兴化平原，市区最高峰望江山海拔1083米。境内主要河流有木兰溪(兴化江)、枫慈溪和萩芦溪。木兰溪是福建省“五江一溪”重要河流之一，是莆田的“母亲河”，闽中最大河流，贯穿兴化平原，构成了木兰溪主航道和南北渠(俗称九十九沟)，是市区内河短途运输的天然航道。莆田市辖区水域有兴化湾、平海湾、湄洲湾三大港湾，拥有海域面积1.1万平方公里，大陆海岸线271.6公里，海岛岸线262.9公里。莆田港水路北至上海510海里，至福州港132海里；南至厦门港96海里，至香港397海里，至广州484海里；东距基隆港178海里、高雄港194海里，距台中港仅72海里。

(二)自然条件

1.气象

莆田地区的气候属亚热带海洋性季风气候，深受季风环流的影响，温度适中，雨量充沛，光照充足，海岛多风，气候条件比较优越。

(1)气温

年平均气温为19.9℃，7~9月气温最高，平均26℃以上，最热为8月，极端最高温达37.9℃，1、2月气温最低，极端最低温为0.7℃。

(2)风

6~8月多南风和西南风，9月至次年5月盛行东北风，年平均风力4~5级，强寒潮南袭时可达8~9级。大风多为东北风。

(3)降水

5、6月为梅雨季节，占全年总降水量的36%。7~9月为台风雨季。

(4)雾

2~4月为雾季，每月雾日约9天。

2. 水文

(1)潮汐

莆田市沿海属于我国强潮海区，潮汐性质为正规半日潮型，受地形影响，潮汐日不等现象低潮较高潮明显，湄洲湾内外高、低潮出现时间几乎一致。

(2)潮流

湄州湾内为顺深水道方向的往复流。湾口转流时间在娘宫高、低潮后半1~2小时，转流后小时流速最大。文甲口涨潮流速为5节；大竹岛西南方为4.8节。落潮流速较小。

(3)波浪

本海域波浪多为风浪以及风浪和涌浪兼有的混合浪。

湄洲湾是一深入内陆的半封闭狭长形海湾，南北长33公里，东西最宽30公里，跨莆田、泉州两市。湄洲湾湾口朝向东南，其余三面为陆域环抱，湾口有湄洲岛、大竹岛等岛屿的遮挡，外海波浪难以传入湾内。

兴化湾是福建省最大的海湾，长达28公里，宽23公里。港湾深入内陆，岸线曲折，岛礁棋布，口门有南日群岛作为天然屏障。

三江口位于木兰溪河口内3海里与涵江的汇合口，为潮汐河口，港区航道水深较好，掩护较好，不受外海波浪影响。

平海湾为构造基岩海湾。其中石城至平海为开敞型海湾，岬角半岛与小海湾相间，以沙质海岸为主，岸线受侵蚀后退，海域开阔，水深浅，掩护条件差。

(三)历史沿革

莆田史称兴化，自古运输兴旺，贸易发达。晋隋时期的莆口（在今莆田城关）是县内最初的港口。唐代，白湖（今阔口）、涵头、江口是客货出入口岸。宋代，白湖港、宁海港、水南港、江口港、吉了港为海船聚集的地方，至元代后期，被涵头港取而代之。清末，三江口跃为本省五大港口之一。1921年，孙中山先生曾把湄洲湾定位为我国东部六大港之一，列入《建国方略》。1928年，秀屿港兴建码头仓库后，英商“新亚号”万吨轮曾进港装卸。

建国后，因台海局势的影响，直到1978年，莆田市港口开发才得以起步。1979年省轻工业厅率先在秀屿建设第一座3000吨级盐业码头；1984年，秀屿千吨级煤炭浮码头投产；至1990年，秀屿3000吨级散杂泊位、三江口3个500吨级泊位也相继投入使用。“八五”、“九五”期间，莆田港陆续建成了秀屿万吨级杂货码头、

3000吨级液体化工码头、5万吨级多用途泊位、东吴的电厂过驳码头以及三江口千吨级杂货码头、枫亭的500吨级杂货码头、湄洲岛陆岛交通码头及对台3000吨级客运码头等一批泊位，莆田港始可进行各种散、杂货及集装箱等货种比较齐全的作业，港口也初具货物运输、临港工业带动、陆岛交通、旅游客运等功能。进入21世纪，随着福建省、莆田市相关港口发展战略的提出，莆田港的发展面临新的机遇和使命。福建LNG码头及燃气电厂落户秀屿，给莆田港发展能源、液体化工等产业提供了契机；经济全球化带来世界范围内的产业转移，给具有港口资源和土地优势的莆田发展港口经济、实现港城互动也带来了希望。深水化、多功能、综合性的现代化港口是新时期莆田港的发展目标。

(四)港口、航道现状

1. 港口现状

莆田港经过多年的发展建设和结构调整，港口发展已初具规模，初步形成了以秀屿港区为主，东吴港区、三江口等港区(港点)逐步发展的基本格局。其中秀屿港区主要承担综合运输服务功能，东吴港区目前主要服务于湄洲湾电厂的煤炭运输，三江口等港区(港点)服务地方物资运输及陆岛交通运输。截至2006年底，全港共有各类生产性泊位25个，其中万吨级以上深水泊位2个，码头岸线长度1529米，年综合通过能力379万吨、100万人次，其中集装箱通过能力4万TEU。

(1)秀屿港区

该港区是莆田港的主体港区，主要为整个莆田地区的煤炭、矿建材料、粮食等大宗散货和重要物资中转运输服务。在建项目有：福建LNG10万吨级码头，位于秀屿5万吨级多用途码头外侧；秀屿进口木材检验检疫除害处理区及配套4万吨级木材专用码头，位于现秀屿3000吨级码头附近(图4-7)。

图4-7 秀屿5万吨级多用途码头全景

(2)东吴港区

现有湄洲湾电厂8000吨级煤炭过驳码头和2500吨级重件码头各1座,码头岸线212米。

(3)三江口港区

位于兴化湾底木兰溪与涵江汇合处,背靠涵江区,主要为当地生产物资运输服务。现有500吨级以上生产泊位4个,港区水域面积18万平方米,码头岸线227米。

2. 航道现状

(1)三江口航道

通航里程18.2公里,航道宽80~500米,乘潮可通航1000吨级船舶。

(2)湄洲湾塔林火电厂支航道

航段里程4.5公里,航道设计底宽120米,设计底高程-4.6米,2000吨级船舶可全天候通航,乘潮可通航8000吨级船舶。

(3)石城至南日岛轮渡航道和忠湄轮渡航道

(4)湄洲岛3000吨级对台码头支航道

航段里程6.2公里,航道设计底宽150米(双向航道),设计底高程-6.6米,3000吨级船舶可全天候通航。

(5)湄洲湾10万吨级深水航道航道

总里程29.5公里,航道设计底宽300米,底高程-14.5米,可全天候满足LNG大型船舶通航。

(6)湄洲湾(罗屿~惠屿)25万吨级航道

航道设计底宽300米,底高程-18.3米,目前完成炸礁工程。

3. 锚地现状

(1)秀屿港区

①门耳南锚地:面积380万平方米,可锚泊5万吨船舶4艘;

②采屿(柴火屿)西北锚地:面积185万平方米,可锚泊5万吨船舶3艘;

③黑礁东南锚地:面积261万平方米,可锚泊5万吨船舶5艘;

④内澳锚地:面积80万平方米,有3个单点锚地浮筒,分别可系泊1万吨、2万吨、5万吨级船舶3艘。

(2)兴化湾南岸港区

①浮码头上游锚地:面积0.8万平方米,水深7米,可泊千吨级船舶1艘;

②浮码头前锚地:面积0.7万平方米,水深6米,可泊500吨级船舶1艘;

③浮码头下游锚地:面积0.7万平方米,水深5米,可泊500吨级船舶1艘。

(五)集疏运通道现状

经过20多年的发展与建设,莆田港的配套基础设施日臻完善。构筑以港口为中心,港口铁路和集疏运高速公路为主架构,荔港大道、城港大道、仙港大道、涵港大道、沁桥公路为主要通道的湄洲湾北岸港口集疏运体系。

1. 公路

莆田市陆路交通十分便捷,集疏运公路通过202省道与福厦高速公路和324国道福厦路相接,然后并入全国公路网,形成了以市区为中心,三郊路为骨干,以两条宽56米的新文路和集疏运路主干道贯穿全境的陆路运输网络。秀屿港区以37公里长、56米宽莆秀二级公路为集疏运公路,东吴港区以19公里长、56米宽新文路二级公路为集疏运公路。湄洲湾海滨大道201省道今年部分路段也已开工建设,可连通秀屿、东吴港区。

2. 铁路

福厦铁路莆田段已于2005年开工,为高速铁路,以客运为主,货运为辅。

3. 管道

福建省LNG项目落户秀屿,其配套的福建省沿海五地市的供气管道已陆续动工建设,预计2007年12月全部竣工投产。

二、港口、航道规划

(一)港口规划

在经福建省政府2000年批准的《莆田市港口总体规划》基础上,根据省政府要求省发改委、省交通厅2007年4月审查,同意由交通部规划研究院重新修编《莆田市港口总体规划》。莆田港规划港口岸线59.4公里,其中湄洲湾北岸岸线54.4公里,兴化湾三江口岸线5公里,可建泊位120多个,其中大型深水泊位80多个,总吞吐能力可达3亿吨。未来将形成以秀屿、东吴两大港区为主体,兴化湾南岸港区为补充的总体发展格局。

“十一五”期间,莆田港将建设深水泊位18个,年设计吞吐能力6570万吨,建设6条航道,通航里程100.6公里,项目总投资65亿元。2010年莆田港口货物吞吐量将达到4000万吨,力争达到5000万吨,逐步发展成为以大型散货运输为主的物流中心和以临港工业为依托的重要工业港,发展成为具有深水中转和战略物资储备等多功能的综合性港口。

1. 秀屿港区

(1)秀屿作业区

岸线长度2.5公里,可建0.5~10万吨级泊位11个,后方陆域纵深0.3~1公里,形成陆域面积170万平方米,为莆田港当前的主体港区。规划作为莆田港发展综合运输的主要支撑,形成依托莆田市服务相关腹地的重要的综合运输枢纽,为莆田及周边区域的内外贸运输服务,同时以综合运输为基础,积极拓展现代物流业及建材、粮食、木材、食用油、蔬菜水果等专项物流的服务功能。

(2)莆头作业区

岸线长度1.55公里,可建1~2万吨级通用散杂泊位14个,后方陆域纵深1.8公里,形成陆域面积570万平方米。规划为提供公共运输服务的预留港口作业区,建设各类公用泊位,并以此为依托发展临港轻加工制造业及相关链接产业,开发盐田形成的规模化陆域,作为港口直接生产用地和后方生产、仓储、物流、交易等配套区域。

(3)石门澳作业区(自LNG码头至牛尾山)

岸线长度13公里,可建1~10万吨级通用泊位40个,后方陆域纵深1公里,形成港区陆域面积28平方公里。规划为港口直接生产用地和发展能源、精细化工等产业及相关产业链的临港工业用地,同时为原材料进口、工业加工、相关制造业所需的散杂货运输、产成品的适箱运输、支持保障功能的现代大型临港工业港区。

2. 东吴港区

(1)罗屿作业区

规划港用岸线7公里,可建0.5~25万吨级大型干散杂泊位25个,后方陆域纵深0.7~1.5公里,形成陆域面积4.4平方公里。罗屿作业区规划建成一个具备大宗干散货的装卸、储运功能,服务后方临港工业及腹地产业的运输需求,并具备大宗货物中转运输功能的大型专业化商业运输港区。

(2)东吴作业区

规划岸线长度5.5公里,其中1.5公里岸线可作为修造船基地,4公里岸线可建1~15万吨级通用散货泊位14个,后方陆域纵深0.7公里,形成陆域面积4.4平方公里。后方园区规划为钢铁、冶炼工业、修造船、海洋重工业制造等产业园区,相应发展各类大、中型专业化码头及配套设施,并能适应远期发展需要。主要临港工业腹地为西埔围垦14.3平方公里和东吴路堤形成的围垦地6平方公里。

3. 兴化湾南岸港区

兴化湾南岸港区包括三江口以及石城、南日等,其发展主要服务于地方工业以及陆岛客货运输,并规划预留远期发展的港口资源。

三江口地处兴化湾木兰溪河口内与涵江汇合口,由于河口拦门浅滩发育,适合建设中小泊位。规划由规划LNG管线(穿越木兰溪)南边界沿岸布置,延伸至乌莱巷渡口,规划布置1000~3000吨级通用散杂泊位10个,规划后方用地面积65万

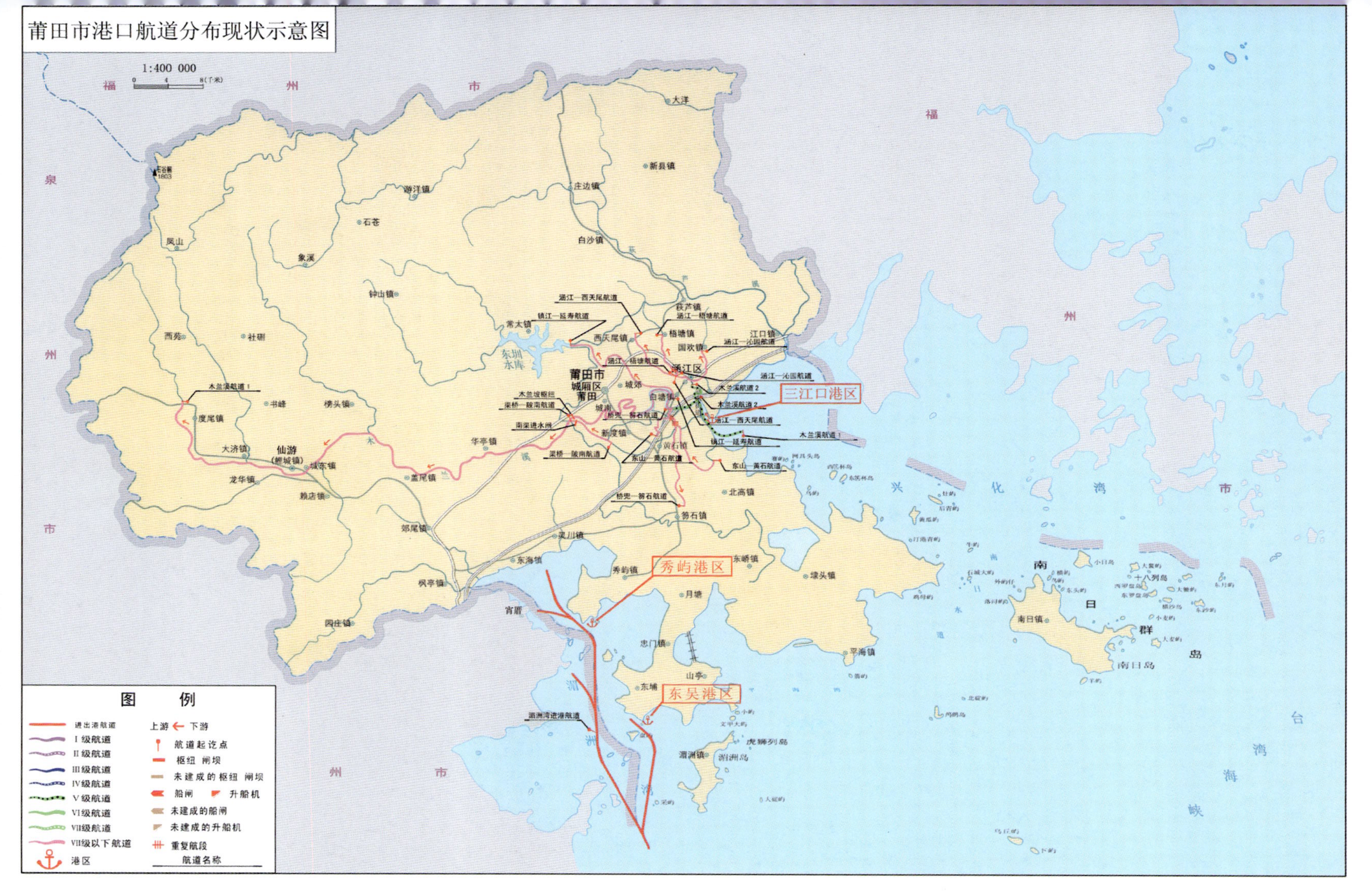

莆田市港口航道分布现状示意图

平方米。

（二）航道规划

1. 罗屿 25 万吨级公共主航道

该航道为罗屿作业区规划最大泊位 25 万吨级配套规划建设航道，由湄洲湾剑屿起点至罗屿作业区终点，建设规模为 25 万吨级单向航道（乘潮通航），通航里程 26.75 公里，航道设计底宽度 300 米，设计底高程 -18.3 米。

2. 东吴 15 万吨级支航道

该航道为东吴作业区规划最大泊位 15 万吨级配套规划建设支航道，由黄瓜屿锚地附近至东吴作业区，建设规模为 15 万吨级单向航道（乘潮通航），通航里程 10.8 公里，航道设计底宽 250 米，设计底高程 -15.2 米。

3. 莆头 5 万吨级支航道

该航道为莆头作业区规划最大泊位 5 万吨级配套规划建设支航道，建设规模为 5 万吨级单向航道（乘潮通航），通航里程 5.99 公里，航道设计底宽度 200 米，设计底高程 -10 米。

4. 石门澳 2 万吨级支航道

该航道为石门澳作业区规划最大泊位 2 万吨级配套规划建设支航道，建设规模为 2 万吨级单向航道（乘潮通航），通航里程 6.9 公里，航道设计底宽度 160 米，设计底高程 -7.0 米。

5. 三江口 3000 吨级航道

该项目为满足 3000 吨级杂货码头需要，对原千吨航道进行扩宽疏浚，航道长 13 公里，底高程为 -6.5 米。

三、港口设施

（一）码头泊位

截至 2006 年底，莆田港共有各类生产性泊位 22 个，泊位总长度为 1711 米。其中万吨级以上深水泊位 2 个，泊位长度 443 米。

莆田港货物年通过能力为 367 万吨，其中集装箱 3 万 TEU、煤炭 150 万吨、液体散货 10 万吨、其他 183 万吨，旅客年通过能力为 31 万人次。万吨级以上泊位货物年通过能力 115 万吨，其中集装箱 3 万 TEU、其他 91 万吨。

1. 秀屿港区

自秀屿 5 万吨级多用途码头起，向西至三江石化 3000 吨级液体化工码头。现有千吨级以上生产性泊位 4 个，其中万吨级以上深水泊位 2 个，码头岸线长度 724

米，货物年综合通过能力185万吨，其中集装箱4万TEU。主要承担件杂货、液体化工货物运输。

2. 东吴港区

现有湄洲湾电厂8000吨级煤炭过驳码头和2500吨级重件码头各1个，码头岸线长212米，年通过能力150万吨。主要承担件杂货、煤炭运输。

3. 三江口港区

现有500吨级以上生产泊位4个，码头岸线长227米，年通过能力37万吨。主要承担散杂货运输。

（二）港口锚地

湄洲湾内现设有五处锚地。

1. 1号锚地（引航、检疫）

位于大竹岛以北、采屿以南，面积3.3平方公里，水深7~29米。

2. 2号锚地（大型船舶）

位于黄干岛以东附近，面积4.1平方公里，水深16~39.9米。

3. 3号（引航、检疫）

位于鹅冠角西侧，为对台锚地，面积为半径560米圆形水域。

4. 成品油锚地

位于斗尾村附近，面积6.6平方公里，锚地东部水深20米以上，西部渐浅，最浅处6~8米。

（三）系船浮筒

莆田港系船浮筒主要分布在秀屿港区，共有4个，分别为1万、2万、5万、10万吨级系船浮筒各1个，前3个浮筒目前仅处于维护状态。

（四）港口机械（表4-23）

莆田港各码头主要装卸设备情况表 表4-23

序号	设备设施名称	类型	数量	所在位置
1	门机	40T/37M	1	5万吨级码头前沿
2	门机	10T/25M	4	秀屿5万吨级和万吨级码头前沿
3	电吊	DLQ16T	2	秀屿3000吨级码头前沿

续上表

序号	设备设施名称	类型	数量	所在位置
4	电吊	25T	1	秀屿万吨级码头前沿
5	柴油吊	16T	1	秀屿码头前沿
6	叉车	2.5T—6T	8	秀屿堆场
7	拖车	Q20	5	秀屿堆场
8	皮带机	150T/H	16	秀屿堆场
9	集装箱正面吊	40T	2	秀屿5万吨级码头堆场
10	货柜堆高机	TEC—950L	1	秀屿3000吨级堆场
11	装载机	4T—5T	8	秀屿堆场
12	电吊	16T	4	三江口码头
13	电吊	8T	1	三江口码头
14	门机	16T/25M	1	东吴港区火电厂码头

(五)仓库堆场

秀屿港区现有仓库堆场面积8.8万平方米,东吴港区堆场面积约6万平方米,兴化湾南岸港区仓库堆场面积约1.3万平方米。

(六)陆岛交通

莆田市于"八五"至"十一五"期开展陆岛交通码头建设,具体情况见表4-24。

莆田市陆岛交通码头建设一览表 表4-24

序号		项目名称	泊位吨级	总投资(万元)				完成情况
				合计	中央	省	地方自筹	
"八五"期	1	莆田三江口码头	300	203	100	61	42	已完工
	2	莆田黄瓜、淇沪码头	100/100	180	90	83	7	已完工
"九五"期	1	莆田南日浮叶码头	500	700	350	70	280	已完工
	2	乌菜巷码头	1000	2000	700	200	1100	已完工
	3	湄洲岛码头(宫下、文甲)	500	2000	1000	200	800	已完工

续上表

序号		项 目 名 称	泊位吨级	总投资(万元)				完成情况
				合计	中央	省	地方自筹	
“十五”期	1	莆田小日岛码头	200	300	150	60	90	在建
	2	莆田海安码头	500	650	325	100	225	已完工
	3	莆田坑口码头	500	500	250	75	175	在建
	4	莆田潘宅码头	200	400	200	60	140	在建
	5	莆田东箬杯码头	100	300	150	50	100	在建
	6	莆田西箬杯码头	100	300	150	50	100	在建
	7	莆田罗盘码头	100	300	150	50	100	在建
	8	莆田赤山码头	100	300	150	50	100	在建
	9	莆田乐屿(塔林)码头	100/100	600	300	100	200	在建
	10	莆田蒋山码头	100	300	150	50	100	在建
	11	莆田大鳌屿码头	100	300	150	50	100	在建
“十一五”期	1	淇沪陆岛码头(扩建)	300	500	250	75	175	在建
	2	平海陆岛码头	500	800	400	100	300	待建
	3	山初(北码)陆岛码头	1000/1000	2300	1150	310	840	待建
	4	东岱陆岛码头	1000	1300	650	160	490	待建
	5	宫下(文甲)陆岛码头	1000/1000	2300	1150	310	840	待建
	6	上林陆岛码头	300	500	250	75	175	待建

四、港口经营

(一)货物、客运业务

2006年,莆田港完成货物吞吐量1301.11万吨,比去年同期增长23.91%,其中完成外贸货物吞吐量103.08万吨。莆田港主要经营集装箱、件杂货、散货、重大件、危险品、成品油、液体化工等百余种货物的装卸、储存、转运业务以及陆岛旅客运输,同时还开展货物代理、船舶代理、保税仓储、出口监管仓储等业务。1990年后,秀屿港航线通及澳大利亚、新加坡、菲律宾、马来西亚、泰国、缅甸、美国、加拿大、古巴、朝鲜、罗马尼亚、保加利亚、沙特阿拉伯、香港等18个国家和地区的40个港口以及台湾、上海、秦皇岛、南通、厦门、福州、广东等省市的港口。目前,莆田港已与世界29个国家和地区的近50个港口通航(表4-25)。

2001～2006 年港口货物吞吐量　　表 4-25

年　份	吞吐量(万吨)	集装箱(TEU)
2001	320.8	18312.25
2002	480.4	25245
2003	600.16	29729
2004	836.04	14313
2005	1050.03	12236
2006	1301.11	8850.25

(二)外代、外理

目前莆田港开展货物代理、船舶代理业务的企业主要为中国湄洲湾外轮代理有限公司和中国外轮理货总公司湄洲湾分公司。

主要从事莆田口岸外贸进出口船舶理货业务,受理国际航线集装箱、件杂货等进出口货物,集装箱理箱及装拆箱业务,货物计量、丈量业务,监装、监卸业务,货损、箱损检定业务等理货业务,接受收发货主特殊委托及内贸运输货物委托理货,并开展相关延伸服务;同时根据港口实际,对港区地磅实施归口管理,并为通过本港区的货物进行过磅计量,出具有效凭证。

(三)对台业务

1999 年 12 月,国务院批准秀屿港区、东吴港区、湄洲岛对台客运码头,为对外开放的一类口岸。2002 年 5 月开辟湄洲岛口岸对金门的海上客运直航,秀屿港区 2004 年首次开展对金门的货运直航,台轮经秀屿港码头运载妈祖雕像顺利返回金门,湄洲岛口岸也于 2006 年同步开辟了大陆居民赴金门的旅游海上直航航线,成为第三个大陆赴金门观光的海上直航点。

第六节　宁　德　港

一、港口、航道概况

(一)地理位置

宁德市位于福建省东北部,处于东经 118°32′～120°44′、北纬 26°18′～27°40′,东面与台湾隔海相望,南面与福州市交界,西面与南平市毗邻,北面与浙江省温州市接壤，辖蕉城区，福安、福鼎2市，霞浦、古田、屏南、寿宁、周宁、柘荣6县，全市面积12905平方公里。宁德市地形以丘陵山地为主，间有河谷、平地、山间盆谷和海滨峡长的小平原，地势由西北向东南倾斜。

宁德市境内有闽江干流（樟湖板至雄江43公里）、赛江（又称福安溪、长溪、交溪、白马河）、霍童溪、七都溪、水北溪、古田溪、高洲溪等较大河流24条，多呈西北—东南走向，除古田溪、高洲溪进入闽江外，其余均流入东海，与沿海航道一同构架成四通八达的水路交通网。沿海有沙埕湾、牙城湾、里山湾、福宁湾和三都澳等港湾。宁德港位于台湾海峡北口，介于福州与温州之间，海上北距上海390海里，南至广州561海里，东至台湾基隆港150海里。全市海岸线长878公里，约占全省的三分之一，水域面积4.45万平方公里，拥有深水岸线110.36公里。其中沙埕湾、三都澳可建30~50万吨级泊位，是福建省天然深水港湾。

（二）自然条件

宁德港北起福鼎沙埕，南至三都澳，地域跨度大，地形复杂，自然条件不尽相同，特别是风、浪、流、泥沙淤积等条件差异大。

1. 气象

(1)气温

平均气温19℃，历年极端最高气温43.2℃，历年极端最低气温-5.2℃。

(2)雾

历年平均雾日数12.0天。

(3)风

常风向为东南，强风向为西北。多年平均风速1.4米/秒，最大风速28米/秒，极大风速40米/秒，全年8级风日数为5.7天以上。

(4)降水

历年平均降水量1641.7毫米，历年最大降水量2484.4毫米，历年最小降水量783.7毫米，年平均降雨日数22.6天。

(5)湿度

年平均相对湿度为79%。

2. 水文

(1)潮汐

潮型正规半日潮，最高潮位4.59米，最低潮位-3.29米，平均海面0.5米，平均高潮位3.32米，平均低潮位-2.21米，平均潮5.52米。

(2)潮流

三都澳港区属半日潮，呈往复流，属强潮海区，潮差大，潮流急，且落潮流速大于涨潮流速。最大涨潮流速 1.4 米/秒,流向为西北向;最大落潮流速 1.9 米/秒,流向为东南向。

赛江港区属半日潮,呈往复流。涨潮流最大流速 0.77 ~ 1.18 米/秒,流向为北北西;落潮流最大流速 0.82 ~ 1.29 米/秒,流向为南南东。

三沙港区属正规半日潮性质,呈往复流。涨潮流向为南南西,流速 0.77 米/秒;落潮流向北北东,流速 0.77 米/秒。

沙埕港区属半日潮性质,呈往复流,转流时间在高、低潮后 30 ~ 45 分钟。涨潮时,小潮流速 0.51 ~ 0.77 米/秒,大潮流速可达 2.06 米/秒,流向为北北西;落潮流速为 1.44 ~ 1.54 米/秒,流向为东南。

(3)波浪

三都澳港区属半封闭海湾,湾口大屿至牛角坡水域宽度 3 公里左右,口门偏东南向开敞。港内大小岛屿星罗棋布,四周陆域均为海拔 300 米以上的山脉所环抱,外海波浪难以从口门直接传入湾内,是公认的天然避风良港。

赛江港区地处赛江流域,远离外海,天然掩护条件良好,港内波浪小。

三沙港区西边是大陆,东面是烽火岛,北北东至东北东方向有横屿、割山等岛屿为掩护。附近外海的风浪以北北东为主,涌浪以东北东为主。因此,强浪和较多频率方向的波浪对港内影响不大,唯有南向出口开敞无掩护,常刮 7 级以上西南风,涌浪较大,影响船舶停靠。

沙埕港湾口朝向东南,湾内两岸丘陵夹峙,周围有高山掩护,口门南镇半岛环护,湾口外又有南关岛等阻挡,港湾水面平静,是东南沿海良好的避风港。

(三)历史沿革

宁德港历史上一直为福建最繁荣的港口之一,早在唐朝以前就已开发,在明景泰三年就在三都澳设立了河泊所,嘉靖年间开辟了北方漕运航线,康熙二十三年设立了税务总口,下辖九个口岸。1898 年(清光绪二十四年)设立了福建省第一个海关——福海关,是继广州等五口门户洞开后,福建省最早对外开放的港口之一。英国人首先在此修建货场、油泊位各 1 个,美国人建油泊位 1 个和“美孚”、“德士古”油库,德国、日本、瑞典、俄国和葡萄牙等 13 个国家的 21 家公司相继在这里设立洋行,意大利还在此设置领事馆。清政府设有 2 家轮船公司、3 家银行分行、15 家保险公司和钱庄、36 家工商企业的办事机构。1903 年(清光绪二十九年),美、日开辟了三都澳至福州、温州、青岛、烟台、牛庄、宁波、苏门答腊等地的航线。随即各种商店公司、歌台舞榭、别墅、教堂鳞次栉比,港区人口骤增至 5 万多,三都澳一时间“云集五洲商贾,吞纳四海樯帆”。1905 年(清光绪三十一年),增设大清国电报局,铺设了中国第一条海底电缆。

抗日战争时期,三都澳为大半个中国供应"美孚石油"和其他日用品,为此也承受了日寇1938、1939年的两次大轰炸。二战期间,日本于1941年出动航空母舰编队狂炸三都澳,各项基础设施遭受彻底破坏,繁华的港口从此破败萧条。新中国成立后,中国人民解放军海军于1952年进驻三都澳,东冲口以内区域列为军事禁区。

改革开放以来,各级领导对三都澳给予了高度关注。1982年11月,时任中共中央总书记的胡耀邦同志考察过三都澳;1983年时任全国政协主席的李先念同志亦考察过三都澳;1927年末和1962年末,著名文学家郭沫若二度来到三都澳,并赞美三都澳曰:"良港三都举世无,水深湾阔似天湖",成为三都澳享誉世界的新铭牌;1988年时任全国政协副主席的钱伟长在考察三都澳时欣然题词:"群山抱三都风兴六级浪不扬,荷叶守澳口水深百米港尽良";2004年,全国人大副委员长蒋正华考察三都澳时题词:"港阔水深,微波不掀,碧海万倾,良港如云"。在备受瞩目的情况下,宁德港开始了新一轮的建设热潮。1998年宁德城澳万吨级码头开工建设拉开了大规模建设沿海港口码头的序幕,2004年在福建省委提出"建设对外开放、协调发展、全面繁荣的海峡西岸经济区"战略构想的带领下,宁德市政府把港口发展作为港口城市发展战略的核心组成部分,提出"以港兴市、工业立市、建设工贸港口城市"的发展战略。2007年4月,黄小晶省长视察三都澳提出三都澳港区应当作为海峡西岸经济区的重点发展区域列入总体规划,以三都岛为中心,环三都澳建立滨海港口城市。

(四)港口、航道现状

1.港口现状

宁德港是福建省沿海港口的重要组成部分,分为三都澳、赛江、三沙、沙埕四个港区,共16个作业区,是对台"三通"的重要口岸。现有生产性泊位56个,其中5万吨级码头1个,万吨级码头1个。

(1)沙埕港区

八尺门作业区内建有高桩梁板结构式码头1座,设计靠泊能力为500吨级;杨岐作业区建有高桩梁板结构式码头1座,设计靠泊能力为千吨级。其余码头由中石油、中石化、煤炭等部门建设,其靠泊等级均为500吨级以下。

(2)三沙港区

现有3000吨级客货泊位1个,年设计吞吐能力为货5万吨、客13万人次。其余码头由中石油、中石化、渔业公司等部门建设,其靠泊等级均为500吨级以下。

(3)赛江港区

港区港务公用码头计有500吨级泊位2个,300吨级泊位1个,设计吞吐能力计 22 万吨。另中石油建有千吨级油品码头 1 座,正丰等公司建有千吨级以下码头若干座;下白石作业区现有 3000 吨级公共泊位 1 个。

(4)三都澳港区

漳湾作业区现有公共码头 3000 吨级趸船浮码头泊位 1 个、千吨级突堤式码头 1 座,设计吞吐能力为货 20 万吨(集装箱 1 万 TEU)。中石化在田螺建有 3000 吨级油码头 1 座。

城澳作业区万吨级多用途码头工程 2004 年主体工程已通过验收并投入试生产,可靠泊万吨级全集装箱船和 2 万吨级件杂货船,设计年吞吐能力 50 万吨,其中集装箱 2 万 TEU、件杂货 34 万吨。白马作业区大唐电厂 5 万吨级煤炭码头和 3000 吨级重件码头已建成投产(图 4-8)。三都澳港区内还有 5 个万吨级砂石专用生产泊位。

图 4-8　大唐火电 5 万吨级煤码头

2. 航道现状

(1)三都澳港区航道

三都澳口东冲水道宽 3 公里,口内主航道被鸡公山和荷叶礁分为两部分,东西水道宽各 1.5 公里,主航道水深 30 ~ 115 米,无碍航暗礁,50 万吨级船舶可自由进出港。

出东冲口进入台湾海峡国际航线,航程仅 30 海里。

进东冲口至各港区航道情况如下:

①进出城澳航道

从东冲口引航检疫锚地经鸡公山东侧到城澳万吨级多用途码头,长约 14.8 公里,水深大于 22 米,天然水深可满足 20 万吨级船舶通航。

②进出漳湾航道

漳湾岸线进港航道局部航段不够理想,航道从口门至码头长约 32 公里,其中从湾口至三都岛东北侧的灶屿水深达 20 米以上,灶屿至码头约 8 公里航道水深条件较差。

③进出白马航道

从东冲口水道经青山岛北侧,穿越长腰岛与白匏岛之间水道,经白马门水道至白马门,航程约 30 公里,航道宽度 350 米,大部分航段天然水深可满足 20 ~ 30 万吨级大型船舶乘潮通航。

④进出长腰岛航道

从东冲口经东冲水道和青山岛东侧至码头航道顺直,航道宽度 400 米,局部少量疏浚可满足30万吨级船舶全天候通航。

⑤进出关厝埕航道

从东冲口经东冲水道直接至港区，航程约17公里，航道宽度300米，水深大于20米。

(2)沙埕港区自然水深主航道

从沙埕口至八尺门长35公里，最小水深12.2米，可供万吨船舶航行。

(3)三沙港区自然水深主航道

从青屿至割山长5.9公里，可供5000吨级船舶航行。

(4)赛江港区自然水深主航道

从白马门口至下白石长13公里，可供万吨级船舶航行；下白石至赛岐长19公里，可供千吨级船舶航行。

3.航标

(1)三都澳城澳至白马航道：共有航标12座，现由上海海事局管理。按发光分类，其中10座为发光航标，2座为不发光航标。

(2)交溪航道：共有航标11座，其中固定标有10座，现由上海海事局管理。按发光分类，其中10座为发光航标，1座为不发光航标；按航标种类分，其中10座为岸标。

(3)水北溪航道：共有航标5座，均为固定标，现由上海海事局管理。按发光分类，均为发光航标；按航标种类分，均为岸标。

(4)闽江航道黄田段(樟湖板—雄江)：共有航标24座，沿岸标13座，过河标8座，鸣笛标2座，桥涵标1座，均为固定标，现由宁德航道局管理。按发光分类，均为不发光航标；按航标种类分，均为岸标。

(5)三沙湾进港航道：共有航标13座，均为固定标，现由上海海事局管理。其中有3座为专用标，有9座配备雷达反射。按发光分类，均为发光航标；按航标种类分，其中浮标11座，岸标2座。

(五)集疏运通道现状

福宁高速公路是沈海高速公路的一部分，北起闽浙交界的福鼎分水关，经福鼎、霞浦、福安止于蕉城飞鸾，南接宁(德)罗(源)高速公路，全长141.567公里。2005年6月湾坞互通至福安的高速公路连接线也已建成通车。福宁高速公路与宁德港各港区及主要作业区的集疏运公路都有互通口相连接。

104国道北起北京，终点为省会福州，全长2420公里，在宁德市境内经过福鼎、柘荣、福安、蕉城区，是宁德市内陆县(市)至沿海发达县(市)的重要通道。

目前在宁德市境内在建有温福铁路宁德段，为宁德市第一个出省铁路通道。

路线按双线设计,时速为200公里,预备250公里能力。

1. 三都澳港区

(1)城澳作业区

礁头至城澳集疏运二级公路已经进入施工阶段,路线全长约10.5公里,预计2007年年底完工。高速公路飞鸾互通至礁头为三级公路,长9.7公里。

(2)白马门作业区

本作业区的集疏运公路有福安湾坞互通口至大唐电厂的二级公路,全长8.3公里,现已基本贯通,沈海高速公路湾坞至福安段的支线,已贯通通车。

(3)漳湾作业区

沈海高速公路漳湾互通口至漳湾作业区的二级集疏运公路现已竣工通车,全长约6公里,并通过互通连接线与104国道相连。

(4)溪南作业区、关厝埕作业区、东冲作业区

这几个作业区尚未进行大规模开发,目前通过县道与霞浦城关相连,公路等级较低,仍为四级路。

2. 三沙港区

三沙集疏运二级公路从港口作业区开始,经三沙镇、岗尾、西山最后接入三沙互通,全长15.044公里,现已通车。

3. 沙埕港区

(1)杨岐作业区

杨岐作业区至秦屿互通现为四级公路,长约21公里。同处南岸的后港、钓澳壁、澳腰作业区也通过这条公路与秦屿相连。

(2)八尺门作业区

八尺门作业区位于八尺门互通口附近,交通十分便利。

(3)沙埕作业区

沙埕作业区通过沙吕线与福鼎相连,等级为四级。

二、港口、航道规划

(一)港口、航道规划

1. 港口规划

按照《宁德港总体规划》(送审稿)的规划设想,宁德港将建成一港四区的布局(三都澳港区、赛江港区、三沙港区、沙埕港区等四个港区,16个作业区)。

根据省政府对环三都澳港区的开发建设思路,三都澳港区作为海峡西岸经济区的重点发展区域列入总体规划,以三都岛为中心,环三都澳建设滨海港口城市。

宁德市将大力实施“以港兴市”战略，提出宁德中心城市建设环三都澳海湾城市的总体规划和“向海、临海、跨海”的城市发展战略，即以港口为龙头，以城市为依托，以产业为支撑，大力推动港口、产业、城市三位一体、互动联动发展，着力构建环三都澳的港口群、产业群。宁德港按此思路委托交通部水运科学研究院对《宁德港总体规划》（送审稿）进行修编。以三都澳港区为重点，根据各港区的特点和作用，将形成分工明确、各具特色、相互协调的港口布局。

（1）三都澳港区

下辖城澳、漳湾、白马、溪南、关厝埕、东冲6个作业区，规划可布置泊位共144个，其中万吨级以上泊位116个，万吨级以下泊位28个。形成年货物通过能力2.37亿吨和集装箱通过能力1286万TEU，总通过能力为3.5亿吨。

①城澳作业区

是近期重点发展的深水港区，依托优越的深水岸线，重点开发大型商业集装箱、件杂货码头泊位，同时发展大宗干散、液散货物中转、远洋运输等，形成宁德港最大最重要的综合性作业区。

整个城澳作业区采用顺岸式布置，分为东、西两部分。西部作业区位于青屿以西，至下龟鼻止，由通用码头区和集装箱码头区组成。东部作业区在青屿以东，一直延伸至三都澳澳口。由集装箱码头区、通用码头区、客运码头区、散货码头区、油品码头区、危险品码头区组成。

②漳湾作业区（含临海工业区岸线）

将结合大型临海企业的落户，以发展大型临海工业基地服务为主、后方临海工业园区服务为辅。

该作业区根据岸线水、陆域特点，分为公用作业区和货主作业区两部分。公用作业区利用漳湾内3.8公里长的岸线，前沿水深-7～-10米，规划布置有5000吨级泊位6个，3000吨级泊位12个，1000吨级泊位10个。货主作业区利用漳湾外作业区，依托岸线后方拟建大型钢铁厂、发电厂等临海工业园区。漳湾作业区共布置万吨级以下泊位28个，万吨级以上泊位13个，形成年货物通过能力4950万吨。

③白马作业区

位于白马门西岸，要充分利用丰富的溪流，集河运、海运为一体，发展近洋件杂货、集装箱运输为主的作业区。

该作业区目前在口门外侧已建有多个石材装卸泊位，形成了石材码头作业区。南侧滩涂区规划为修造船基地，建有10万吨和6万吨船坞各1个，以及10万吨级舾装码头1个。后方陆域布置相应配套设施。

④东冲作业区

近期立足于保护优良港湾资源为主，为大型船舶水水中转和大型临海工业服务的作业区。

该作业区位于东冲半岛靠三都澳岸侧，为三都澳港区远期港口发展储备岸线，沿岸可建27个深水泊位，共形成5220万吨货物通过能力和500万TEU集装箱通过能力。

⑤关厝埕作业区

前沿水域水深条件好，后方有大片滩涂造地，近中期拟重点以工业项目带动港口发展。

该作业区位于三都澳南岸三屿锚地及关门江水道沿岸，规划为集装箱作业区，口门外侧三屿锚地沿岸规划为通用作业区、散货作业区和油品作业区，另外，在内外侧作业区之间可布置港口支持系统。

⑥溪南作业区

与关厝埕作业区一样，前沿水域水深条件好，后方有大片滩涂造地，近中期拟重点以工业项目带动港口发展。

该作业区位于三都澳北岸溪南镇牛鼻峰角至鼻堡壁角，规划可建1～5万吨级多用途泊位9个，共形成1220万吨货物通过能力和60万TEU集装箱通过能力。

(2)赛江港区

赛江港区规划可布置万吨级以下泊位16个，形成年货物通过能力250万吨。

①林炉作业区

该作业区位于林炉里村外侧，老码头的下游规划布置1000吨级泊位12个，规划为件杂货中小泊位。

②下白石作业区

该作业区位于下白石高速公路桥的下游，规划为赛江流域地方经济服务的通用作业区，建设3～4个3000吨级至5000吨级泊位。规划在老码头上游建设3000吨级的件杂货码头1座，在下游建设5000吨的件杂货码头。

(3)三沙港区

下辖三沙作业区。

三沙港区可利用建港岸线较少，集中在古镇一带，三沙作业区现建有1个3000吨级杂货码头，规划立足于对台贸易，发展成为闽东对台贸易的集散中心。

(4)沙埕港区

港区共规划港口岸线13.9公里，可布置万吨级以上泊位35个，万吨级以下泊位19个。形成年货物通过能力6755万吨和集装箱年通过能力200万TEU。

①沙埕作业区

位于沙埕湾口门北侧，本作业区规划以件杂的泊位为主，结合沙埕港区国家一级海港的建设以及规划建设国家中心渔港的条件，发展为宁德港北部地方经济服务的通用作业区。

②杨岐作业区

位于沙埕湾中段南岸的店下镇东侧小屿岛至龙奄沿岸，属于福建省六大深水良港之一的主要组成部分。规划依托杨岐开发区，发展成宁德港北部以近洋件杂、集装箱运输为主的作业区。前沿规划为集装箱码头区，布置1～5万吨级集装箱船泊位5个。

③后港作业区（临海工业区岸线）

该作业区位于岐澳头前方岸段，是大型沿海工业原料进口码头的理想选址，规划结合后方拟建的闽东钢铁厂，以后方临海工业为依托，以发展为大型临海工业服务为主，形成以散杂货为主的作业区。

④澳腰作业区

该作业区位于岐澳头及马井鼻沿岸，利用良好的深水条件、顺直的航道条件和开阔的后方陆域，预留为宁德港北部远洋集装箱运输服务的作业区，规划建设第四代集装箱远洋船舶码头泊位3个或第五、第六代集装箱码头泊位2个。

⑤钩澳壁作业区

该作业区位于沙埕湾口门段南岸的公鸡礁岸段附近，规划布置为油品及化工危险品码头区，同时利用陆域驳岸可建消防码头。危险品码头区规划布置1～5万吨级危险品码头5个，后方陆域最大纵深500米，形成罐区、预留区及后方辅建区等。

⑥八尺门作业区

该作业区靠近沙埕湾端部南岸的八尺门大桥下游，主要规划为中小型杂货码头，规划发展为福鼎市区经济服务的中小型作业区。

2. 航道规划（表4-26）

宁德港航道规划表　　表4-26

航道名称	航道起点	航道终点	里程（公里）	宽度（米）	乘潮水位（米）	航槽底高程（米）	航道等级
东冲口至灶屿航道	东冲口检疫锚地	灶屿	25.25	400（单向）	5.15	-21.5	30万吨级
城澳航道	鸡公山东北侧	城澳	7.64	400（单向）	5.15	-21.5	30万吨级
溪南航道	青山岛东侧	溪南	9.35	400（单向）	5.15	-21.5	30万吨级

续上表

航道名称	航道起点	航道终点	里程（公里）	宽度（米）	乘潮水位（米）	航槽底高程（米）	航道等级
关厝程	鸡公山东北侧	关厝程	8.5	400（单向）	5.15	-21.5	30 万吨级
漳湾航道	灶屿	喉咙岐	10.8	300（单向）	5.15	-16.5	20 万吨级
漳湾航道	城澳	漳湾	31.2	120（单向）		-16	3 万吨级
白马门航道	灶屿	白马门	9.25	250（单向）	5.15	-15.5	15 万吨级
盐田航道	白匏岛北侧	莲花屿内	10.25	200（单向）		-17	5 万吨级
交溪航道	白马门口	下白石	13	120	6.11	-6	万吨级
	下白石	赛岐	19	100		-4～-6	千吨级
三沙航道	青屿	割山	5.9	80			5000 吨级
沙埕航道	沙埕	金屿门	11	300（单向）		-18	20 万吨级
	金屿门	八尺门	26	160（双向）		-9	5000 吨级

（二）集疏运通道规划

根据宁德市委提出的“以港兴城，以城促港”的发展思路，到 2020 年，宁德公路网规划布局为“一港二铁五横六纵”。“一港”为宁德港，“二铁”为温福铁路、宁衢铁路，“五横”即宁德至江西上饶高速公路、301 省道、302 省道、303 省道、304 省道，“六纵”即沈海高速公路、“四横”政和与杨源互通至“一横”贵限互通、福安至浙江泰顺高速公路、104 国道、201 省道、202 省道。

1. 高速公路网规划

宁上高速公路是宁德市“十一五”期交通路网高速规划中的第一横，现已列入国家高速公路建设规划，宁上高速公路宁德段路线已基本确定：以沈海线湾坞互通为起点，经福安市的赛岐、福安市郊、康厝、周宁县的八浦、李墩至政和杨源。其中宁德市境内路段长 62.42 公里。屏南连接线起于政和县境内的杨源枢纽互通，途经屏南县的双溪，终于屏南县城，路线全长 25.35 公里。宁德至黄墩段（屏南支线）被列为一期工程，预计 2008 年开始动工建设，2011 年建成通车。

规划建设福鼎秦屿至沙埕沿海高速公路与浙江甬台温沿海高速公路的连接线，该线北接杭州湾大通道，往南沿海经宁波、台州、温州，至苍南县马站闽浙交界

处的福鼎流江(或罗唇)与我省接壤,全长399公里,其中宁德市境内全长19公里,是宁德市的第三条出省高速公路。

至2020年,将全面建成宁上、“四横”政和与杨源互通至“一横”贵限互通(包括屏南至“四横”杨源互通支线和古田至“一横”贵限互通高速公路)、福安至浙江泰顺高速公路及三都澳港区、沙埕港区的集疏运高速公路,届时宁德市的高速公路骨架网将全面形成。

2. 省级干线公路规划

全省省级干线公路网规划为“八纵九横”,经过宁德市境内的共有6条。“第一纵S201”福鼎沙埕—漳州诏安段、“第二纵S202”寿宁双港—莆田湄洲岛段、“第一横S301”霞浦城关—寿宁大熟段、“第二横S302”福安下白石—浦城城关段、“第三横S303”宁德八都—武夷山汾水关段、“第四横S304”宁德蕉城—泰宁城关共六条段,在宁德市境内规划里程889公里,其中新改建670公里。2010年前,规划完成山区的柘荣、古田、屏南、周宁、寿宁五个县到沿海的快速通道;2020年全面建成宁德市境内六条省级公路。

3. 铁路规划

“十一五”期间规划建设的宁衢铁路(宁德——浙江省衢州市)与京九铁路衔接,是浙江、江西等省份通向宁德三都澳港口的铁路,将使宁德港口的腹地延伸到浙江、江西、湖南。

三、港口设施

(一)码头泊位

截至2006年底,宁德港拥有生产性泊位56个,泊位总长度为3154米。其中万吨级以上泊位2个,泊位长度为492米。

宁德港货物年通过能力为874万吨,其中集装箱2万TEU、煤炭520万吨、液体散货17万吨、矿石8万吨、其他315万吨,旅客年通过能力为98万人次。万吨级以上泊位货物年通过能力550万吨,其中集装箱2万TEU、煤炭500万吨、其他34万吨(图4-9)。

(二)港口锚地

宁德港现有锚地19个,各港区具体情况如下:

1. 三都澳港区

三都澳港区现有锚地10个,总面积2365万平方米。分别为东冲口(水深50米,面积283.5万平方米)、三屿(水深20~23米,面积306万平方米)、三都(水深

宁德市港口航道分布现状示意图
1:600 000
0 6 12(千米)
浙 江 省
南 平 市
沙埕港区
三沙港区
赛江港区
三都澳港区
宁德市
福安市
福鼎市
柘荣
(双城镇)
寿宁
(鳌阳镇)
周宁
(狮城镇)
屏南
(古峰镇)
古田
(新城镇)
霞浦
(松城镇)
福宁湾
三沙湾
罗源湾
古田水库
水口水库
图 例
进出港航道
I 级航道
II 级航道
III级航道
IV级航道
V 级航道
VI级航道
VII级航道
VII级以下航道
港区
上游 下游
航道起讫点
枢纽 闸坝
未建成的枢纽 闸坝
船闸
升船机
未建成的船闸
未建成的升船机
航道名称

10～18米，面积426万平方米）、白匏岛（水深9～20米，面积135万平方米）、漳湾（水深8～12米，面积43.8万平方米）、鸡公山（水深16～40米，面积98.5万平方米）、官井洋（水深16.5米，面积224万平方米）、青山（水深25～35米，面积75万平方米）、东吾洋（水深10～24米，面积675万平方米）、灶屿北（水深6～9米，面积98.5万平方米）。

图4-9　宁德港城澳作业区万吨级多用途码头

2. 赛江港区

赛江港区目前共有赛岐、林炉、下白石（水深3～6米）等3处锚地，锚地面积分别为7万平方米、7万平方米、28.3万平方米，总面积42.3万平方米。

3. 三沙港区

三沙港区目前仅有三沙锚地（水深12米）一处，锚地面积约为45万平方米。

4. 沙埕港区

沙埕港区现有7处锚地，总面积577.4万平方米，分别为沙埕湾外（水深8～25米，面积382.2万平方米）、旧城（水深4.8～24米，面积88.2万平方米）、流江（水深6～11米，面积35.1万平方米）、马渡（水深17～35米，面积34.1万平方米）、青屿（水深5～19米，面积12.6万平方米）、铁将（水深8～10米，面积12.6万平方米）、金屿（水深8～42米，面积12.6万平方米）。

（三）港口机械

宁德港现有集装箱装卸设备岸边起重机4台，最大负载40吨；配有各起货设备及输送设施，最大起货能力40吨，输送能力每小时1000吨。

1. 三沙港区

现配备40吨吊机1台，5吨叉车1台，3吨叉车1台，1.5吨叉车1台，16吨、8

吨轮胎吊各1台。

2. 赛江港区

现配备25吨门机1台、16吨吊2台、8吨吊机1台、5吨吊机1台、3吨叉车3台、移动式皮带机9台、固定式皮带机140米。其中下白石作业区配备25吨门机1台、16吨吊1台、8吨吊机1台、3吨叉车3台、移动式皮带机9台、固定式皮带机140米。

3. 三都澳港区

现配备40吨门机及35吨固定吊机各1台、16吨吊机2台、8吨吊机2台、3吨叉车5台。

(四)港作船舶

宁德港内有拖轮公司1家,配备2×1470(千瓦)、2×1986(千瓦)拖轮各1艘。

(五)仓库堆场

1. 三沙港区

现有仓库1000平方米,堆场5000平方米。

2. 赛江港区

现有仓库2830平方米,堆场8500平方米。其中下白石作业区仓库1730平方米,堆场5900平方米。

3. 三都澳港区

现有仓库3055平方米,堆场15578平方米,集装箱堆场约13057平方米。其中城澳作业区集装箱堆场11057平方米、件杂货堆场10078平方米。

4. 城澳作业区

后方陆域47692平方米,其中集装箱堆场11057平方米、件杂货堆场10078平方米。

(六)陆岛交通

宁德市于"八五"、"九五"、"十五"、"十一五"期开展陆岛交通码头建设,具体情况见表4-27。

四、港口经营

(一)货物、客运业务

宁德港是福建省沿海港口的重要组成部分,是对台"三通"的重要口岸。目前拥有一类口岸1个(城澳、白马、三沙作业区),二类口岸6个(沙埕、姚家屿、三沙、赛岐、三都、漳湾)。

宁德市陆岛交通码头建设一览表　　表4-27

序号		项目名称	泊位吨级	总投资(万元)				完成情况
				合计	中央	省	地方自筹	
"八五"期	1	福鼎嵛山岛马祖码头	100	80	40	20	20	已完工
	2	福鼎沙埕鹭鹭礁码头	500	350	174	105	71	已完工
	3	福鼎秦屿客货码头	200	180	89	54	37	已完工
	4	霞浦浮英、北霜码头	100	170	85	45	40	已完工
	5	霞浦大澳码头	200	183	91	55	37	已完工
	6	霞浦三沙五澳码头	200	254	126	52	76	已完工
	7	霞浦东安码头	100	120	59	37	24	已完工
	8	霞浦竹江码头	100	115	57	35	23	已完工
	9	宁德三都码头	100	130	64	40	26	已完工
	10	宁德礁头码头	100	140	69	23	48	已完工
	11	宁德青山猛澳码头	100	132	66	40	26	已完工
"九五"期	1	福鼎台山码头	100	400	200	40	160	已完工
	2	福鼎桐山码头	200	500	250	50	200	已完工
	3	福鼎小员当码头	500	500	250	50	200	已完工
	4	福鼎杨岐码头	1000	1800	500	180	1120	已完工
	5	霞浦东冲码头	500	900	450	90	360	已完工
	6	福安白马码头	500	900	450	90	360	已完工
	7	福安半屿码头	300	600	300	60	240	已完工
	8	宁德云淡、八都码头	200/200	1200	600	60	540	已完工
	9	宁德岐头鼻码头	300	700	300	70	330	已完工

续上表

序号		项目名称	泊位吨级	总投资(万元)				完成情况
				合计	中央	省	地方自筹	
"十五"期	1	福鼎东角(渔井)码头	200/200	800	400	120	280	已完工
	2	霞浦后歧码头	500	900	350	100	450	已完工
	3	福鼎东台岛码头	200	600	200	60	340	已完工
	4	福鼎东星岛码头	200	600	200	60	340	已完工
	5	霞浦长腰(猴屿)码头	100/500	1200	400	160	640	已完工
	6	宁德白匏(横屿)	100/300	700	350	125	225	已完工
	7	霞浦文岐码头	200	400	200	60	140	已完工
	8	福安六屿(甘棠坪)	200/200	800	400	120	280	已完工
	9	宁德鸡公山、象溪码头	100/300	750	375	125	250	在建
	10	宁德岛屿(拱屿)码头	100/200	700	350	100	250	未开工
	11	宁德橄榄屿码头	100	300	150	60	90	在建
	12	霞浦文澳码头	200	400	200	60	140	已完工
	13	霞浦松山码头	200	400	200	60	140	在建
"十一五"期	1	福屿(楼坪)陆岛码头	300/300	1100	550	160	390	在建
	2	双屿(冈尾)陆岛码头	300/500	1700	700	175	825	在建
	3	三都(礁头)陆岛码头	1000/1000	2000	1000	310	690	在建
	4	西洋(外浒)陆岛码头	1000/1000	2500	1250	310	940	待建
	5	芦竹(牛栏岗)陆岛码头	1000/1000	2300	1150	310	840	待建
	6	沙埕(南镇)陆岛码头	1000/1000	2300	1150	310	840	待建
	7	北沃(延亭)陆岛码头	300/500	1400	700	185	515	待建
	8	介溪陆岛码头	300	500	250	75	175	待建
	9	烽火陆岛码头	300	550	250	85	215	待建
	10	小白露陆岛码头	300	500	250	75	175	待建
	11	竹江(埕坞)陆岛码头	300/500	1400	700	185	515	待建
	12	浮溪陆岛码头	300	500	250	75	175	待建
	13	盘前陆岛码头	1000	1200	700	150	350	待建
	14	斗帽陆岛码头	300	600	300	85	215	待建
	15	赖尾陆岛码头	300	500	250	75	175	待建
	16	官沪陆岛码头	300	500	250	75	175	待建
	17	台江陆岛码头	300	500	300	75	125	待建

1. 货物(表4-28)

宁德港吞吐量统计表　　表4-28

年份	货物吞吐吞吐量（万吨）	外贸货物吞吐量（万吨）	集装箱吞量（TEU）
2000	221	57	
2001	260	68	
2002	185	30	
2003	141	11	
2004	184	19	
2005	213	80	
2006	447	155	3219

2. 集装箱

宁德市港务有限公司在2006年3月份开通了集装箱班轮。目前开通的集装箱航线有宁德—营口、宁德—温州—天津。宁德港内贸货物主要以石板材为主，2006年完成出口石板材41.6万吨，进出口以乱毛石、碎石为主。2006年共完成107航次、货147.35万吨，并开通了三都澳港区至日本、韩国活鱼出口航线。

(二)外代、外理

宁德港是国家一类开放口岸，负责宁德外贸货物和船舶进出口代理以及报关业务的机构主要有宁德外轮代理有限公司、福建船务代理宁德分公司、宁德闽航国际船舶代理公司、宁德新海船代公司等。中国外轮理货总公司宁德分公司是为航行国际、国内航线船舶在宁德港口办理货物交接的专业理货机构。

(三)对台业务

宁德是福建省开展对台经贸合作的重点地区之一。境内的三都澳城澳作业区于1993年经国务院批准对外开放，2005年通过口岸验收正式开放，并与白马作业区一同于2006年10月经国务院台办批准为金门、马祖、澎湖直航货运口岸。三沙港区于1995年建成3000吨级三沙客货码头，是对台直接小额贸易点。2006年霞浦台湾水产品集散中心选址三沙港区，是一个集交易、加工及配套为一体的综合项目。2007年5月三沙港区口岸对外开放。

1. 对台货运直航

2006年，宁德港航行金门、马祖、澎湖地区32航次，运载货物10.9万吨。

2. 对台小额贸易

宁德港是福建省重要的对台小额贸易港，对台小额贸易非常活跃。2005年5

月 30 日,台湾首批名优水果在三沙对台码头上岸,承运包括木瓜、荔枝、芒果等。各口岸部门为对台小额贸易提供特殊通关便利,保证各商品能及时卸船。至 2007 年 6 月,宁德港对台小额贸易共完成 231 航次,进口 1414 吨。

五、港口服务

(一)法律服务

宁德市设有厦门海事法院福安法庭。处理宁德市范围发生的海事、海商方面的法律诉讼及其他法律服务。

(二)港口供应

宁德市目前有外轮供应公司一家。

(三)船舶修造

宁德市有 17 家经认可的船厂,上规模的船厂主要集中在福安市的赛江港区,占全省修船产品产量的 84.7%。现有船坞 16 座,最大船坞 10 万吨,30 万吨级船坞正在建设中,目前可承接国内外 10 万吨级以下散货船、滚装船、多用途船、集装箱船、拖轮、驳船的修船业务。最大可建造 2 万吨级成品油轮。

(四)港口环境保护

宁德市现有清污公司一家。

第五章

内地各设区市港口、航道

第一节　南　平　市

一、港口和航道概况

(一)地理位置

南平市地处福建省北部,位于闽江上游、西溪(沙溪和富屯溪汇合后至南平段)与建溪汇合处,北纬26°15′~28°19′,东经117°00′~119°17′。东北与浙江省相邻,西北与江西省接壤,东南与宁德市交界,西南与三明市毗邻。辖延平区,邵武、武夷山、建瓯、建阳4市,顺昌、浦城、光泽、松溪、政和5县,面积26280.5平方公里。

南平市境内主要河流有闽江干流及其主流沙溪河,支流建溪、富屯溪,集水面积在50平方公里以上的河流有176条,构成溪河众多、径流量大、流域面广的自然水系。闽江主流南平以上称为沙溪,富屯溪、建溪支流先后在南平附近汇入闽江干流,南平至福州段称为闽江干流。南平至安仁溪河段河谷多为深切峡谷,枯水期水面平均比降0.52%,河床质多为岩石并杂,有部分河卵石覆盖,河道内礁石密布,流态紊乱,两岸地形丘陵起伏,冲沟发育,植被良好,仅有零星不连续的阶地分布。

(二)自然条件

1.气象

闽江流域内主要有杉岭、武夷、鹫峰、戴云等山脉,地形地势复杂,因此在温度、降水、风等方面都呈现出海洋气候与大陆气候兼具的特点。

(1)气温

年平均气温19.3℃,年最高平均气温38.4℃,年最低平均气温-2.7℃,极端最高气温40.2℃,极端最气温低-5.8℃。

(2)降水量

历年平均降水量1662.4毫米，历年最大降水量2066.4毫米，历年最大月降水量在5月份。

(3)风况

闽江流域属于季风气候区，冬半年盛行大陆吹来的风，夏半年盛行海洋来的风，季风气候显著，较有影响的热带风暴多发生在夏秋两季。

(4)雾

沙溪口坝下至福州河段6月和10～12月雾日较多，早晨能见度较差。年平均49.8天。

(5)湿度

年平均湿度为78.4%。

(6)雷暴

雷暴多发生在7～8月，7月平均12.3天，8月平均13.9天，年平均66天。

2. 水文、泥沙特征

(1)径流

多年平均径流量411.4亿立方米，平均流量1304立方米/秒，最大洪峰流量24200立方米/秒，最枯流量142立方米/秒。

(2)含沙量和输沙量

多年平均含沙量0.87公斤/立方米，最大年平均含沙量0.145公斤/立方米(1969年)，最小年平均含沙量0.055公斤/立方米(1985年)；多年平均输沙量352.8万吨，最大年平均输沙量584万吨(1969年)，最小年平均输沙量136万吨(1971年)。

(三)历史沿革

南平港历史悠久，在唐宋时代，就已是“舟车辐辏，物阜人彩，省门以北，无以为比”的内陆港埠，但长期处于自然状况。直至1939年，始在延福门建简易轮船码头，1942年重修。中华人民共和国成立后，1954年和1958～1983年，经过扩建和四次修建，现有缆车结构的斜坡式码头有客运泊位3个、趸船2艘。1955年，在沙溪河(南平辖区又称西溪)右岸新建水南码头。1984年因延福门货运移至水南，码头扩建为直立式泊位3个，可靠泊50吨级货轮3艘。此后，还在造纸厂、大洲、马祖庙、东站、南门、后谷、沙门、西芹、夏道等处修建客运码头和专业码头及其配套设施。

芝城港(今建瓯)在唐朝便有临江、通济、通仙三处水运作业点，明、清两代港埠已较昌盛，近代，随福州港兴起，更盛过一时。1929年，始建通济门高水位驳岸码头4个泊位，全靠400个码头搬运工人肩挑背扛。中华人民共和国成立后，通济

南平市航道码头渡口分布现状示意图

于1976年、1978年先后共建泊位6个,可靠泊10~30吨船,目前仍是芝城港的主要作业点。位于通济门中游的临江码头和城郊的东仙码头,本来也是芝城港的主要作业点。前者是崇阳溪、南浦溪各线货物集散点,明清时代日集船达300~400艘,中华人民共和国成立初期仍为大米贸易码头。1953年后粮食贸易受限制,陆运逐渐取代水运,航道阻断,该码头遂荒废。东仙历来是松溪客货运输码头,常有船100~200艘,粮食统购统销后,也趋衰落。1966年后陆运兴起,该码头停用。90年代后,随着水口电站的建成和闽江上游航段的改善,船舶向大型化发展,航行于建瓯—南平—福州的小型船舶逐渐淘汰,建溪航运逐年萎缩,只有短途砂石料船舶运输。

近年来,各级领导十分重视闽江内河航运工作,将促进闽江航运的通畅列入议事日程,为加快南平港发展,开通闽江集装箱航运,实现集装箱江海联运,推动南平经济的快速发展,正积极努力做好前期工作。2004年,福建省社科院就南平发展闽江航运和集装箱运输问题进行专题调查研究,其成果引起省委、省政府的高度重视,安排了前期费用进行水口枢纽坝下水位下降治理方案研究,同时对全省内河航运发展规划进行修编,形成了《水口枢纽坝下水位下降治理方案研究报告》和《全省内河航运发展规划》。目前,水口枢纽坝下水位下降治理工程正在落实之中。2006年下半年,根据福建省发改委的安排,南平市发改委委托福建省港口协会,开展了闽江南平至福州段集装箱航运工程预可行性研究并形成研究报告。

(四)港口、航道、航标、船闸、渡口现状

1.航道现状

南平市内河主要航道共10条,航道总长669.6公里。其中Ⅳ级航道程43.4公里,Ⅴ级航道19.2公里,Ⅶ级航道127公里,Ⅶ级以下航道480公里。主要有:闽江干流辖区内延福门至樟湖板43.4公里、建溪(包括崇阳溪、南浦溪、松溪三条支流)航道333公里、武夷山九曲溪旅游航道9.5公里、武夷山桐木溪旅游航道50公里、锦溪旅游航道7.5公里、富屯溪(包括金溪)航道207公里、沙溪干流(西溪)航道19.2公里。

(1)闽江干流航道

①南平延福门至水口水电站航道属于闽江干流航道的一个航段,跨越南平市、宁德市和福州市,航段里程98.4公里。其中南平市辖区内延福门至樟湖板43.4公里,航道水深2米,航道宽50米,最小弯曲半径217米,为Ⅳ级航道,可通航。

②水上过河桥梁设施情况

闽江干流航道南平辖区内跨河桥梁主要有南平大桥、南平双塔闽江铁路特大桥、大洲桥等,所有现有桥梁的净空尺度基本不影响航运的正常通航。本河段过河

高压电缆、通信电缆均可满足通航净空要求。

(2)建溪航道

建溪发源于武夷山脉和仙霞岭,在建瓯以上分为崇阳溪、南浦溪、松溪三条支流,分别流经武夷山、浦城、松溪、政和、建阳、建瓯、延平等七个县(市、区)。

①建溪干流航道

建溪干流航道从南平延福门到武夷山市武夷宫汇流处,航段里程178公里,分为3个航段。

从南平延福门到建瓯水西大桥,航段里程67公里,航道水深1米,航道宽40米,最小弯曲半径150米,为VII级航道,可通航。本航段有过河建筑物8座桥梁、4条过河电缆、1条过河缆索,临河设施有5处,均不碍航。

从建瓯水西到建阳童游公路桥,航段里程56公里,航道水深0.9米,航道宽10米,最小弯曲半径90米,为VII级以下航道,目前只能区间通航。该航段有2座枢纽,无通航功能。跨河建筑物有桥梁5座,有过河电缆1条,均达标。

从建阳童游公路桥到武夷山市武夷宫汇流处,又称崇阳溪,航段里程55公里,航道水深0.8米,航道宽16米,最小弯曲半径75米,为VII级以下航道,目前只能在区间内通航。本航段枢纽有5座,均无通航功能。跨河建筑物有7座桥梁,均达标。

②建溪支流松溪航道

松溪航道起点为建瓯市合水尾,终点为政和县西津大桥,航段里程77公里,航道水深1米,航道宽10米,最小弯曲半径90米,为VII级以下航道,目前只能在区间内通航。本航段有5座枢纽,均无通航功能。过河建筑物有桥梁9座和过河电缆2条,均达标。

③建溪支流南浦溪航道

南浦溪航道起点为建瓯市湖塘,终点为浦城县旧馆上公路桥,航段里程78公里,航道水深1米,航道宽度10米,最小弯曲半径90米,为VII级以下航道,只能在区间内通航。本航段共有6座枢纽,均无通航功能。过河建筑物有11座桥梁和过河电缆1条,均达标。

④九曲溪旅游航道

九曲溪发源于武夷山保护区的桐木关,流经桐木、红星、曹墩、黄村、星村至武夷宫汇入崇阳溪。九曲溪旅游专用航道起点为武夷宫大桥,终点为星村大桥,航段里程9.5公里,航道水深0.3米,航道宽4米,最小弯曲半径13.5米,为VII级以下航道,可通航旅游竹筏。过河建筑物有3座桥梁,均达标。该航道为三类维护。

⑤武夷山桐木溪旅游航道

从九曲溪渡头街至桐木,航段里程50公里,航道水深0.3米,航道宽10米,最小弯曲半径 20 米，为 VII 级以下航道，可通航旅游竹筏。

(3)富屯溪航道

富屯溪发源于杉岭山脉，集光泽西溪、北溪之水，自光泽南流，经邵武至顺昌，右汇金溪，复东流，至洋口折向南流至沙溪口，与沙溪汇合。富屯溪航道干流从沙溪口(与富屯溪汇合处)至光泽东溪大桥长 192 公里，分为 3 个航段。

沙溪口(与富屯溪汇合处)到顺昌城南大桥，航段里程 60 公里，航道水深 1 米，航道宽 40 米，最小弯曲半径 150 米，为 VII 级航道，可区间通航。该航段有 2 座枢纽，即洋口电站和峡阳水电站，峡阳水电站目前仅修建上闸首，尚不能通航。过河建筑物有桥梁 7 座和过河电缆 3 条，均达标。

从顺昌城南大桥到邵武八一大桥，航段里程 98 公里，航道水深 1 米，航道宽 11 米，最小弯曲半径 90 米，为 VII 级以下航道，只能在区间内通航。该航段有 6 座枢纽，均无通航功能。过河建筑物有桥梁 10 座和过河电缆 7 条，均达标。

从邵武八一大桥到光泽东溪大桥，航段里程 34 公里，航道水深 0.9 米，航道宽 10 米，最小弯曲半径 90 米，为 VII 级以下航道，只能在区间内通航。该航段共有 3 座枢纽，均无通航功能。过河建筑物有 4 座桥梁和过河电缆 1 条，均达标。

(4)富屯溪支流金溪航道

金溪为富屯溪支流，干流航道起点为顺昌县金溪口，终点为建宁均口，干流航道总里程 212.7 公里，分为 4 个航段。支流航道共有 9 条，航道里程合计 145.5 公里。南平市境内有金溪干流 1 个航段及金溪支流 1 条航道。

①金溪干流

顺昌金溪口至黄坑口，航道里程 15 公里，航道水深 1 米，航道宽 10 米，最小弯曲半径 90 米，为 VII 级以下航道，可区间通航。本航段有枢纽 2 座，均无通航功能。过河建筑物有桥梁 4 座和过河电缆 1 条，均达标。

②金溪支流锦溪航道

锦溪航道从百丘到江上村，航道里程 7.5 公里，航道水深 0.3 米，航道宽 1.6 米，最小弯曲半径 20 米，为 VII 级以下航道。

(5)沙溪干流(西溪)航道

沙溪源自宁化的枫树排，经清流、沙县蜿蜒东流，至延平沙溪口汇富屯溪，在南平市延福门码头再与建溪汇合入闽江。南平市辖区延福门至沙溪口铁路桥航段又名西溪，里程 19.2 公里，航道水深 1.8 米，航道宽 40 米，最小弯曲半径 181 米，为 V 级航道，可通航。本航段内建有沙溪口水电站，有通航功能。过河建筑物有 4 座桥梁，其中 3 座桥梁净空高度未达到 V 级航道通航标准，有过河电缆 5 条。临河设施有码头 2 处，均不碍航。

2. 航标配布

闽江干流航道配布航标 105 座,其中一类航标配布 15 座。沙溪河干流(西溪)航道一类航标配布 25 座。沙溪口(与富屯溪汇合处)到顺昌城南大桥航道二类航标配布 69 座。从南平延福门到建瓯水西大桥,配布航标 19 座。

3. 船闸现状

沙溪口水电站船闸尺度按 V 级航道,为一级单线船闸,其有效尺度长 130.00 米×宽 12.00 米×闸槛水深 2.50 米,船闸通过最大船队为一顶二驳 300 吨级标准船队,船闸通航净空高度为 5.5 米。船闸上游水库最高通航水位为 88 米(黄零基准面,下同),最低通航水位为 84.50 米;下游最高通航水位为 72.6 米,最低通航水位为 63.3 米。

南平市辖区内在富屯溪、建溪等通航河流的上游建有 31 座拦河闸坝,其中具有通航功能的枢纽仅有 2 座。有的仅建有筏道,大部分没有过船设施,致使许多河段船舶只能在区间内通航。

4. 港口现状

南平港东北至长坑,西南至西芹,东南至大洲,是闽北山区闽江上游物资重要集散地,主要腹地为南平市及其周边各县市,主要有西芹、后谷、水南、延福门、马祖庙等码头。南平港港区水域以延福门为中心,沿建溪上溯 9 公里至常坑口,沿西溪逆水 10 公里至西芹河边木排羊圈混凝土墩,沿闽江顺流 15 公里至大洲麒麟角止。港区总面积 1322 万平方米(其中水域面积 1271 万平方米),共有码头 31 座,泊位长度 1916 米,货物年通过能力为 153 万吨,旅客年通过能力为 114 万人次。

主要码头:

(1)西芹码头

位于南平市工业重镇的西芹镇。有 300 吨级驳船码头泊位 1 个,泊位长 68 米,堆场面积 384 平方米,管理房 31 平方米,配备 CQ 型 3 吨固定吊,1993 年 9 月投产。

(2)后谷码头

为南平水泥厂专用码头。

(3)水南码头

位于南平市区西溪右岸,1988 年重建,为重力式货运码头,是南平港的中转作业区,港区总长 200 米。码头岸线长 90 米,能靠泊 300~500 吨级驳船。陆域堆场 2460 平方米,仓库 1391 平方米。

(4)延福门码头

位于南平市区中心,西溪与闽江干流汇合处,是南平市区主要客运码头,水工结构为趸船浮码头。

(5)马祖庙码头

位于南平市区，建溪河口右岸，下距延福门码头400米，为浆砌整毛石重力式结构。

(6)造纸厂码头

位于建溪距离南平(上游)2公里处，是南平造纸厂的专用码头。

5.渡口现状

南平市河网密布，渡口渡船数量大、分布广。截至2006年底，共有渡口90个、渡船99艘，分布在10个县(市、区)39个乡镇，年均渡运量超过500万人次。2002年至2006年计划撤渡建桥22座，已完成19座，在建2座，未动工1座(表5-1)。

南平市渡口渡船统计表　　表5-1

县(市、区)	延平	邵武	建瓯	建阳	武夷山	浦城	顺昌	光泽	政和	松溪	合计
渡口数(个)	16	8	18	21	1	15	7	1	2	1	90
渡船数(艘)	24	9	18	21	1	15	7	1	2	1	99

(五)集疏运通道现状

南平港地处南平市，是闽北交通枢纽和中转站，是闽西、闽北物资集散地和通向福州的门户，也是福建省内河最重要的河港之一。

1.公路

(1)高速公路

目前，南平境内已建及筹建的高速公路共9条10个项目，除邵武至光泽外，其余全部列入国家高速公路网或海西区高速公路网，总里程超过800公里。一是福州至银川高速公路南平段，建设里程75.46公里，目前已全线建成通车。二是浦城至南平高速公路，建设里程244.4公里，同步建设武夷山连接线二级公路1.877公里，已于2005年10月全线开工建设，计划于2008年建成通车。三是宁德至武夷山高速公路，建设里程230.71公里，同步建设松溪连接线26公里。四是武夷山至邵武高速公路，建设里程97.6公里。五是松溪至建瓯高速公路，建设里程约106.21公里。六是南平绕城高速公路，建设里程约37.6公里。七是浦城至龙泉、邵武至光泽、建瓯至古田高速公路。“十一五”末，南平市高速公路通车里程将达417.56公里，稳步推进“二纵二横三连”主骨架建设，逐步形成服务海峡西岸经济区绿色腹地发展新的对外开放综合通道。

(2)国道

205国道线北起河北省山海关，南至广州。此线省内公路段起自南平市的浦城县，经建阳、建瓯、南平，至三明市、龙岩市，南平市境内为66.533公里。

316国道线东起福州南门，经闽清、南平市(西芹)、顺昌，由铁关出福建省境。

(3)省道

南平市境内有13－309省道干线(宁德下塘—建宁甘家隘)经过。309线起自宁德,入南平市区至三明市。

2. 铁路

(1)鹰厦铁路

由浙赣铁路线上的鹰潭为起点,经福建省南平市的光泽、邵武、顺昌、来舟,三明市,漳州市,终点厦门,铁路修建里程共697.7公里。

(2)外福铁路

外福铁路(外洋—福州),以鹰厦铁路线位于南平市上的289公里处为起点,过莪洋而抵福州,里程达190公里。

(3)专用铁路

造纸厂专用线起自南平东站,止于厂区,里程5.458公里。

水泥厂专用线起自外福铁路21公里开叉处,止于厂区。

二、内河港口、航运规划

(一)内河航运发展规划

根据《福建省内河航运发展的总体目标》,南平港是福建三大重点内河港之一。南平港规划主要港区有本港区、建瓯港区、顺昌港区、沙溪口港区(表5-2)。

南平重要航道规划表　表5-2

航道名称	航段	里程(公里)	规划等级	船舶吨级	航道尺度(宽×水深×弯曲半径,米)	船闸尺度(长×宽×门槛水深,米)	备注
沙溪	永安西门桥~南平延福门	143	V	300	40×1.6×270	130×12×2.5	
富屯溪	顺昌~沙溪口	60	V	300	40×1.6×270	130×12×2.5	
建溪	房前水电站~建瓯水西大桥	39	V	300	40×1.6×270	130×12×2.5	
	建瓯水西大桥~延福门	67	IV	50	50×1.9×330	130×12×3.0	

2010年以前,实施建溪航电综合工程;开工建设南雅航运枢纽,在枢纽蓄水前建成建瓯水西大桥至南雅Ⅳ级航道;配套建设内河港口基础设施及相应的内河航运支持保障系统。

（二）集装箱码头规划

1. 南纸专用铁路桥下港址

该港址在建溪南纸专用铁路桥下约120米处的右岸，下距延福门码头约3000米，现已形成陆域宽40米，驳岸长约400米，称星光码头。根据货运量预测，在现有基础上，南纸专用作业区建设规模确定为500吨级集装箱码头泊位4个及相应的配套设施，年设计吞吐量3.66万TEU。

2. 洋坑港址

港址紧邻夏道工业园区，港区后方水南—夏道公路可直接进入市区，上游约650米处拟建洋坑大桥，可直达外福铁路夏道站，集疏运便捷。港址陆域、水域条件优越，可形成较大规模的港口通过能力。

3. 塔下港址

该港址位于南平市延福门下游1.2公里的塔下村附近的闽江干流左岸，下距双塔铁路大桥约400米。可布置500吨级驳船泊位4个，占用岸线约250米，可形成陆域纵深80～90米。港外接线公路可从市区的工业路与南纸专用铁路线平交进入港内道路，对外交通便捷。

三、港口、航道及船闸管理

（一）管理机构

南平市设有南平市地方海事局、南平市港航管理处、南平市船检所，在各县（区）设有海事处、港航处，同时在武夷山旅游景点设有南平市地方海事局武夷山办事处、南平市港航管理处武夷山港航管理所。

（二）管理职责

履行全市水上安全监督、管理，船舶和船员管理，船舶、水上设施法定检验和船舶防污检验和辖区造船厂的技术管理，辖区港口航道行政管理、维护、建设、规费征收以及全市水路运输管理等职能。

（三）船闸管理

1. 管理机构及其职责

南平市地方海事局在沙溪口水电厂设有“沙溪口水路运输安全管理所”，负责

过闸船舶的签证，并协助沙溪口水电厂做好船舶的过闸工作；负责沙溪口船闸通航管理区域的安全管理和在该水域航行、停泊、作业的船舶、设施的监督检查；负责沙溪口船闸通航管理区域的水上交通事故的调查处理，维护水上交通安全秩序。

2. 沙溪口船闸试通航现状

沙溪口船闸自 2003 年 7 月 25 日实现试通航以来，船闸本体技术状况及下游航道条件基本符合 V 级航道设计通航技术要求。沙溪口船闸坝下水位受水口水电站影响，流量不足时出现脱水，目前过闸船舶数量较少。现在，沙溪口大坝以上航段的航运仅限于顺昌境内和沙溪口大坝至莱舟航段的小型船舶。

3. 沙溪口水电厂船闸通航管理规定

沙溪口水电站根据福建省人民政府办公厅转发的《福建沙溪口水电厂船闸通航管理规定》(闽政办〔2006〕29 号)及试通航情况，修订和完善了船闸各类运行、维护、调度管理制度，健全船闸运行管理机构，拟定了船闸正式通航运行方式。

(四)旅游、渡口安全管理

1. 旅游安全管理

根据《中华人民共和国内河交通安全管理条例》、《福建省人民政府关于进一步加强乡镇船舶安全管理的意见》的有关规定，旅游船舶的安全管理由旅游景区、景点的主管部门(单位)负责，但是有关船舶检验、登记和船员管理由海事部门依法管理。

2. 渡口安全管理

根据《中华人民共和国内河交通安全管理条例》、《福建省人民政府关于进一步加强乡镇船舶安全管理的意见》有关规定，渡口的设置、迁移、取消的审批由县级人民政府负责，渡口渡船的日常安全管理、安全检查由所在地县、乡、村负责(即“三长责任制”)，交通、海事部门主要负责渡口渡船的行业管理和安全监管。

南平港 2005 年和 2006 年货物吞吐量见表 5-3，2005 年客运量 101 万人次。

南平港货物吞吐量表(单位:吨)　　表 5-3

项目 年份	进港			出港			合计		
	外贸	内贸	合计	外贸	内贸	合计	外贸	内贸	合计
2005	0	707205	707205	0	486363	486363	0	1193568	1193568
2006	0	650367	650367	0	456083	456083	0	1106450	1106450

第二节　三　明　市

一、三明市航道和码头概况

（一）地理位置

三明市位于福建省闽中偏西北的位置，地处东经116°22′～118°36′、北纬116°22′～116°22′。东邻福州，西与江西省相接，南同泉州、龙岩接壤，北与南平毗邻。辖梅列区、三元区，永安市，泰宁、宁化、清流、将乐、尤溪、沙县、明溪、大田县，总面积为22959平方公里。

全区构成以低山为主，多山地、多丘陵、多盆地的层状结构明显，山地、丘陵与盆地面积占总面积的99%以上，河谷水面不到1%。地形变化复杂，自西北、西南向东北倾斜，千米以上高山甚多，河流滩多水急，丘陵山涧、河谷两岸广泛分布着串珠盆地。山脉呈东北—东北偏北向展布，平行排列，西部有武夷山脉、中杉岭山脉南段，海拔在700～1200米不等；东部有戴云山脉、玳瑁山脉北段，海拔700～1500米不等；中部系沙溪谷地，海拔150～500米；最高峰位于建宁、泰宁交界处的白石顶，海拔1857.7米，最低点在尤溪县的尤溪口，海拔仅50米。

（二）气象与水文

1. 气象

三明市沙溪、尤溪、金溪流域处亚热带季风气候区，温暖湿润，雨量丰沛，暴雨频繁，四季分明。

（1）气温

辖区盆地和山区气温差别显著。极端最高气温40.6℃，极端最低气温-7.6℃，全市年平均气温为17～19.4℃。

（2）降水量

年平均降水量为1688毫米，最大年降水量2255毫米，最小年降水量1131毫米。月间变幅较大，最大降水量在4～7月，最小在11～12月。

（3）霜

早霜在12月中旬，晚霜在2月中旬，多年平均无霜期270～301天。

（4）风况

本区受季风控制，冬半年多以东北为主，夏半年多为东南风，年均风速1～2米/秒，常风为东向，实测最大风速12米/秒，由于有高山隔阻，台风对本区影响不大。

2. 水文、泥沙特征

本区三条河流均属闽江水系，系山区性河流，水位暴涨暴落，洪枯流量、水位相差较大，流程短，比降大，切刈深，峡谷险滩多。河中常有弧礁突起，有的河段以石质河床为主，宽浅河段沙床以沙卵石为主；滩槽相间，局部乱石滩落差较大，水流湍急。区内森林植被较好，河流含沙量少。自然河段航行不便，但水能丰富，已建成的水电站库区水面宽，水流平缓，航道条件较好。

(1)沙溪河

沙溪河是闽江水系的主流，属山区性河流，发源于闽西北岭山脉如县山，流经宁化、清流、永安、三明、沙县等县(市)，在南平汇富屯溪流入闽江干流，河道总长324.2公里。

①径流

流域总面积为3808平方公里，河流地表径流在数量上比较丰富，每平方公里产水量约860~980万立方米，平均92.7万立方米；多年平均径流量93.3×10^8立方米，历年最大径流量150.7×10^8立方米，历年最小径流量49.2×10^8立方米。

②流量及水位

多年平均流量296立方米/秒，实测最大洪峰流量7650立方米/秒(1994年)，实测最小枯水流量13.5立方米/秒(1987年)。

③洪水

洪水一般发生在4~6月，尤以6月出现机会较多。大多数洪水系锋雨形成，属台风和其他天气成因的洪水比重很大。一般洪水历时4~13天，平均7天，峰型以从单峰和从峰居多。

④枯水

枯水季节出现于10月至翌年3月，以12月、1月最为常见，最小年平均流量为81.6立方米/秒，历年最小流量仅13.5立方米/秒(1987年2月)。

⑤泥沙

沙溪流域植被良好，水土流失不甚严重。沙溪河上游多年平均含沙量0.085公斤/立方米，中游多年平均含沙量0.121公斤/立方米，下游多年平均含沙量0.13公斤/立方米。1975年安砂水库建成前后含沙量有明显变化。

(2)尤溪河

尤溪河是闽江一级支流，发源于戴云山脉的大田县溪兴村，流经大田城关、高才、尤溪板面、城关、梅仙、西滨等地于尤溪口汇入闽江干流，河道全长202公里。

①径流

流域地表径流在数量上比较丰富，全流域集水面积5436平方公里，雍口坝址多年的平均径流量为 42.57×10^{8} 立方米。径流年内分配受季节性降水制约，有明显的丰枯变化，1～6 月递增，5～6 月为全年高峰值，而后递减，汛期（3～9 月）径流量占全年 81% 左右。

②流量及水位

多年平均流量为 148 立方米/秒，历史最大流量为 7450 立方米/秒（1960 年），历年最小枯水流量为 17.4 立方米/秒（1972 年）。

③洪水

流域处于本省腹部地区，暴雨强度减小，一般说洪水相对其他流域偏小，主要是流域大范围降雨，有锋面雨和台风雨两类。

④枯水

尤溪河枯水季节一般出现在 9 月至翌年 4 月，以 12 月、1 月最常见，多年枯水期（9 月～翌年 1 月）平均流量 75.3 立方米/秒，多年汛期（4～8 月）平均流量 208 立方米/秒。

⑤泥沙

大田水文站多年平均含沙量为 0.305 公斤/立方米；尤溪西滨水文站多年平均含沙量 0.272 公斤/立方米，推移质泥沙约占悬移质泥沙的 30% 左右。年输沙量主要集中在汛期，枯水期只占 5%～7%。

（3）金溪河

金溪河是富屯溪的支流，发源于宁化县北部的营上，统经宁化、建宁、泰宁、将乐，至顺昌与富屯溪汇合，河道全长 241 公里，沿河有兰溪、泰宁溪汇入。

①径流

流域面积 7201 平方公里，水源主要来自春夏之交的锋面雨和夏秋期间的台风雨，多年平均泾流量 61.28 亿立方米，径流年内分配受季节降雨影响明显，主要分布在 3～9 月份，其中 4～7 月份最多，而后逐减。

②流量和水位

多年平均流量 193.1 立方米/秒，历年最大洪峰流量 11000 立方米/秒（2002 年 6 月 16 日），历年最小枯水流量 11 立方米/秒（1980 年 11 月 10 日）。

③洪枯水

流域的洪水主要受降雨的影响，一般发生在 5～7 月份，枯水期一般在 11 月至翌年 2 月，洪枯流量比例相差较大，最大为 3855:1，洪枯水位差也较大。

④泥沙

流域地表覆盖良好，河床多岩石。年平均含沙量 0.06 公斤/立方米，断面最大含沙量 2.40 公斤，年平均输沙率 12.7 公斤/秒，年平均输沙量 40.40 万吨。

（三）历史沿革

三明市境内山路崎岖，其难甚于蜀道，沙溪、尤溪、金溪三条河流历来是三明对外物资交流、人员往来的主要通道。在唐宋时期，水路交通已是舟楫繁忙；明代沙溪河成为水上驿道，弘治年间开始航行麻雀船；清代木帆船成为水上运输的重要工具，随着商品交流日益频繁，木帆船吨位、数量也逐步增长，据载曾有100多艘木帆船集结于沙溪河沙县琅口航段，景象颇为壮观。

抗日战争时期，福建省政府内迁至永安，内河运输成为当时政府、社会对外的重要交通线。1939年，在永安成立"福建省水陆联运管理处"，负责内河运输的航政管理工作，对部分航道进行整治，通航能力有所提高，木帆船、麻雀船、鸡公船等船舶数量最多时达370多艘，最大木帆船称为"大木舸"，载重量可达30吨。

建国后，人民政府先后对沙溪、尤溪、金溪进行整治，航行条件得到较大改善，单船载重吨有较大提高，有20多艘50吨级的木帆船在三明内河上航行。运输货物集散点主要集中在清流沙芜、永安城关、三明莘口、沙县水南、尤溪板面、梅仙及泰宁梅口、将乐水南等地，但靠泊码头均为简易码头或自然坡岸，装卸作业仍靠肩挑背扛。20世纪60年代以后，公路、铁路的直达运输对水运业产生极大冲击，特别是水电站碍航闸坝的建设导致沙溪永安以上航段、尤溪河城关以上航段及金溪河全线航道断航，船舶只能在库区内区间通航，三明市的水运业逐年萎缩。

随着改革开放步伐加快，"八五"、"九五"期间，国家投入2亿多资金重点开发沙溪河三明以下航道，建成官蟹、高砂、沙县城关、斑竹四座300吨级船闸，对沙溪河三明至沙溪口航道进行整治，布设航标，可通航一顶二驳300吨级船队。建成沙县上院、三明翁墩2座300吨级货运码头共9个泊位；尤溪河雍口至尤溪口25.5公里建为Ⅳ级航道，可以通航500吨级船队；同时建成14座200～500吨级的货运码头。航运基础设施进一步完善，水路运输可直达福州马尾港。金湖库区、沙溪河三明市区、安砂九龙湖库区及贡川桃源洞库区，建成23座旅游码头共42个泊位，布设了航标，库区水上观光旅游的基础设施得到改善，短途水上客运得到了较快发展。

随着沙溪口船闸的全面正常开通，三明港将会进一步快速发展。

（四）内河航道、码头、船闸、渡口现状

1.航道概况

三明市辖区内有沙溪、尤溪、金溪三条河流，航道总里程874.51公里，其中沙溪河干支航道里程354.04公里，尤溪河干支航道里程206.87公里，金溪河干支航道里程313.6公里。全市Ⅳ级航道25.51公里，占总里程2.92%；Ⅴ级航道76.81

公里，占总里程8.78%。全市可通航的航道里程730.07公里，可以与闽江干流航道干支直达相通航的航道里程达102.32公里；库区区间通航的航道里程632.75公里，库区航道里程336.46公里；天然河段航道538.05公里。全市有拦河水电站33座，其中建有船闸的水电站5座；300吨级船闸4座，50吨级船闸1座。全市过河桥梁135座，其中满足通航标准121座；水上过河管线336条；水下过河建筑物10处；临河建筑物122处。

2. 航道、船闸现状

(1)沙溪河

干支航道全长354.04公里。干流航道长242.32公里，起点是沙溪口铁路桥，终点是清流县城关大桥；有6条支流航道，长111.72公里。

沙溪河中下游沙溪口铁路桥至永安航道长127.31公里，其中沙溪口铁路桥至三明城关大桥航道里程76.81公里，在"八五"、"九五"期间先后建成官蟹、高砂、沙县城关、斑竹水电站船闸，渠化建成V级航道，航道尺寸为45米×1.6米×260米(航宽×水深×弯曲半径)，船闸有效尺度为130(97)米×12米×2.5(2.0)米。该航道年通过能力为307万吨。

该段的沙溪口铁路桥至沙县上院码头间已布设内河二等航标共42座。其间架空管线满足通航净空的要求，但过河桥梁中有4座的通航净空高度为5.19~7.0米，保证率为90%，只有在库区常水位情况下，通航净空才能满足要求。沙溪口铁路桥净空高度为5.19米，船舶进入沙溪河航道受其限制，不能高于5.0米。官蟹坝下引航道1.6公里航宽为22米，为单向航道，影响船舶的通过能力，属于航道瓶颈区段。该航段属于库区航道，水面较宽，水流平稳，没有碍航建筑物，航行条件佳(表5-4)。

沙溪河(沙溪口~三明)梯级船闸有效尺度及通航水位表 表5-4

项　目	官蟹船闸	高砂船闸	沙县城关船闸	斑竹船闸
船闸有效尺寸(米)	130×12×2.5	130×12×2.5	97×12×2.5	130×12×2.0
正常蓄水位(米)	91.5	103	115.5	125.5
下游最低通航水位(米)	86	91.5	102	114.2
下游最高通航水位(米)	93.7	96.1	108.81	122.7
上游最低通航水位(米)	91.5	102	114.2	123.5
上游最高通航水位(米)	94.02	103	115.5	125.5
二年一遇相应流量(立方米/秒)	3830	3640	3600	3560
二年一遇坝前水位(米)	91.5	102	114.2	123.5

由于沙溪口船闸于1991年断航后至今只是试通航，仍无法发挥效益，还有一

些问题有待解决。目前以区间通航为主,外运货运量为零。

三明城关大桥至永安西门桥航道长 50.5 公里,航道现状等级为地方 I 级航道,已建成台江、竹州、贡川三座水电站。未能同步建设船闸,仅建有上闸首预留右下闸首船闸位置,目前该航道只能区间通航。

永安以上干流航道长 115.01 公里,建有鸭母潭、丰海、安砂、嵩口水电站,均未建通航设施。本河段属库区航道,航道条件较佳,但只能区间通航,特别是安砂水电通库区水域面积大,库区干支航道里程达 95 公里,航道等级为 VII 级。

(2)尤溪河

干支航道总长 206.87 公里。尤溪干流航道里程 167.35 公里,起点为尤溪口,终点为大田城关;支流航道 2 条,总长 39.52 公里。

尤溪口至尤溪城关航道里程 61.67 公里。雍口水电站未建通航设施,且其上游已建 7 座水电站,其中 6 座无通航设施,雍口以上河段只能区间通航。

水口水电站建成后回水至尤溪雍口,尤溪口至雍口 25.51 公里的航道属库区航道,航道条件较佳,达 IV 级航道标准,500 吨级船队可从尤溪雍口直达福州马尾港。

尤溪城关至大田城关航道里程 105.68 公里,建有水东水电站,形成 25.63 公里的库区航道,现状等级为 VI 级。

(3)金溪河

三明市辖区内的金溪河干流航道起点是将乐与顺昌交界的黄坑口,终点在建宁均口,干流航道全长 197.7 公里(金溪口至黄坑口的航道里程 17 公里),支流航道共有 9 条,总长 145.5 公里。

顺昌金溪口至泰宁池潭航道里程 108.1 公里(三明辖区黄坑口至池潭 91.10 公里),顺昌境内建有贵岭、漠武水电站,将乐境内建有范厝、大言及泰宁良浅中型水电站。已建的水电站均未建设通航设施,只能分区间通航。

池潭电站至器村、梅口至泰宁城关、官江至大布、过坝站至杨梅洞、小溪口至音下共 5 个航段属于池潭水电站库区(金湖)航道,总长为 100.8 公里。库区水面宽、水深大、水流平缓,航道条件优越,库区内景点较多,评为 4A 级国家名胜风景区、世界地质公园,水上观光旅游发达,客运船舶达 73 艘,总客座 1700 个,年客运量达 14.51 万人次。

金溪干流从器村至均口及支流 5 条航道总里程 121.3 公里,属自然河段,航道条件差。泰宁城关至际下航段中的上青溪有 12 公里的航道,两岸山清水秀,景色迷人,开发为竹排观光旅游,年接待游客达 13 万人次。

3. 码头现状

三明市共有码头 79 座,泊位总长度为 1989 米。其中 500 吨级码头 4 座 8 个泊位,300 吨级货运码头 9 座 21 个泊位,200 吨级货运码头 2 座 4 个泊位。三明港货物年通过能力为 299 万吨,其中煤炭 20 万吨、液体散货 2 万吨、其他 277 万吨,旅客年通过能力 210 万人次。

目前只有尤溪西滨附近的码头用于货运,流通的货物主要以散货为主,包括白石粉、水泥熟料、矿石、砂石料、木头等,主要输往福州、长乐、福清、泉州等地,年吞吐量在 130 万吨左右。其他货运码头未能发挥吞吐功能,客运码头只是作为区间水上观光旅游之用。

近年,金湖库区、斑竹库区、三明市区、贡川库区、水东库区、安砂库区水运客运量发展较快,但占全市客运量比例小,仅占公路、铁路、水运三大客运总量的 0.38%;水运货运量因受沙溪口断航影响,2002 年货运量 52.75 万吨(为尤溪河外运物资),仅占三大运输总量的 1.16%。随着水口船闸的开航及库区水上观光旅游的发展,水运业逐步复苏,据统计,全市船舶共有 1035 艘,总载货吨 12216 吨,其中:客船 86 艘,载客量 2713 客位;货船 57 艘,载货吨 2830 吨。辖区以单船运输为主,没有发展船队运输。进入闽江干流的长途运输船只有 43 艘,挖沙船及农用船占多数,总载货吨 2060 吨(表 5-5)。

三明市内河港口客运、货运统计表 表 5-5

年份	内河客运吞吐量(万人)	港口货物吞吐量(万吨)
2001	33	32
2002	14.51	52.71
2003	14.23	54.23
2004	17.72	68.56
2005	25.67	84.37
2006	26.33	67.07

4. 渡口

三明地区内河渡口条件近年来有了较大改善,对促进城乡物资流通、搞活经济起到重要作用。根据统计,三明市经近几年拆渡改桥后,现有经各县、市政府批准设立的渡口 9 处(表 5-6)。

二、内河港口、航道规划

三明市港口是福建省内河重要港口之一。近年来,随着经济的发展,三明市的货运量急剧增加,同时,公路、铁路的运费节节攀升,水路运输成为无可比拟的节约型运输方式,因此三明市十分重视港口航道的发展建设。

根据 2006 年《三明市港口总体规划》预测,到 2010 年三明市港口吞吐量将达

到450万吨，到2020年三明市港口吞吐量将达到490万吨。沙溪口电站的航运过坝量2010年为590万吨，2020年为830万吨，而通航设施的设计通过能力为317万吨，无法满足将来的需求。除通过规范过闸船型和合理安排通航设施运营方式提高通过能力外，将来部分货物可进行水转陆、陆转水的翻坝作业，在船闸维修期也可进行翻坝作业。

三明市渡口情况表　　表5-6

序号	渡口码头名称	相连公路性质	渡口类型	经营管理单位	所在地区		所在河流	所在库湖区	设立年份	泊位长度	结构形式
					区县	乡镇					
1	溪口渡口	205国道	普通客渡	楼源村	三元区	莘口镇	沙溪河	竹洲电站上游库区	1989	5	自然岸坡
2	汶泗渡口	村道	普通客渡	汶泗村	永安市	曹远镇	沙溪河	西门电站库区	1989	20	阶梯踏步
3	鸬鹚渡口	县道	普通客渡	鸬鹚村	永安市	曹远镇	沙溪河	鸭姆潭电站库区	1989	10	阶梯踏步
4	张坊渡口	乡道	普通客渡	张坊村	永安市	曹远镇	沙溪河	西门电站库区	1989	25	阶梯踏步
5	半山渡口	省道	普通客渡	半山村	尤溪县	梅仙镇	尤溪河		1997	10	自然岸坡
6	柳塘渡口	村道	普通客渡	柳塘村	尤溪县	管前镇	柳塘水库	柳塘库区	2003	8	自然岸坡
7	祖教渡口	省道	普通客渡	村委会	将乐县	黄潭镇	金溪		1988	150	自然岸坡
8	三涧渡渡口	省道	普通客渡	村委会	将乐县	古镛镇	金溪	高塘电站库区	1988	150	自然岸坡
9	官江渡口	村道	普通客渡	县交通局	泰宁县	大布乡	金溪	金湖库区	1993	285	斜坡道

（一）内河港口规划

根据三明市交通现状和腹地经济发展的需求，规划三明港将形成以沙县港区为主，三明市区、永安、尤溪为补充的总体发展格局。沙县港区将成为三明港发展综合运输的主要支撑，它是构成三明（沙县）综合交通枢纽的重要组成部分；三明市区主要服务沿江工业货物集散需求，兼顾水上观光旅游；永安、尤溪港区主要服务沿江大型厂矿企业。

三明市航道码头渡口分布现状示意图
1:750 000
0 7.5 15(千米)
图例
I级航道
II级航道
III级航道
IV级航道
V级航道
VI级航道
VII级航道
VII级以下航道
渡口
上游 下游
航道起讫点
枢纽 闸坝
未建成的枢纽 闸坝
船闸 升船机
未建成的船闸
未建成的升船机
航道名称
码头
江西省
南平市
宁德市
福州市
泉州市
龙岩市
三明市
梅列区
三元区
永安市
沙县
(凤岗镇)
泰宁
(杉城镇)
建宁
(濉城镇)
将乐
(古镛镇)
明溪
(雪峰镇)
清流
(龙津镇)
宁化
(翠江镇)
尤溪
(城关镇)
大田
(均溪镇)
金溪干流航道
沙溪干流航道
尤溪干流航道
金溪支流上清溪航道
金溪支流朱溪航道
金溪支流九龙漈航道
金溪支流将溪水库航道
金溪支流北溪航道
金溪支流大田溪航道
金溪支流泰宁溪航道
金溪支流大布溪航道
金溪支流铺溪航道
沙溪支流东溪航道
沙溪支流龙津航道
沙溪支流罗峰溪航道
沙溪支流田溪航道
沙溪支流目龙溪航道
沙溪支流文川溪航道
尤溪支流文江溪航道
尤溪支流和平溪航道
沙县电站
高砂水电站
沙县城关水电站
斑竹电站
高砂镇
琅口镇
青州镇
高桥镇
夏茂镇
富口镇
陈大镇
洋溪
大洛
南阳
郑湖
南霞
八字桥
管前镇
中村
湖源
广平镇
奇韬镇
新阳镇
坂面
梅山
文江
建设镇
槐南
青水畲族乡
前坪
湖美
太华镇
桃源镇
西洋镇
洪田镇
上坪
上京镇
华兴
石牌镇
屏山
吴山
济阳
谢洋
武陵
梅仙镇
西城镇
溪尾
台溪
汤川
中仙
洋中镇
联合
莘口镇
贡川镇
大湖镇
曹远镇
黄历街道
岩前镇
胡坊镇
瀚仙镇
城关
沙溪
夏阳
白莲镇
泉上镇
盖洋镇
林畲
嵩溪镇
温郊
嵩口镇
余朋
安砂镇
田源
田口
邓家
灵地镇
李家
小陶镇
长校镇
里田
曹坊
安乐
治平
方田
淮土
石壁镇
城南
城郊
济村
中沙
湖村镇
河龙
水茜
安远
枫溪
夏坊
龙安
杨梅洞
万全
黄潭镇
南口
漠源
梨树
水南镇
光明
高唐镇
万安镇
下渠
开善
梅口
官江
大布
均口镇
伊家
客坊
黄埠
里心镇
溪口镇
金溪
黄坊
溪源
新桥
龙湖镇
朱口镇
紫云洞山 1647

三明市拥有沙溪岸线124公里、尤溪岸线18公里。根据港口需求和资源状况，规划港口岸线约13.04公里，主要分布在永安、三明市区、沙县、高砂、青州和尤溪。规划沙县港区共可形成码头岸线约1459米，可建300吨级泊位26个，陆域总面积约675亩；三明市区港区形成码头岸线903米，可建300吨级泊位18个，陆域总面积约137亩；永安港区形成码头岸线450米，可建300吨级泊位9个，陆域总面积约83亩；尤溪港区形成码头岸线381米，可建泊位6个，陆域总面积约100亩。

1. 三明市区港区

包括市区客运码头、白沙作业区、翁墩作业区、碧湖作业区。

(1)市区旅游观光码头

主要为水上观光旅游服务。规划在现有江滨码头2个泊位的基础上，再在该点建设2个泊位作为库区游船的停靠站，同时在上游中山公园相应建设4个同等规模泊位，作为客船的另一个停靠站。码头泊位规模应与客船大小相适应，后方陆域与公园景观相结合，以美化环境、方便人员上下为建设原则。

(2)白沙作业区

紧邻白沙小区，是列西组团的一部分，已形成客运交通枢纽中心、工业、仓储、居住等综合性片区。北邻三明市工业中路，东南为西江滨路，交通便捷。规划建设300吨级的多用途泊位2个和件杂货泊位4个，码头岸线总长300米，陆域纵深110米，约可形成后方陆域面积50亩。

(3)翁墩作业区

位于梅列大桥下游左岸约930米，背靠列西工业区，与三明火车货运东站距离不足1公里，集疏运方便，现有300吨级泊位6个，码头岸线长230米。规划将原来的6个300吨级散杂货泊位改造成300吨级的多用途泊位2个和件杂货泊位4个，码头岸线总长300米。

(4)碧湖作业区

位于碧湖吊桥下游右岸约640米，距离徐碧工业区不足3公里，通过江滨路可直达市区，货物集散便利，处于河道的拐弯处，河面开阔，水流平缓，并且由于有山体的阻挡，对城市的影响大为减弱，是三明市区比较理想的建港位置。规划布置300吨级散杂货通用泊位6个，占用岸线302米，陆域纵深40~60米，约可形成后方陆域面积44亩。

2. 沙县港区

包括上院作业区、高砂作业区和青州作业区。

(1)上院作业区

位于沙县县城下游4公里左右的琅口村境内，是三明市规划以散杂货码头为

主的综合型作业区。规划将现有4个300吨级泊位改造为3个散货泊位(改造后设计船型船长45米),再新建散货泊位5个、杂货泊位7个、集装箱泊位4个,总规模达到19个泊位。利用后方广阔山地开辟成港区陆域,上下游两头各预留港口物流园区用地,陆域纵深500~600米,形成总面积约600亩。现港区后方的205国道考虑部分改线,集疏运道路接入205国道。

(2)高砂作业区

位于高砂电站枢纽下游2000米、高砂大桥上游1700米左右,依托205国道和福银高速公路,具有十分便捷的交通条件。规划建设散货杂货泊位4个,陆域纵深135米,形成总面积约40亩。

(3)青州作业区

青州镇是沙县的次中心城镇,依托205国道和鹰厦铁路,交通便利,商贸发达。规划的青州作业区位于青州铁路大桥上游620米左右,后方与205国道相连,规划建设件杂货通用泊位3个,码头总长153米,陆域纵深128~166米,约可形成后方陆域面积34亩。

3. 永安港区

位于闽江主流沙溪的中游,依托福建省新兴工业城市永安市,是闽西北重要的物资集散地之一。水路经沙溪航道通达闽江干流;陆路方面,鹰厦铁路自北向南贯穿市区,通过以205国道和307省道为骨干的公路网连接省内外。

该港区的主要腹地为永安市及其周边各县,现有50吨级旅游码头泊位7个,服务于各旅游景点的游客水上观光游览。预测2010年、2020年,永安港区的货运吞吐量将分别达到65万吨、100万吨,主要服务于多分布在西门电站上游的大型厂矿,所以为了缩短集疏运距离,永安港区的港址必须尽可能靠近电站和用户。

(1)坂尾作业区

位于永安火电厂大桥下游右岸约250米处,布置300吨级散杂货泊位6个,占用岸线301米,陆域纵深117米,可形成后方陆域面积约53亩,紧邻205国道,通过以205国道和307、208省道为骨干的公路网可通达各大型厂矿。

(2)贡川作业区

位于贡川电站下游右岸2000米的新发冲,布置300吨级散杂货泊位3个,占用岸线156米,陆域纵深100米,可形成后方陆域面积约23亩,紧邻205国道,通过以205国道和307、208省道为骨干的公路网可通达各大型厂矿。

4. 尤溪港区

位于尤溪的中下游,依托尤溪县,水路经尤溪航道通达闽江干流,陆路通过以316国道、304省道为骨干的公路网与全省各县市相连。

根据码头现状及货物特点，该港区将以散货装卸为重点，兼顾件杂货，完善现有码头的装卸工艺，加强码头之间的整合，分货种货类规模化经营，提高码头的使用效率，并适当限制民间简易衙头的发展。

该港区远期随着内河航运的全面启动，规划在西滨乡库湾位置新建1个西滨作业区，布置500吨级散杂通用泊位和集装箱泊位各3个，码头总长度381米，陆域纵深169～185米，形成总面积约100亩，集疏运道路依托304省道。

（二）航道规划

1．沙溪干流

沙溪干流从永安西门桥至南平延福门143.1公里航道规划为V级航道，航道尺度40×1.6×270（航道宽度×设计水深×弯曲半径，米），通航2×300吨级顶推船队。

沙溪干流是福建省工业重镇三明永安唯一通江达海的水上通道，历来是福建省航道建设的重点。经过“八五”、“九五”期建设，三明至南平延福门基本已建成V级航道，沿程船闸建设标准为V级。

沙溪规划建永安至三明航道，并改善三明至南平航道的通航条件，高砂坝下1.1公里和官蟹坝下2.5公里航道为单线航道，规划进行双向航道建设，提高通航能力。

2．尤溪干流

尤溪干流刘坂至尤溪口17.9公里航道规划为Ⅳ级通航，航道尺度50×1.9×330（航道宽度×设计水深×弯曲半径，米），通航2×500吨级顶推船队。水口水电站建成后，回水至尤溪刘坂，使刘坂以下航道成为库区航道，水深条件大为改善，常水位下可通航300～500吨船舶，只要对库区零星碍航礁石进行清理即可达到Ⅳ级航道标准。

三、港口、航道及船闸管理

（一）管理机构

1986年成立三明市港航管理处，除明溪、建宁县外，各县交通局成立港航管理站，负责辖区内航道、码头建设及养护管理、水上交通安全及船舶检验工作。2004年港航体制改革后，原三明市港航管理处的管理职能一分为二，航道建设与养护职能由市交通局建设科负责，水上安全及船舶检验职能由新成立的三明市地方海事局负责，三明市地方海事与三明市运输管理处实行两块牌子一套工作班子，合署办公。目前只有沙县、泰宁、尤溪保留港航站，其他各县成立地方海事处，挂靠在县运管所。三明市船舶检验所设在三明市地方海事局,各县海事处内配有船检人员。

(二)管理职责

市、县交通局履行辖区航道、码头建设与养护管理、航养费征收与使用管理和船闸运行监督管理。

市、县运管(海事)部门履行辖区内水上交通安全监督管理、船舶和船员管理、船舶及水上设施检验及造船厂管理工作和水上运输管理工作。

(三)船闸管理

沙溪河建有官蟹、高砂、沙县城关、斑竹四座船闸,船闸运行及日常维护管理工作由水电业主具体负责,交通部门对船闸运行实行行业监督管理,为了加强船闸运行管理和养护,确保船闸畅通安全,根据有关法律法规,2003 年 5 月,三明市政府制定并颁发《沙溪河梯级水电站船闸通航管理暂行办法》,进一步明确水电业主及交通行业主管部门的各自职责,对船闸运行,过闸程序、船闸通航安全、船闸保养与检修等做出了具体规定,确保船闸安全有序运行。

第三节　龙　岩　市

一、港口航道概况

(一)地理位置

龙岩市位于福建省西陲,既是闽、粤、赣三省结合部,又是闽南"金三角"腹地,既是沿海的腹地,又是内陆的前沿,既是距离东南沿海口岸最近的矿区林区,又是闽粤赣三省边区交通要冲和物资的集散地。龙岩市界于武夷山脉和博平岭山脉之间,地处东经 115°51′~117°45′,北纬 24°23′~26°02′,靠近北回归线,东西长约 192 公里,南北宽约 183 公里。龙岩市下辖 1 市 1 区 5 县(漳平市,新罗区,永定、上杭、武平、长汀、连城县),土地面积 19050 平方公里,其中山地占 82.6%,水域占 10.1%,耕地占 7.3%,素有"八山一水一分田"之说。境内山峦叠障、溪谷纵横,山川秀丽,资源丰富。

龙岩市水资源丰富,内溪河较多,河道干支流全长达 1200 公里,从水流的归属情况看,分别属于汀江、九龙江北溪、闽江沙溪、梅江水系,其中汀江水系 702 公里,九龙江(北溪)水系 471 公里。境内水域面积 280 平方公里,境内集水面积达到或超过 50 平方公里的溪河共有 110 条。其中汀江水系集水面积 9659.6 平方公里,占全市土地面积的50.7%；九龙江北溪水系集水面积5771.03公里，占全市面积的30.3%；闽江沙溪水系集水面积1594.38平方公里，占全市土地面积8.4%；梅江水系集水面积1460.6平方公里，占全市土地面积7.6%。

（二）自然条件

1. 气象

汀江流域及九龙江（北溪）流域主要有武夷山脉南段、松毛岭、玳瑁山、采眉岭、博平岭等山脉，境内山峦起伏，地形复杂，构成南亚热带、中亚热带和中亚热带山地多种类型气候。

(1)气温

年平均气温18.7～21℃。年最高气温38℃，极端最高气温38～41.2℃，年最低平均气温3.6～6.9℃，极端最低气温-4.8～6.5℃。

(2)降水量

本市各地年平均降水量大多在1450～2200毫米之间。降水量随海拔的升高而增加，3～4月春雨季，年平均降水量285.9～413.3毫米；5～6月为梅雨季，年平均降水量524～624.2毫米。以上两个雨季的降水占全年降水量50%～60%。

(3)风况

汀江流域受极地大陆气团控制，盛行偏北风，夏季盛行来自海洋的偏南风。台风对汀江流域的危害主要以粤东登陆的强台风为主，在闽南登陆的台风由于戴云山博平岭的阻隔，危害相对较小。台风带来的危害常导致洪灾。

(4)霜冻

无霜期为262～317天。北部较短，南部较长，相差55天。

(5)湿度

相对湿度年平均76%～80%。

2. 水文、泥沙特征

(1)径流

据位于汀江上游长汀城郊观音桥水文站统计，多年平均径流量4.39亿立方米。据汀江中游上杭水文站统计，平均径流量60.4亿立方米。

据位于九龙江北溪干流漳平水文站统计，平均径流量48.1亿立方米。

(2)含沙量

据汀江观音桥水文站统计，平均含沙量0.23公斤/立方米。据上杭水文站统计，平均含沙量0.19公斤/立方米。

据九龙江北溪干流漳平水文站统计，平均含沙量0.10公斤/立方米。

(三)历史沿革

1. 航道

(1)汀江

汀江是福建省四大水系之一,是本省唯一通外省的内河,航运开发较早,远在南宋时期,潮州海盐由汀江运输。汀江鼎盛时期,俗称:“日上三千,下航八百”,即每天溯江而上至长汀的船只有3000多艘,沿江下航至永定丰市船只有800余艘。

汀江航道是分段开辟的。1213年(南宁嘉定六年),汀州知州赵崇模为改陆运漳(州)盐为水运潮(州)盐,开辟上杭至峰市段河道。1236年(南宋端平三年),长汀知县宋慈又辟长汀至迴龙航道,使潮盐从迴龙驳运至长汀。1551年(明嘉靖三十年),汀州知府陈洪范治理迴龙滩后,汀江全线贯通,但因下游棉花滩尚未治理,船运被阻隔,客货运输必须在峰市至石市之间陆运转驳。

水运曾为开发闽西、赣南、粤东、潮汕等地区的经济曾发挥极为重要的作用,在土地革命时期是中央苏区联系外地的主要交通线。老一辈无产阶级革命家毛泽东、周恩来、朱德、陈毅等在汀江两岸进行过伟大的革命实践,“红旗跃过汀江,直下龙岩上杭”,留下了无数革命遗址。

中华人民共和国成立后,1956年起,国家先后拨款治理汀江航道。1966年后,交通建设偏重于公路发展,内河通航条件的投资和建设被忽视,加上沿岸植被破坏,水土流失、河道淤塞,汀江航道日趋萎缩。1980年,福建省港航管理局拨专款治理棉花滩,通过4年枯水期炸巨礁、筑船筏道,1986年3月以12马力机动船试航成功,整治棉花滩初见成效。但因水流落差过大,返航仍很困难。2000年12月,永定棉花滩电站建成,蓄水后永定庐下坝回水直达上杭城关南门大桥,形成新水路航道65公里。

(2)九龙江北溪

九龙江北溪主要支流有:雁石溪、万安溪、双洋溪、新桥溪、溪南溪。该水系开拓于687年(唐垂拱三年)建漳州时,刺史陈元光遣部属刘珠华、刘珠成、刘珠福三兄弟,沿北溪上溯,疏浚河道,兴修水利,从此可通舟楫。

雁石溪建国前有航道53公里,万安溪航道59公里,随着陆路交通的发展,公路取代航道,1966年只剩流放原木的河段5条87公里。

(3)下坝河

下坝河位于武平县西南郊,由下坝、中赤两河汇合而成,流至广东蕉岭石窟河后,汇入梅江注入韩江,在武平县境内38公里,古时可通航至潮汕。1517年(明正德十二年),南赣韶汀巡抚王导仁为平闽粤赣边农民起义,拦堵下坝河子口以上河道7处,航运中断,仅能流放排筏至今。

2. 港口、码头

(1)龙岩市历史上主要航运港口码头

汀江水系:长汀水东桥、五通桥、赤岭、水口、羊牯;上杭迴龙、石下、东门、南门(临江)、南蛇渡;永定坎市、抚市、湖雷、凤城、庐下坝、峰市。武平店下、亭头;连城朋口新泉。

九龙江水系:龙岩雁石、涂潭、万安、白沙;漳平西园、菁城、庐芝、梅水坑。

下坝河水系:下坝。

列入《福建港口》(1988 年)内河港口三处:濯田港、临江港、峰市港,分别处于汀江上、中、下游。

(2)现有码头

随着航运衰退,历史上的码头、港口均已荒废。2000 年,汀江棉花滩水电站建成后,为适应航运需要,新建 6 处码头:黄竹栗树下码头、庐丰摩陀寨码头、下都南蛇渡码头,洪山上兰屋码头,仙师横桥码头、峰市码头。

(3)渡口

1988 年全市有民间渡口 127 处,经行政村通路工程建设和渡改桥建设,至 2005 年全市拥有渡口 52 处。

(四)航道、渡口、码头现状

龙岩市集水面积大于 50 平方公里的河流有 110 余条,总长度为 1054 公里,分别属汀江、九龙江和闽江(沙溪)水系。现有内河航道 588.16 公里(其中界河航道里程 10 公里),通航里程 376.8 公里(表 5-7)。

1. 航道、枢纽、航标现状

(1)汀江水系航道

汀江是福建省主要的省际河流,也是福建省第三大江,流域地处闽、粤、赣边区,由北向南流入广东省韩江。该江在龙岩市境内主干流长 258 公里,集水面积 9699 平方公里。汀江水系航道主要有汀江干流及 5 条主要支流(永定河、黄潭河、旧县河、桃溪河、濯田河)航道,总长 381.6 公里(其中广东境内界河航道 10 公里),支流现状均为 VII 级以下航道。通航里程 215.3 公里。枢纽 30 座,其中有 6 座具备通航能力。过河建筑物 115 座,共有 31 座达标。

①汀江干流航道

汀江干流航道起点为永定县庐下坝,终点为长汀县濯田镇水口村,航道里程 158 公里,水深 0.5 米,航道宽度 25 米,最小弯曲半径 120 米,内河区间通航。

表 5-7

龙岩市内河航道明细表

序号	航道名称	航段序号	所在河流名称	航段起点名称	航段终点名称	航段里程（公里）	航段是否通航	最低通航保证率（%）	航道尺度（米）			航段属性	航道现状技术等级	航道定级技术等级	航段维护类别	航标配布类别	备注
									水深	宽度	最小弯曲半径						
1	汀江航道	001	汀江	石市（庐下坝）	上杭南门大桥	62.50	是	90.0	0.50	25.00	120.00	1	8	7	3	2	
		002	汀江	上杭南门大桥	水口	95.50	是		0.50	25.00	120.00	1	8	7	3	5	
2	永定河航道	001	永定河	庐下坝	虎岗	9.16	否		0.20	5.00	60.00	1	8	8	4	5	
3	黄潭河航道	001	黄潭河	小河口	稔田大桥	27.30	是	90.0	0.60	25.00	120.00	1	8	8	3	2	
		002	黄潭河	稔田大桥	大洋坝	42.7	否		0.40	12.00	60.00	1	8	8	4	5	
4	旧县河航道	001	旧县河	九洲	旧县	22.00	否		0.40	12.00	60.00	1	8	8	4	5	
5	桃溪航道	001	桃溪河	河口	桃溪	19.00	是	70.0	0.40	15.00	90.00	1	8	8	4	5	
6	濯田河航道	001	濯田河	水口	坝尾	11.00	是	78.0	0.70	12.00	100.00	4	8	8	4	5	
7	九龙江雁石溪航道	001	九龙江	小杞	合溪	54.50	是	70.0	1.50	25.00	160.00	1	8	8	4	5	
		002	九龙江	合溪	雁石镇	39.00	是		0.50	5.00	60.00	4	8	8	4	5	
8	九龙江万安溪航道	001	九龙江	合溪	涂潭	56.00	是	70.0	0.50	5.00	60.00	4	8	8	4	5	
9	九龙湖库区旅游航道	001	东山溪	九龙湖大坝	九龙湖迪坑入水口	12.00	是	100.0	3.50	8.20	75.00	6	8		4	5	未定级
10	双洋溪航道	001	双洋溪	进庄	双洋	45.50	否		0.70	12.00	60.00	1	8	8	4	5	

龙岩市航道码头渡口分布现状示意图

汀江干流航道现有枢纽3座，即棉花滩水电站、金山水电站和迴龙水电站。迴龙水电站设置有船闸，但由于泥沙淤积，闸门堵塞，无法正常使用；棉花滩水电站、金山水电站预留有建设通航设施位置，尚未建设不能通航。汀江干流现有跨河建筑物14座，其中13座达标，1座（大姑滩大桥）因通航净空高度未达标。棉花滩水电站建设大大改善了通航条件：回水直达上杭城关南门大桥，形成新水路65公里，航道宽阔畅通，航行平稳，现为三类维护；上杭南门大桥至水口段按三类维护。2002年根据航道条件变化，将上杭城关至永定峰市航道按国家V级航道标准规划。

然而由于汀江干流上的电站水坝如金山、棉花滩预留航闸吨位小，及大姑滩大桥通航净空高度未达标，汀江干流航运能力提高受到人为的制约。

②汀江干流航标

主要有：禁航标2座（永定县境内），沿岸标志34座（上杭县23座，永定县11座），过河标38座（上杭县11座，永定县27座），指路牌4面（永定县），菱形浮标5粒（上杭县），柱形浮标10座（永定县），桥涵标4座（上杭县）。

③汀江支流航道

永定河航道（从庐下坝到虎岗航段）里程91.16公里，不能通航。

黄潭河航道（从小河口到大洋坝航段）里程70公里，其中从小河口到稔田大桥27.30公里航段可通航，其余航段不可通航。

旧县河航道（从九洲至旧县航段）里程22公里，目前不通航。

桃溪航道（从河口至桃溪航段）里程19公里，可区间通航。

濯田河航道（从水口村至坝尾村航段）里程11公里，可通航。

(2)九龙江北溪水系

该水系航道主要是位于九龙江上游北溪的支流航道。航道里程195公里，通航里程149.5公里，均为VII级以下航道。航道上有枢纽13座，其中1座具备通航功能；水上过河建筑物23座，其中有4座不达标。

雁石溪航道（从小祀至雁石镇航段）里程93.5公里，可区间通航。

双洋溪航道（从进庄至双洋航段）里程45.5公里，目前不通航。

万安溪航道（从合溪至涂潭航段）里程56公里，可区间通航。

(3)闽江（沙溪）水系航道

九龙湖库区旅游航道从九龙湖大坝到九龙湖迪坑入水口，为未定级的新增航道，航道里程12公里，航道水深3.5米，航道宽8.2米，最低通航保证率100%，航道最小弯曲半径75米，为VII级以下航道，可区间通航。九龙湖库区航道是库区航道，只有1座无通航功能的枢纽，未进行航道维护，未配布航标。

2. 码头现状

(1)黄竹寨树下码头

位于汀江左岸上杭临城黄竹村，为顺岸直立式浆砌石挡墙、条石镶面，码头平台36米×10米。

(2)庐下摩陀寨码头

位于汀江左岸上杭县庐丰畲族乡德里，为顺岸斜坡砌石码头，斜坡度1∶2，斜坡底部宽32.1米。

(3)下都南蛇渡码头

位于汀江左岸上杭县下都乡南蛇渡大桥下游80米处，为突堤斜坡式结构，两侧为重力式浆砌块石挡土墙，码头长60.6米。

3.渡口现状

龙岩市渡口分布在汀江、九龙江沿岸及内陆河流水库。2002年以来，通过渡改桥的实施，已撤销渡口27个，现有渡口47个(表5-8)。1999年，市交通局出资建造配给各乡镇渡口钢质渡船76艘，现有43艘仍在使用。

龙岩市渡口基本情况表 表5-8

序号	渡口码头名称	相连公路性质	渡口类型	所在地区		所在河流	所在库湖区	设立年份	泊位长度(米)	结构型式
				区县	乡镇					
1	羊牯集镇	乡道	其他渡口	长汀	羊牯	汀江		1998	30	自然岸坡
2	羊牯对畔	乡道	其他渡口	长汀	羊牯	汀江		1998	30	自然岸坡
3	羊牯鸳鸯角	乡道	其他渡口	长汀	羊牯	汀江		1998	30	自然岸坡
4	濯田露潭	村道	其他渡口	长汀	濯田	汀江		1998	20	自然岸坡
5	濯田义家庄	村道	其他渡口	长汀	濯田	汀江		1998	10	自然岸坡
6	河田下修	乡道	其他渡口	长汀	河田	汀江		1998	10	自然岸坡
7	龙角	乡道	其他渡口	上杭	官庄	汀江		1999	20	自然岸坡
8	断塘	乡道	其他渡口	上杭	官庄	汀江		1999	30	自然岸坡
9	曾泗	乡道	其他渡口	上杭	官庄	汀江		1999	25	自然岸坡
10	三潭	县道	其他渡口	上杭	珊瑚	汀江		1999	15	自然岸坡
11	横滩	村道	其他渡口	上杭	珊瑚	汀江		1999	30	自然岸坡
12	河头	村道	其他渡口	上杭	珊瑚	汀江		1999	15	自然岸坡
13	涧头	县道	其他渡口	上杭	湖洋	汀江		1999	20	自然岸坡
14	涧头坝	县道	其他渡口	上杭	临城	汀江		2003	20	自然岸坡
15	迳口	县道	其他渡口	上杭	临城	汀江		1999	25	自然岸坡
16	上埔滩	县道	其他渡口	上杭	湖洋	汀江		1999	20	阶梯踏步
17	黄泥垅	省道	其他渡口	上杭	庐丰	汀江		1999	15	阶梯踏步

续上表

序号	渡口码头名称	相连公路性质	渡口类型	所在地区		所在河流	所在库湖区	设立年份	泊位长度（米）	结构型式
				区县	乡镇					
18	撑蓬岩	村道	其他渡口	上杭	中都	汀江		1999	30	阶梯踏步
19	德里	村道	其他渡口	上杭	庐丰	汀江		1999	15	阶梯踏步
20	矶头	乡道	其他渡口	上杭	蛟洋	汀江		1999	30	阶梯踏步
21	红光	村道	其他渡口	新罗区	万安	万安溪	梅花湖	1999	25	阶梯踏步
22	涂潭	村道	其他渡口	新罗区	万安	万安溪	梅花湖	1999	30	自然岸坡
23	张陈	村道	其他渡口	新罗区	万安	万安溪	梅花湖	1999	25	自然岸坡
24	热水	村道	其他渡口	新罗区	白沙	九龙江		1999	30	自然岸坡
25	苏坂头	村道	其他渡口	新罗区	苏坂	九龙江		1999	25	阶梯踏步
26	美山	村道	其他渡口	新罗区	苏坂	九龙江		1999	25	阶梯踏步
27	茅坪头	村道	其他渡口	永定	峰市	汀江	龙湖	2004	30	阶梯踏步
28	俄生	村道	其他渡口	永定	峰市	汀江	龙湖	2004	50	自然岸坡
29	背头坑	村道	其他渡口	永定	峰市	汀江	龙湖	2004	26	自然岸坡
30	中村	村道	其他渡口	永定	洪山	汀江	龙湖	2004	30	自然岸坡
31	桃泉	村道	其他渡口	永定	峰市	汀江	龙湖	2004	30	自然岸坡
32	大池	村道	其他渡口	永定	洪山	汀江	龙湖	2004	25	自然岸坡
33	恩全	村道	其他渡口	永定	仙师	汀江	龙湖	2004	30	自然岸坡
34	狗古岗	村道	其他渡口	永定	仙师	汀江	龙湖	2004	28	自然岸坡
35	钟秀	村道	其他渡口	漳平市	西元乡	九龙江		1999		自然岸坡
36	盐场州	村道	其他渡口	漳平市	西元乡	九龙江		1999	20	自然岸坡
37	前洋坪	村道	其他渡口	漳平市	西元乡	九龙江		1999		
38	可人头	村道	其他渡口	漳平市	西元乡	九龙江		1999		
39	西元	村道	其他渡口	漳平市	西元乡	九龙江		1999	20	自然岸坡
40	九鹏溪	村道	其他渡口	漳平市	南洋乡	九龙江		1999	20	自然岸坡
41	基太	村道	其他渡口	漳平市	西元乡	九龙江		1999	20	自然岸坡
42	五二九	村道	其他渡口	漳平市	芦芝乡	九龙江		1999	20	自然岸坡
43	华寮	村道	其他渡口	漳平市	芦芝乡	九龙江		1999	20	自然岸坡
44	函梅	村道	其他渡口	漳平市	芦芝乡	九龙江		1999	20	自然岸坡
45	卦坑	村道	其他渡口	武平县	中山乡	中山河	石黄峰水库	1999	25	自然岸坡
46	石营	村道	其他渡口	武平县	下坝乡	中山河	下坝水库	1999	25	自然岸坡
47	白露	村道	其他渡口	武平县	中山乡	中山河		1999	25	自然岸坡

（五）与航道、水域连接的交通建设

龙岩市汀江、九龙江（北溪）水系占全市面积的81%，航道、水域内公路、铁路、航空交通建设突飞猛进，颇为便利。

1. 高速公路

本市高速公路规划为“两纵三横”。“两纵”即国家高速长春至成都线龙岩段、省级高速莆田至广东梅州线龙岩段；“三横”即国家高速厦门至成都线、省级高速漳州至武平（闽粤界）线、省级高速永安至漳州本市境内路段。已建、在建高速公路3条：漳州至龙岩高速公路主线38.6公里，于2002年1月建成通车；龙岩至长汀（闽赣界）交通公路全长135.3公里，将于2007年底建成；永安至武平（闽粤界）高速公路195.3公里，已于2006年12月开工建设。

2. 普通公路

全市普通公路总长10121.9公里，其中国道2条393.2公里，省道6条740.3公里，县道56条1739.8公里，乡道6558.6公里，专用公路590公里。市境内形成“二纵一横加一环”的布局。

3. 铁路

除原建的鹰厦铁路、漳平—龙岩—坎市铁路外，2000年4月建成梅坎铁路47.7公里，2004年底建成的赣龙铁路在龙岩境内长度为157.8公里，2006年12月开工建设龙岩至厦门铁路。境内将形成全省唯一十字交叉铁路网络。

4. 航空

龙岩冠豸山机场于2004年4月建成通航。

二、汀江航运规划

1992年6月，龙岩地区行署办、地区计委编制《汀江流域综合开发整治规划草案》（纲要）。在此基础上，1995年12月，中国农业科技出版社出版《汀江流域综合开发研究》，该书由时任福建省副省长黄小晶任主编，龙岩地区行署办、计划、水利、交通、经济、环保、旅游等部门共同参与规划研究。

《汀江流域综合开发规划研究》中，汀江航运规划分近期规划和远期规划。

（一）近期规划

在汀江未梯级渠化前，以整治、疏浚等手段改善航行条件，分段实施，先改善回龙至茶阳航道，后改善水口至回龙航道。

(二)远期规划

为汀江全线梯级渠化,达到国家VII级航道标准,全线通航2×50吨船队。年运输量为100万吨,其中由汀江经韩江入海的下行物资70万吨,上行物资30万吨。

(1)航道尺度为浅滩水深1米,单线航宽10~30米,双线航宽20~25米,弯曲半径90~180米。

(2)船闸尺度70米×8米×1.2米。

(3)水上跨河建筑物按国家VII级航道标准即净宽大于20米,净高4.5米。

(4)最高通航水位,按5年一遇洪水重现期。

(5)最低通航水位按水位保证率90%,汀江作为独立水系,要求水电、航运予以兼顾,使这一省际河流能发挥应有效益。

三、地方海事管理

(一)管理机构

2002年,"龙岩市地方海事局"挂牌于"龙岩市水路运输管理处",两块牌子一套机构。下设新罗区,漳平市,永定、上杭、武平、长汀、连城县7个地方海事处。

(二)管理职责

履行全市水上安全监督、管理,船舶和船员管理,船舶、水上设施法定检验和船舶防污的检验和辖区造船厂的技术管理,辖区码头、航道行政管理、维护、建设、规费征收以及全市水路运输管理等职能。

(三)渡口、渡船管理

遵照1984年5月颁发的《福建省渡口管理暂行规定》。本市渡口、渡船按照"谁主管,谁负责"的原则,落实水上管理"三长"责任制,渡口"五定"(即:定渡口、定渡船、定渡工、定载客额、定制度),并在渡口两岸设置安全守则。

龙岩市船舶统计和水路客运发展情况见表5-9和5-10。

龙岩市船舶统计表 表5-9

各县区	龙岩市	新罗区	永定县	上杭县	武平县	长汀县	连城县	漳平市
一、营运船舶	53		39				14	4
1.客运船舶	8		8					

续上表

各县区	龙岩市	新罗区	永定县	上杭县	武平县	长汀县	连城县	漳平市
2. 旅游船舶	24		10				14	4
3. 摩托艇	23		21					
二、内河小型船舶	545	79	57	148	3	63	31	165
1. 渡船	56	9	1	22	3	8		13
2. 捞沙船(户)	212	40		73		55	10	34
3. 其他内河小型船舶	278	30	56	53			21	118
总计	598	79	96	148	3	63	45	169

2001～2006 龙岩市水路客运发展情况表 表 5-10

年份	运 量(万人)				周转量(万人公里)			
	合计	其中			合计	其中		
		国有	股份	个体		国有	股份	个体
2001								
2002								
2003	32.26	32.26	—	—	211.82	211.82	—	—
2004	37.32	37.32	—	—	264.14	264.32	—	—
2005	38.85	38.85			288.2	288.2	—	—
2006	39.18	—	37.05	1.8	323.38	—	312.58	10.8

说明:①2001～2002 年没有水运机构也没统计资料。

②龙岩境内没有水路货物运输。

第六章

港航管理的法律、法规

第一节　水路交通法律体系和效力层级

一、水路交通法律

(一)水路交通法律和水路交通法律体系

水路交通法律是指以水路交通关系为调整对象的法律规范。水路交通法律明确了管理和审批的范围和标准,是水上交通行政管理部门对水上交通行为进行管理和审批的依据,同时也为行政相对人的利益提供法律保障和救济,给予行政相对人必要的法律指引。

水路交通法律的调整对象十分广泛,既有交通行政关系、交通经济关系、交通民事关系、交通司法关系,又包括交通安全、船舶、运输、港口、航道、水域乃至国际交往。水路交通法律的层级十分鲜明,不仅包括行政执法必须遵守的综合类法律规范,也包括水上交通行业特有的专业性法律规范和标准,从而形成一个门类齐全、内容丰富、形式多样、结构完整的水路交通法律体系。

(二)水路交通法律的表现形式

法律表现形式也称法律渊源,是指法律的各种具体表现形式。我国社会主义的水路交通法规的表现形式主要有以下几种:

(1)宪法,是我国的根本大法、国家的总章程,是我国社会主义法律的重要渊源,具有最高的法律效力,是其他一切法律、法规的立法基础。

(2)法律,其效力仅次于宪法,居于我国法律体系的第二层,是由国家最高权力机关全国人民代表大会和它的常务委员会制定、发布的规范性文件。如《中华人民共和国水法》、《中华人民共和国港口法》等。

(3)行政法规,由国家最高行政机关国务院根据宪法和法律制定,并由国务院总理签署发布的有关国家行政管理活动的规范性文件。如国务院发布的《中华人民共和国航道管理条例》、《中华人民共和国航标条例》等。

(4)地方性法规,由省、自治区、直辖市以及较大的市的人民代表大会和常务委员会根据宪法、法律和行政法规制定和发布的规范性文件,只在本行政区域内有效。

(5)部门规章,由国务院所属各部委根据宪法、法律和行政法规制定和发布的命令、办法、规定、细则等规范性文件。如《中华人民共和国航道管理条例实施细则》、《内河航标管理办法》等,可作为人民法院审理有关行政案件的参考,但不能作为审理案件的依据。

(6)地方政府规章,由各省、自治区、直辖市人民政府和省、自治区人民政府所在地的市人民政府,以及国务院批准的规模较大的市人民政府制定和发布的规范性文件,它只在本行政区范围内有效,也不能作为人民法院审理行政案件的依据。如《福建省人民政府关于加强港口岸线资源保护的通知》等。

(7)自治条例和单行条例、国际条约和国际惯例,以及特别行政区的法律等。

二、水路交通行业行政执法依据的主要法律、法规

水路交通行业行政执法的主要法律依据是指在水路交通行业行政执法中应遵守的不同层次的行政法律规范。水路交通行业行政执法所依据的法律规范可分为综合性行政法律规范和专业性行政法律规范。综合性行政法律规范是水路交通行业行政执法工作必须遵循的基本法律,如全国人大1996年颁布的《中华人民共和国行政处罚法》。专业性行政法律规范是水上交通活动特有的专业性法律规范和标准,如1983年全国人大常委会通过的《中华人民共和国海上交通安全法》。

下面分别列出在水路交通行业行政执法中应当遵循和执行的主要的法律和专业性行政法规。

(一)应当遵循的相关法律

与港口、航道相关的一般性法律主要有以下几种:

(1)1988年全国人大常委会通过的《中华人民共和国水法》;

(2)2003年全国人大常委会通过的《中华人民共和国港口法》;

(3)2004年全国人大常委会通过的《中华人民共和国行政许可法》;

(4)1996年全国人大常委会通过的《中华人民共和国行政处罚法》;

(5)1999年全国人大常委会通过的《中华人民共和国行政复议法》;

(6)1989年全国人大常委会通过的《中华人民共和国行政诉讼法》;

(7)2002 年全国人大常委会通过的《中华人民共和国安全生产法》;

(8)1991 年全国人大常委会通过的《中华人民共和国水土保持法》;

(9)1986 年全国人大常委会通过的《中华人民共和国土地管理法》(1988 年全国人大常委会进行第一次修正,1998 年全国人大常委会进行第二次修订);

(10)1992 年全国人大常委会通过的《中华人民共和国测绘法》(2002 年全国人大常委会对其进行修订);

(11)1983 年全国人大常委会通过的《中华人民共和国海上交通安全法》;

(12)1986 年全国人大常委会通过的《中华人民共和国渔业法》(2000 年全国人大常委会进行第一次修正,2004 年全国人大常委会进行第二次修正);

(13)1984 年全国人大常委会通过的《中华人民共和国水污染防治法》及 1996 年全国人民代表大会常委会《关于修改〈中华人民共和国水污染防治法〉的决定》。

与内河海事、船舶检验相关的一般法律主要有以下几种:

(1)2002 年全国人大常委会通过的《中华人民共和国安全生产法》;

(2)1983 年全国人大常委会通过的《中华人民共和国海上交通安全法》。

(二)应当执行的有关水路交通行业管理的行政法规

1. 行政法规和文件

(1)1987 年国务院颁布的《中华人民共和国航道管理条例》;

(2)1995 年国务院颁布的《中华人民共和国航标条例》;

(3)2003 年国务院颁布的《建设工程安全生产管理条例》;

(4)2002 年国务院颁布的《危险化学品安全管理条例》。

2. 地方性法规

(1)1992 年福建省第七届人大常委会通过的《福建省行政执法程序规定》;

(2)2006 年福建省第十届人大常委会第二十二次会议批准的《福州市河道采砂管理办法》;

(3)2006 年福州市第十二届人大常委会第三十二次会议通过的《福州市海上交通安全管理办法》。

(三)应当执行的有关水路交通行业管理的规章

1. 交通部规章

规划建设方面:

(1)《水运工程质量监督规定》(交通部令 2000 年第 3 号);

(2)《港口工程竣工验收办法》(交通部令 2005 年第 2 号);

(3)《公路、水运工程安全生产监督管理办法》(交通部令 2007 年第 1 号)。

港口、航道经营管理方面：

(1)《港口经营管理规定》(交通部令2004年第4号)；

(2)《港口建设管理规定》(交通部令2007年第5号)；

(3)《航道建设管理规定》(交通部令2007年第3号)；

(4)《航闸管理办法》(1989年交通部第5号令)；

(5)《跨越国家航道的桥梁通航尺度和技术要求审批办法》(1994年交通部令)；

(6)《中华人民共和国港口收费规则(外贸部分)》(交通部令2001年第11号)；

(7)《中华人民共和国港口收费规则(内贸部分)》(交通部令2005年第8号)；

(8)《港口统计规则》(交通部令2005年第13号)；

(9)《船舶引航管理规定》(交通部令2001年第10号)；

(10)《台湾海峡两岸间航运管理办法》(交通部令1996年第6号)。

安全监督方面：

(1)《港口危险货物管理规定》(交通部令2003年第9号)；

(2)《港口大型机械防阵风防台风管理规定》(交通部令2003年第3号)。

行政执法方面：

(1)《交通行政处罚程序规定》(交通部令1996年第7号)；

(2)《交通行政许可实施程序规定》(交通部令2004年第10号)；

(3)《交通行政执法监督规定》(交通部令1995年第1号)；

(4)《交通行政许可监督检查及责任追究规定》(交通部令2004年第11号)；

(5)《交通行政复议规定》(交通部令2000年第4号)。

2. 省政府规章

《福建省行政执法资格认证与执法证件管理办法》(福建省人民政府令1999年第49号)。

(四)其他规范性文件

1. 交通部文件

规划建设方面：

(1)《关于发布港口深水岸线标准的公告》(交通部公告2004年第5号)；

(2)《港口消防规划建设管理规定》(交公安发1992年151号)；

(3)《水运工程施工监理规定(试行)》(交基发1994年840号)；

(4)《关于加强水运工程初步设计审查管理的通知》(交水发〔2006〕330号)；

(5)《关于实施<港口工程竣工验收办法>有关事项的通知》(交水发〔2005〕

470 号)；

(6)《关于加强港口码头靠泊能力核查管理工作的通知》(交水发〔2006〕81 号)；

(7)《关于码头靠泊能力核查管理工作的通告》(交通部告〔2006〕第 5 号)；

(8)《关于进一步明确码头靠泊能力核查工作有关问题的通知》(厅水字〔2006〕347 号)。

港口、航道管理方面：

(1)《中华人民共和国航道管理条例实施细则》(交工字〔1991〕年 604 号)；

(2)《关于调整港口内贸收费规定和标准的通知》(交水发〔2005〕234 号)；

(3)《港口建设费征收办法实施细则》(交财发〔1993〕541 号)；

(4)《关于明确和解释 <港口建设费征收办法实施细则> 和 <水运客货运附加费征收办法> 中有关问题的通知》(交财发〔1993〕661 号)；

(5)《关于实施 <港口经营管理规定> 有关问题的通知》(交水发〔2004〕235 号)；

(6)《关于对浙江省交通厅港航管理局要求明确港口行政管理有关问题的复函》(厅水字〔2004〕307 号)；

(7)《关于明确港口经营许可等有关问题的通知》(厅水字〔2005〕386 号)；

(8)《关于明确港口经营管理有关问题的通知》(交水发〔2005〕416 号)；

(9)《关于对海南省交通厅要求明确港口工程试运行有关问题的复函》(厅函水〔2006〕221 号)；

(10)《关于实施 <台湾海峡两岸间航运管理办法> 有关问题的通知》(交水发〔1996〕941 号)；

(11)《关于加强台湾海峡两岸不定期船舶运输管理的通知》(交水发〔2002〕552 号)。

安全监督方面：

(1)《港口安全评价管理办法》(交人劳发〔2004〕462 号)；

(2)《港口设施保安规则》(交水发〔2003〕500 号)；

(3)《<港口设施保安符合证书> 年度核验办法》(交水发〔2005〕102 号)；

(4)《关于收取港口设施保安费的通知》(交水发〔2006〕156 号)；

(5)《关于收取港口设施保安费有关事宜的通知》(交水发〔2006〕238 号)；

(6)《关于进一步加强水路公路危险化学品运输管理的通知》(交海发〔2006〕33 号)；

(7)《关于进一步加强水路危险货物运输管理和监督工作的通知》(交水发〔1999〕674 号)。

2. 财政部文件

《港口建设费管理办法》(财工字〔1996〕446 号)。

3. 福建省政府文件

《福建省人民政府关于加强港口岸线资源保护的通知》(闽政〔2006〕16 号)。

4. 福建省交通厅文件

(1)《福建省交通建设工程安全生产管理暂行办法》(闽交政法〔2006〕14 号);

(2)《福建沿海地区与金门、马祖、澎湖间海上直接通航运输管理暂行规定》;

(3)《福建省交通行政执法船舶管理办法》(闽交政法〔2006〕3 号);

(4)《福建省交通行政执法证件管理规定》。

水路交通法律法规体系见图 6-1。

第二节　涉及港航相关法律、法规、规章适用介绍

一、与港航执法有关的法律、法规

(一)中华人民共和国水法

1. 颁布及调整对象

本法于 2002 年 8 月 29 日由中华人民共和国第九届全国人民代表大会常务委员会第二十九次会议修订通过,自 2002 年 10 月 1 日起施行。

本法规定的调整对象“水资源”是指地表水和地下水,适用于在中华人民共和国领域内开发、利用、保护、管理水资源,防治水害,不适用于海水的开发、利用、保护和管理。

2. 主要内容

(1)明确水资源所有权,即水资源属于全民所有和集体所有;

(2)通过征收水费和水资源费等经济手段加强对水资源利用的管理;

(3)加强政府对防汛抗洪工作的领导,规定防汛指挥机构在紧急情况下可采取的措施。

(二)中华人民共和国海洋环境保护法

1. 颁布及调整范围

本法于 1999 年 12 月 25 日由第九届全国人民代表大会常务委员会第十三次会议通过,适用于中华人民共和国内水、领海、毗连区、专属经济区、大陆架以及中华人民共和国管辖的其他海域。

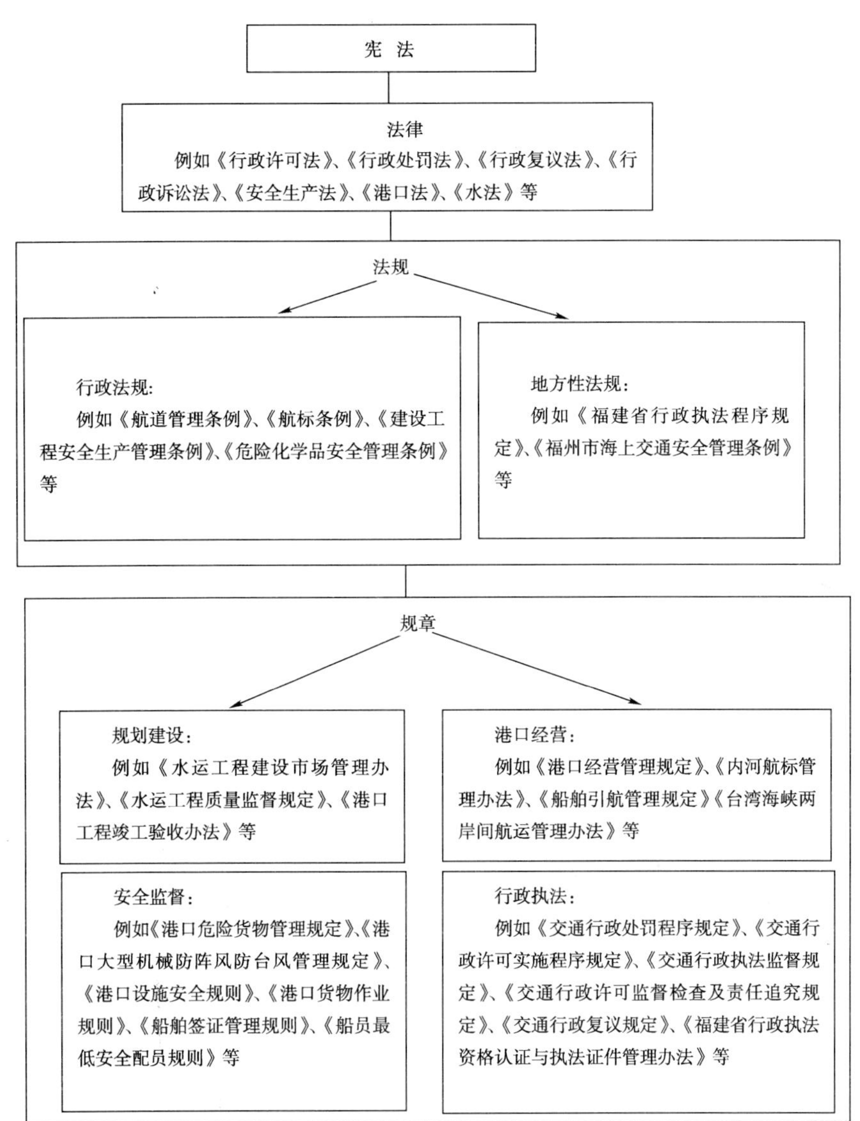

图 6-1　水路交通法律法规体系

2. 主要内容

(1)以实施可持续发展战略的方针为依据,融入构建环境友好型社会的思想,用法律的形式确定了现行的行政法规和规章中的一些行之有效的海洋环境管理制度和措施。

(2)在有关污染防治的章节中,增加和完善了海洋环境保护法律制度的规定,细化了法律责任，加大了行政处罚力度，强调陆源污染防治。

(3)增加了海洋生态保护的内容，使环境保护实施污染防治与生态保护并重的方针在海洋环境保护工作中得到体现。

(4)调整了部门职责分工。赋予国务院环境保护行政主管部门防治陆源污染物和海岸工程建设项目对海洋污染损害的职责；国家海洋行政主管部门、国家海事行政主管部门、国家渔业行政主管部门、军队环境保护部门、沿海县级以上地方人民政府行使海洋环境监督管理权的职责在本法中也有体现。

(5)规定了国际履约的相关内容。

(三)中华人民共和国海域使用管理法

1. 颁布及调整范围

本法于2001年10月27日由中华人民共和国第九届全国人民代表大会常务委员会第二十四次会议通过，自2002年1月1日起施行。适用于在中华人民共和国内水、领海持续使用特定海域三个月以上的排他性用海活动。

2. 主要内容

(1)海域全部属于国家所有，国务院代表国家行使海域所有权。

(2)顺应海洋经济发展规律，保护国家海洋资源，合理配置海域资源，扭转海洋开发利用无序、无度、无偿的局面，解决各种行业之间的用海矛盾。

(3)因公共利益或国家安全的需要，原批准用海的人民政府可以依法收回海域使用权，并应当给予海域使用权人相应的经济补偿。

(4)海域使用金纳入国家预算，用于海域的整治、保护与管理。

(5)规定海域使用权公告制度，要求颁发海域使用证必须向社会进行公告，使海域审批工作公开、公正，实现社会监督。

(四)中华人民共和国船员条例

1. 颁布及调整对象

本条例于2007年3月28日国务院第172次常务会议通过，自2007年9月1日起施行。中华人民共和国境内的船员注册、任职、培训、职业保障以及提供船员服务等活动，适用本条例。

2. 主要内容

(1)明确了国务院交通部主管全国船员管理工作，国家海事管理机构负责统一实施船员管理工作。

(2)以法律的形式明确船员注册程序和任职资格，参加航行和轮机值班的船员必须持有相关任职证书。

(3)船长在其职权范围内发布的命令,船舶上所有人员必须执行,在保障水上人身与财产安全、船舶保安、防治船舶污染水域方面,船长具有独立决定权,并负有最终责任。

(4)船员用人单位和船员应当按照国家有关规定参加各类保险。

(5)船员在特定情况下可以要求遣返并自主选择遣返地点。

(五)中华人民共和国船舶载运危险货物安全监督管理规定

1. 颁布及适用范围

本规定于2003年11月21日经第15次部务办公会议通过,自2004年1月1日起施行。适用于船舶在中华人民共和国管辖水域载运危险货物的活动。

2. 主要内容

(1)交通部主管全国船舶载运危险货物的安全管理工作,中华人民共和国海事局负责船舶载运危险货物的安全监督管理工作。交通部直属和地方人民政府交通主管部门所属的各级海事管理机构依照有关法律、法规和本规定,具体负责本辖区船舶载运危险货物的安全监督管理工作。海事管理机构按照本规定给予相应的处罚。

(2)对从事载运危险货物的船舶和实行通航安全和防污染管理、船舶管理、申报管理。从事相关业务的人员必须符合本规定要求的条件。

二、与港口相关的法律、法规、规章

(一)中华人民共和国港口法

1. 颁布及调整对象

本法于2003年6月28日由中华人民共和国第十届全国人民代表大会常务委员会第三次会议通过,自2004年1月1日起施行。以有关港口的规划、建设、维护、经营、管理等活动中的相关关系为调整对象。凡属我国水域内包括沿海、内河、湖泊的港口的规划、建设、维护、经营和对港口的行政管理活动,都必须遵守本法的规定。香港和澳门的港口立法由两个特别行政区自行制定,本法不适用。

2. 主要内容

(1)明确了港口市场是开放、透明的,鼓励国内外经济组织和个人投资建设和经营港口,并保护投资人合法权益。

(2)制定了严格的港口布局规划、总体规划和岸线审批制度,以保护港口资源的合理利用。港口建设的配套设施也纳入港口规划的范围。

(3)经营者的权利和义务更加明确。港口经营者在获得港口经营许可证履行手续后,合法利益即受到保护。各项权益最大程度地向外资和民资开放,并且保护港口经营活动的公平竞争。

(4)确立了港口保护制度和安全管理制度。

(二)中华人民共和国安全生产法

1.颁布及调整对象

本法于2002年6月29日由中华人民共和国第九届全国人民代表大会常务委员会第二十八次会议通过,自2002年11月1日起施行。主要调整港口生产经营企业与其从业人员、其他社会组织与公民之间,负有港口安全生产管理权的国家有关机构与港口生产经营企业之间,因安全生产发生的权利义务关系。

2.主要内容

(1)强调港口企业是安全生产主体,企业法定代表人是安全生产第一责任者。

(2)从业人员享有安全生产的各项权利,诸如享受工伤保险的权利、发生事故后求得赔偿的权利。

(3)明确地方政府和港口行业主管部门负有本行业的安全监管主体责任。

(4)为社会监督提供了渠道。公民、媒体、社会组织都有权向负有监管职责的部门举报的权利,法律保护举报人获得奖励的权利。

(5)规定了生产事故的应急救援和调查处理机制。

(三)港口经营管理规定

1.颁布及调整范围

本规定于2003年12月26日经第18次交通部部务会议通过,自2004年6月1日起施行。本规定对《港口法》进一步细化,是《港口法》调整和规范的重要内容,界定了港口经营业务的范围和种类,理顺港口行政管理部门的管理体制,明确了省人民政府交通(港口)主管部门和省人民政府、港口所在地设区的市(地)、县人民政府确定的具体实施港口行政管理的部门为港口行政许可、港口行政管理的职能部门。

2.主要内容

(1)国家鼓励港口经营性业务实行多家经营、公平竞争。

(2)对港口经营业务的范围和种类作了具体规定。

(3)明确了由港口行政管理部门对港口经营企业实施行政许可,并对港口经营企业的资质和申报程序作了具体规定。

(4)明确由港口行政管理部门负责行政性收费征管工作、港口日常维护管理和安全生产监督。

(四)港口建设管理规定

1. 颁布及适用范围

本规定于2007年1月25日经第2次部务会议通过,自2007年6月1日起施行。适用于在中华人民共和国境内新建、扩建、改建港口建设项目(包括与其他建设项目配套建设的港口建设项目)及其配套设施的建设活动,不适用于军事和渔业港口的建设活动。

2. 主要内容

(1)省级交通主管部门(省交通厅)负责本行政区域内港口建设的行业管理工作,并具体负责经省级人民政府有关部门审批、核准的港口建设项目的建设管理工作。其余港口建设项目的建设管理工作由港口所在地港口行政管理部门负责。

(2)港口建设实行行政许可制度,符合港口布局规划和港口总体规划,并按照国家有关规定实行项目法人责任制度、招标投标制度、工程监理制度和合同管理制度。

(3)港口岸线、港口工程设计均实行行政许可制度。

(4)港口工程要实行项目法人责任制度、招标投标制度、合同管理制度、工程监理制度,港口工程要建立起政府监督、法人管理、社会监理、企业自检的质量保证体系。

(五)危险化学品安全管理条例

1. 颁布及调整对象

本条例于2002年1月9日经国务院第52次常务会议通过,自2002年3月15日起施行。本条例对港口企业在港口生产运行中有关危险化学品的储存、使用、经营、运输进行强制规范,规定危险化学品安全监管责任主体由政府各具体分工部门组成。

2. 主要内容

(1)危险化学品的储存、使用、经营、运输必须具有行政许可的资质并符合有关规范。

(2)确立危险化学品的登记与事故应急救援措施。

(3)明确危险化学品管理各个环节的相关责任人的法律责任,明确生产、经营、储存、运输、使用危险化学品和处置废弃危险化学品的企业和个人的职责和义务。

（六）港口设施保安规则

1. 颁布及适用范围

本规则于2003年11月24日由交通部颁布实施。适用于航行国际航线的客船（包括高速客船）、500总吨及以上的货船（包括高速货船）和移动式海上钻井平台服务的港口设施保安。

2. 主要内容

（1）明确政府管理部门和港口设施经营人和管理人的港口设施保安职责。

（2）根据威胁信息的可信程度、得到印证的程度、具体或紧迫程度和保安事件的潜在后果划分港口设施的三个保安等级。

（3）港口所在地港口行政管理部门依据港口设施经营人申请进行保安评估，确定保安要求并定期复检。

（4）港口设施经营人根据港口设施保安等级制订保安计划、推荐港口设施保安员并定期举行保安培训、演练和演习。

（5）强制港口设施经营人与船方签订《保安申明》履行告诉义务，提醒船方须注意事宜。

（七）港口货物作业规则

1. 颁布及适用范围

本规则于2000年7月17日经第八次交通部部长办公会议通过，自2001年1月1日起施行。适用于在中华人民共和国境内，为水路运输货物提供的装卸、驳运、储存、装拆集装箱等港口作业的有关当事人。本规则作为合同法的特别法，应当优先合同法适用。

2. 主要内容

（1）作业合同的订立和作业委托人、港口经营人、货物接收人有关权利、义务的规定。

（2）与普通合同相比，港口经营人与船方在水路运输货物港口装卸作业过程中的交接必须履行本规则特别规定中的义务。

（八）船舶登记条例

1. 颁布及适用范围

本条例于1994年6月2日由国务院发布，1995年1月1日起施行。旨在加强对船舶的监督管理，保障有关船舶登记各方的合法权益。

2. 主要内容

(1)交通部主管全国船舶载运危险货物的安全管理工作,中华人民共和国海事局负责船舶载运危险货物的安全监督管理工作。交通部直属和地方人民政府交通主管部门所属的各级海事管理机构依照有关法律、法规和本规定,具体负责本辖区船舶载运危险货物的安全监督管理工作。海事管理机构按照本规定给予相应的处罚。

(2)对从事载运危险货物的船舶和实行通航安全和防污染管理、船舶管理、申报管理。从事相关业务的人员必须符合本规定要求的条件。

(九)中华人民共和国船舶签证管理规则

1. 颁布及调整对象

本规则于2007年5月9日经第6次部务会议通过,自2007年10月1日起施行。适用于国内航行船舶在中华人民共和国管辖水域内办理船舶签证,不适用于军事船舶、渔船、体育运动船舶。但是上述船舶从事营业性运输时也应当按照本规则办理船舶签证。

2. 主要内容

(1)船舶签证是指海事管理机构根据船舶或其经营人的申请,经依法审查,对符合船舶签证条件的准予航行的行政许可行为,是行政许可法的细化。

(2)符合条件的船舶可申请年度定期船舶签证取代航次船舶签证。

(3)船舶签证簿是办理船舶签证的专用文书,是记载船舶办理签证情况的证明文件,必须随船妥善保管。

(十)中华人民共和国船舶和海上设施检验条例

1. 颁布及调整对象

本条例于1993年2月14日由国务院发布,自发布之日起实施。旨在保证船舶、海上设施和船运货物、集装箱具备安全航行、安全作业的技术条件,保障人民生命财产的安全,防止水域环境污染。

2. 主要内容

(1)明确中外籍船舶所有人或经营人必须申请的检验类别。

(2)明确船舶检验的内容和检验机构的职责。

(3)明确海上设施、集装箱所有人或经营人必须申请的检验类别。

(4)规定检验人员考核制度。

三、与航道相关的法规、规章

(一)中华人民共和国航道管理条例

1. 颁布及适用范围

本条例于1987年8月22日由国务院发布,1987年10月1日起施行。旨在加强航道管理,改善通航条件,保证航道畅通和航行安全,适用于中国沿海和内河的航道、航道设施以及与通航有关的设施。河道和沿海水域具有水资源综合利用和多种功能的特点,为交通、水利、水电、海军、水产、城建、林业等有关部门所共用,互有影响,本条例调整的内容是指人们管理、养护、建设和开发利用航道等相关的活动。

2. 主要内容

(1)国家鼓励和保护在统筹兼顾、综合利用水资源的原则下,开发利用航道,发展水运事业。

(2)对航道管理体制提出规定,交通部主管全国航道事业。国家航道及其航道设施按海区和内河水系,由交通部或者交通部授权的省、自治区、直辖市交通主管部门管理;地方航道及其航道设施由省、自治区、直辖市交通主管部门管理;专用航道及其航道设施由专用部门管理。国家航道和地方航道上的过船建筑物按照国务院规定管理。

(3)明确规定了航道规划的法律地位,规定了编制航道规划的原则、分工和审批权限;航道规划建设与水利、电力、铁路、公路、城市等规划建设的协调与配合。

(4)按照1964年国务院《关于加强航道管理和养护工作的指示》精神,重申了交通主管部门管理、保护航道的职责和权力。

(二)中华人民共和国航道管理条例实施细则

1. 颁布及适用范围

本细则自1991年10月1日起施行。适用于我国航道、航道工程设施、对航道通航条件有影响的工程设施。

2. 主要内容

(1)明确规定航道管理的行政主管部门和行政管理职责,可以对妨害航道的行为行使行政处罚权。

(2)航道的规划和建设采用行政许可制度。

(3)航道主管部门负责管理和保护航道及航道设施,并依照本细则行使行政处罚权。

（三）中华人民共和国航标条例

1. 颁布及适用范围

本条例自1995年12月3日发布之日起施行。适用于在中华人民共和国的领域及管辖的其他海域设置的航标。

2. 主要内容

（1）国务院交通行政主管部门设立的流域航道管理机构、海区港务监督机构和县级以上地方人民政府交通行政主管部门，负责管理和保护本辖区内除军用航标和渔业航标以外的航标。交通行政主管部门和国务院交通行政主管部门设立的流域航道管理机构、海区港务监督机构统称航标管理机关。

（2）航标管理机关对妨害航标的行为依照本条例行使行政处罚权。

（四）航道建设管理规定

1. 颁布及适用范围

本规定于2007年3月12日经第3次部务会议通过，自2007年5月1日起施行。适用于在中华人民共和国境内从事的航道建设活动。航道建设活动包括航道整治、航道疏浚和航运枢纽、过船建筑物等航道设施及其他航道附属设施的新建、扩建和改建活动。

2. 主要内容

（1）明确了航道建设"统一领导，分级管理"的制度。省级交通主管部门负责本行政区域内航道建设的监督管理，具体负责经省级人民政府有关部门批准的航道建设项目的前期工作和设计文件审批、招标投标、开工备案、竣工验收等项目实施过程中的监督管理工作，负责经省级人民政府核准的航道建设项目的设计文件审批、开工备案和竣工验收工作。设区的市和县级交通主管部门按照省级人民政府的有关规定负责本行政区域内航道建设项目的监督管理。

（2）在立项程序上，政府投资的航道建设项目实行审批制，企业投资的航道建设项目实行核准制和备案制，保护企业投资主体的利益。立项程序中都应当严格执行有关的建设申报审批程序。

（3）保证航道建设市场运作开放、透明，制止不正当竞争行为，遏止地方保护，保障符合市场准入条件的从业单位和从业人员的合法权益。

（4）明确实行开工备案制度，即要求项目单位在组织工程实施之前，向有关主管部门办理开工备案手续，以保护有限自然资源，加强对政府投资项目的管理，提高航道工程建设质量，强化航道工程建设中的政府监督作用。

（5）要求公示招投标结果，在招标结果备案后再发中标通知，最大限度保证招投标活动的公正、透明，加大社会监督力度。

(6)要求建立工程信息报告制度，以便政府及时、全面掌握建设情况，加强行业管理。

(五)内河航标管理办法

1.颁布及适用范围

本办法于1996年5月20日以交通部令1996年第2号发布，根据《中华人民共和国航标条例》、《中华人民共和国航道管理条例》制订，是各地方政府制订《内河航标细则》的依据，适用于江河、湖泊、水库、运河等内河通航水域的航标管理。

2.主要内容

(1)国务院交通行政主管部门设立的航道管理机构和县级以上地方人民政府交通行政主管部门负责航标管理工作。航标管理机构负责航标日常管理，并可以依据本办法和《中华人民共和国治安管理处罚条例》行使行政处罚权。

(2)对内河通航水域的航标(专设航标)配布、建设、维护管理、保护作出相应规定。各级航标管理机构可以自行制定航标的维护管理具体细则。

(六)船闸管理办法

1.颁布及适用范围

本办法于1989年8月3日以交通部第5号令发布，自1989年10月1日起施行。效力范围为船闸及其附属设施，船闸管理区域的土地、水域和设施。

2.主要内容

(1)各级船闸主管部门对管辖范围内的船闸实行统一管理，各船闸应设立管理所(处、站)，负责船闸的具体管理和养护。各级船闸管理机构负责船闸日常管理，并可以依据本办法和《中华人民共和国治安管理处罚条例》行使行政处罚权。

(2)在船闸管理区域内不得从事妨害行为，过闸船舶应遵守管理规定。

(3)各级船闸管理机构应负责船闸保养与修理，确保安全生产。船舶、排筏应按国家规定缴纳过闸费，过闸费的使用必须全部用于船闸的养护管理。

大　事　记

公元前494年(周敬王26年)

吴王夫差兴兵会稽击败越王勾践后,乘船略地,至闽江南岸入海处。

公元83年(汉建初8年)

旧交趾(今越南)七郡贡献转运,皆从东冶(今福州)泛海而至。

196年(汉建安元年)

东吴孙权遣将军贺齐,浮海进攻东冶(今福州)。

230年(三国吴黄龙2年)

孙权遣将军卫温、诸葛直率兵万人,浮海至吴航,进攻夷州(今台湾)。

260年(三国吴永安3年)

吴景帝孙休下令,在侯官建船坞,设典船都尉,负责造船。

269年(三国吴建衡元年)

吴末帝孙皓将会稽太守郭诞,贬至吴航头(今长乐)造船。

282年(晋太康3年)

晋安太守严高在郡城(今福州)凿通迎仙馆至澳桥的水道,以通舟楫。又在城外修浚东、西二湖。

283年(晋太康4年)

闽东温麻(今霞浦)设置船屯,在沿海地区造船。

311年(晋永嘉5年)

刘聪陷洛阳,晋怀帝司马炽被俘,衣冠士族相率南奔,渡江至闽者,以林、陈、黄、郑、詹、邱、何、胡八姓最多。

403年(东晋元兴2年)

农民起义军卢循从浙江临海至东阳,又由永嘉入晋安(福州),失败后散居晋江沿海,以造船泛舟谋生。

558年(梁陈永定2年)

印度僧人拘那罗陀,在南安丰州九日山中翻译完《金刚经》,乘船从泉州回国。

598年(隋开皇18年)

隋文帝发布诏书:"吴越之人,往承户敝俗,所在之处,私造大船,因相聚结,致有侵害。其江南诸州,民间有船长三丈以上者,悉括入宫。"

687年(唐垂拱3年)

漳州刺史陈元光开拓山间道路,西出漳州,经月岭(天宝)和溪,越夫人马岭(今龙岩市林田岭),至苦草镇。水路由刘氏三兄弟沿九龙江北溪,上溯雁石溪,开拓河道。从此,苦草镇以下可通舟楫。

690~691年(唐天授年间)

泉州、广州、扬州被称为中国南方三大贸易港,与中东交易频繁,阿拉伯人侨居者数以万计。

758年(唐乾元元年)

晋江令赵颐正,首开晋江,凿通沟渠,引航通舟楫于城下,与民方便。

795年(贞元11年)

福建观察使王翃筑南湖,在福州城西南开沟渠一条,长五里又二百步,引西湖之水达于东南,通舟楫灌溉之利。

804年(唐贞元20年)

日本高僧空海,随日本遣唐使船在海上遇险,于霞浦赤岸镇登陆,取道福州前

往长安。

897 年(唐乾宁 4 年)

赛岐港开港后,设立“税课司”,管理水上交通和商务。

909 年(后梁开平 3 年)

闽王王审知疏浚福州河渠,东西挖长沟为护城河,西南相接能通舟楫。龙德元年(921 年),又开辟黄岐山下的甘棠港,发展对外贸易和海运。

946 年(南唐保大 4 年)

留从效扩建泉州城墙,在城周围环植刺桐树,外国人称之为“刺桐城”,泉州港则称“刺桐港”。

978 年(宋太平兴国 3 年)

永春知县林滂,见县境桃溪水流湍急,滩石迂回,不利行舟,乃凿去马甲、山门、滑石、西涵四险滩,舟楫称便。

1023 ~ 1031 年(宋天圣年间)

南剑州(今南平)知州刘滋,招募工整治建溪暗滩,转移滩险弯道 200 余丈。

1087 年(宋元佑 2 年)

哲宗诏福建路,在泉州置“福建市舶司”。

1089 年(宋元佑 4 年)

高丽(今朝鲜)王子义夫随泉州商人徐戬海舶,到达“刺桐港”。

1140 年(宋绍兴 10 年)

闰 6 月,抗金名将张浚任福建安抚使,在福州等地“大造海船至千艘”,准备北伐。

1168 年(宋乾道 4 年)

闽、浙、广三路市舶司改为“广泉市舶司”。

1171 年(宋乾道 9 年)

广东柳七娘入闽,集资在闽江下游马尾建造“罗星塔”。明万历年间为海风所毁,后人修复,至今仍为闽江助航标志。

1173 年(宋乾道 7 年)

宋室南渡后,积极开辟港口,修建桥梁,进一步发展海上交通和海外贸易,泉州港成为“东方第一大港”。

1213 年(南宋嘉定六年)

汀州知州赵崇模为解决漳州盐陆运困难,开拓汀江下游上杭至丰市河道,从潮州运盐至上杭再驳运至汀州。

1228 ~ 1233 年(宋绍定年间)

长汀知县宋慈,开辟从广东潮州沿韩江、汀江,直达长汀的水上运盐专线,往返只需 3 个月,比以往节省四分之三的时间。

1236 年(南宋端平三年)

长汀知县宋慈,开拓汀江上游长汀至回龙滩航道。

1281 年(元至元 18 年)

杨廷壁从泉州航海,出使俱兰(印度半岛西南)等国。

1282 年(元至元 19 年)

元世祖令张渲在福建造海船 60 艘,由海路漕运江南粮食,以济军需。

1284 年(元至元 21 年)

泉州市舶都转运司,设上海、福州二万户府维持海运,时与泉州有海外贸易往来者达 36 国。

1289 年(元至元 26 年)

泉州市舶都转运司统有海船 15000 艘,自杭州至泉州设海站 15 处,“专运番夷贡物以及商贩奇货”,并保护海道安全畅通。

1291 年（元至元 28 年）

意大利人马可波罗经过泉州回国时，盛赞刺桐港为世界大商港。

1362 年（元至正 22 年）

5 月，汀州路总管陈友定，凿九龙滩，通舟楫，载运汀州附近存粮。

1371 年（明洪武 4 年）

12 月，太祖下禁令："濒海船民不得私自出海"，"不得私通海外诸国"。

1386 年（明洪武 19 年）

长乐修筑海堤，疏通河道。

1405～1433 年（明永乐 3 年至宣德 8 年）

郑和前后七次率领舰队远航西洋，多以太平港为基地，伺风放洋，经历"大小凡三十余国，涉沧溟十万余里"。

1474 年（明成化 10 年）

福建市舶司由泉州迁往福州。

1488 年（明弘治元年）

督舶邓太监为便利琉球国贡船来往，在福州水部门附近河口尾开凿人工河道——新港，直达大江，从此，船舶可从闽江直通福州。

1516 年（明正德年间）

葡萄牙商船首航厦门港，停泊浯屿，与厦门及附近一带商人贸易。

1540 年（明嘉靖 19 年）

漳州重建虎渡桥，福建巡抚王瑛为之题字：东曰"三省通衢"，西曰"八闽重镇"。

明嘉靖三十年（1551 年）

汀州知府陈洪范，命石匠炸开回龙滩，汀江全线贯通，长汀至丰市间航运直达。

1567～1572 年(明隆庆年间)

海澄建县,月港再度开禁,商船纷纷前来互市,对外贸易达 40 多个国家和地区。

1644 年(明崇祯 17 年)

郑成功为驱逐荷兰侵略者和抗击清兵,以漳州壶屿港为船舶处,在石码、福河等地造船,并在厦门鼓浪屿训练水师。

1650 年(清顺治 7 年)

郑成功回师厦门,发展海上贸易,解决军队给养。金门、厦门地区每年有七八十艘官、民商船,通往日本和南洋,年贸易额达白银 250 余万两。

1656 年(清顺治 13 年)

3 月,清世祖宣布"海禁",严禁商民船只私自出海,规定凡运粮等物与郑成功贸易者,不论官民,均从重治罪。

1661 年(清顺治 18 年)

清世祖下令"迁界",强迫沿海各省居民一律内迁,把离海 30 里的地方划为界外,界外的村庄、船只一律烧毁,并规定:"片板不许下水,粒货不许越疆"。福建沿海对外交通中断。

1684 年(清康熙 23 年)

清政府统一台湾后,开放"海禁",废除"迁界",倭寇侵犯,港口淤塞,泉州港衰落为地区性一般港口。

1727 年(清雍正 5 年)

清政府取消"海禁"后,于"粤东的澳门,福建之漳州府,浙江之宁波府,江南之台山"设立四关,发展对外贸易,厦门与台湾鹿耳港开始对渡通航。

1769 年(清乾隆 34 年)

台湾知府蒋元枢与澎湖通判谢维棋,在澎湖西屿建造 7 级石塔,高约 5 丈(16.7 米),每夜燃灯,光照海上。

1784 年(清乾隆 49 年)

晋江县蚶江与台湾鹿耳港对渡,进行通商。

1832 年(清道光 12 年)

2 月,英东印度公司驻广州商馆派林赛到福建沿海活动,探测台湾、厦门、福州等地水道,窃取福建《内河水图》。

1837 年(清道光 17 年)

荷兰渣华公司、英国太古公司的轮船,开始航行厦门港。

1842 年(清道光 22 年)

广州、福州、厦门、宁波、上海五处被迫开为通商口岸后,英国轮船自由进出福建沿海,英商用帆船从福州、厦门两港运茶叶往伦敦,航程 81 日至 101 日。

1845 年(清道光 25 年)

英国在厦门港设船舶制造厂。

1851 年(清咸丰 1 年)

英国贩运鸦片的船只首次驶抵闽江口。

1852 年(清咸丰 2 年)

英德记洋行在鼓浪屿建造“猪仔码头”,专供华工出口之用,厦门港成为全国最大的华工出口口岸。

1853 年(清咸丰 3 年)

美国快船“东方”号,满载茶叶开往纽约,航行至闽江口金牌门处沉没。

1858 年(清咸丰 8 年)

英国在厦门港建船坞。

1859 年(清咸丰 9 年)

英国海军在闽江口详测河道,建立引港系统,并设置浮标和航标灯。

1863年(清同治2年)

厦门大担岛灯塔建成,由和尚负责灯火。同治4年(1865年)海关接管。

1866年(清同治5年)

闽浙总督左宗棠在福建设立船政,创办马尾造船厂,自造轮船。同时,创设船政学堂。沈葆祯为第一任船政大臣。

1869年(清同治8年)

福州船政马尾造船厂制造的第一艘"万年青"号轮船建成下水。这艘以机器为动力的海军差船,行驶于福州和马尾之间。

1872年(清同治11年)

7月12日,闽江口中犬岛灯塔开始点火。

1873年(清同治12年)

清政府在上海设"轮船招商局",福州、厦门等地设分局,自置轮船,分运漕米,兼揽商务。

1874年(清同治13年)

英商德忌利士轮船公司,经营从福州经过厦门、汕头至香港的定期航运,常行驶的有"海澄"、"海宁"、"海阳"三艘轮船。

1875年(清光绪元年)

连江人林长松首造"宝远"号内河轮船,此后,福州下游的马江、官头、沪屿以及闽东的宁德三都等地,渐有轮船行驶。

12月13日,厦门港的青屿灯塔建成点火。

1877年(清光绪3年)

8月21日,"飞捷"号汽船从福州首航台湾淡水。

1880年(清光绪6年)

英商两艘小机轮在福州洪山桥至水口航线搭船载客4年之后,被我国税务部门扣留、没收。

1881 年(清光绪 7 年)

福州巡抚岑毓英派“琛航”、“永保”两艘轮船行驶福建、台湾航线,加速公文传递。这是福建官办航运之始。

1884 年(清光绪 10 年)

8 月中旬,法舰 13 艘闯入马尾港;8 月 23 日下午,法舰蓄意向我海军军舰开炮,我军舰和附近商船全部被击沉。24 日上午,法军又炮击马尾造船厂,厂坞尽毁。

是年,闽江内港开始设置浮标。

1898 年(清光绪 24 年)

三都港开辟为对外贸易港口。

1903 年(清光绪 29 年)

福州张元奇、刘鸿寿二人购买煤炭蒸汽机一台,装配在 20 吨木帆船上,航行于闽江下游,这是福州机帆船之始。

1906 年(清光绪 32 年)

日本大阪商船会社,增辟福州、厦门以及台湾淡水等地的定期航班。

1907 年(清光绪 33 年)

英商天泰洋行一俗称“冰厂婆”的英国妇女,先后购置 3 艘汽船,行驶于福州、水口之间。

1910 年(清宣统 2 年)

9 月,闽江水上警察局成立,管辖洪山桥至川石岛。

1911 年(清宣统 3 年)

进出厦门港的洋船,开始由中国引航员引航。

日本大阪商船会社开辟福州至香港、福州至上海航线。

1912 年(民国 2 年)

4 月,孙中山大总统卸任后,乘船来闽,由福建交通司司长黄乃裳陪同视察马尾港。

1915 年(民国 4 年)

闽江口白犬、东犬灯塔建成,距离水面 21.8 丈,晴天能照 69 海里。

1919 年(民国 8 年)

6 月,闽江工程处成立,开始测量南台至罗星塔河道。

是年,成立修浚闽江工程总局,疏浚闽江下游南台至马尾河道。

是年,大华公司开辟福州至广东航线,华纪公司开辟福州至三都航线,正记和乾泰公司开辟福州至泉州之间航线,不定期航行。

是年,三北轮船公司在福州设办事处,以“万象”、“甬兴”两船定期航行福州、上海之间。

1923 年(民国 12 年)

福州商人江礼品试航福州至南平航线成功。

1924 年(民国 13 年)

闽江局购买一艘抽沙机船(挖泥船),400 匹马力,每小时可挖泥 45 方,挖深 30 多尺。

1926 年(民国 15 年)

闽江局沿江筑坝疏浚,航道加深,“万象”、“新铭”等吃水 4 米多的海轮,先后进泊台江第六码头。

1928 年(民国 17 年)

是年,涵江人林伯清在莆田秀屿岛兴建一座钢筋混凝土码头及仓库。

1929 年(民国 18 年)

4 月,红四军首次从江西入闽,行抵汀江渡口,在当地群众支持下,乘 9 只船渡江进驻长汀。

1931 年(民国 20 年)

12 月,福建省建设厅在福州设立“验船处”。

1935 年

8 月，福州马尾罗星塔下开始建造浮船码头，次年 10 月建成，可容吃水 4.2 米轮船停泊。“新华安”、“万象”等 10 余艘海轮首批停靠码头。

9 月，闽江疏浚告一段落，吃水 4.2 米、吨位 1116 吨的“靖安”号船(航行于上海—福州)驶进福州南台。

是年，招商局开辟厦门至菲律宾航线。

是年，英商建造的厦门太古码头(和平码头)竣工。

1936 年

上杭设石圳潭、水西渡公路渡口，各配人力方舟一只(石圳潭渡于 1971 年改渡为桥)。

1937 年

3 月，招商局轮船公司开办厦门至菲律宾特快航班，“海元”号轮首航马尼拉。

8 月，抗日战争爆发后，建设厅在福州成立非常时期船舶总队，管辖闽江上下游汽船。

是年，日本飞机轰炸莆田秀屿，码头、仓库尽毁。

是年，为阻止日本舰入侵，在闽江口堆筑熨斗、乌猪、梅花、壶江四道封锁线。

1941 年

闽江工程处“浚河”号挖泥船被日军炸沉于福州台江。

1945 年

1 月 1 日，省交通局改称省公路船舶管理局。

2 月，省驿运处撤消，业务归公路船舶管理局。

8 月 19 日，沿海各港口交通全部开放。

10 月，福建省政府从战时省会永安迁回福州。省公路船舶管理局随之回迁。

1946 年

9 月 20 日，省公路船舶管理局改称福建省公路管理局，专管全省公路工程和汽车运输。船舶管理由建设厅直接管辖。

12 月，闽江工程局用以工代赈方式整治剑溪航道的老虎、龙脉、白石头、猴坑、鬼宿角、麒麟角等河滩工程。

1948 年

永定县设峰市公路渡口，原为人力方舟，1985 年改为机动船（峰市渡于 1999 年改渡为桥）。

1949 年

8 月 17 日，中国人民解放军解放了福建省福州市。

8 月 26 日，闽江轮船公司职工工会筹备会在福州成立。中共福建省委书记张鼎丞和省市领导曾镜冰、王一平、黄国璋、王景成、苏华、林修德等到会祝贺。

9 月 24 日，福州军管会交通处接受原交通部广州航政局福州办事处、福州港引航业务所、交通部福州港工程局保管处以及招商局福州分公司等机构，合并组成福建省航务局。

10 月 8 日，省航务局发布《闽江下游轮、汽船航行暂行管理办法》，整顿闽江下游航行秩序。

1950 年

9 月，第一艘悬挂五星红旗的“建安”轮由厦门港首航香港。

10 月 1 日，福建省交通厅正式成立。

1951 年

9 月 15 日，省交通厅公布《福州港海轮停泊管理暂行办法》，共 14 条，自公布之日起试行。

1952 年

5 月，省交通厅南平航管处在永安成立永安航运总站，辖宁化、清流沙芜塘、永安、三元莘口、沙溪五个航管站。1957 年永安航运总站改为永安航运站。

5 月 21 日，福州港务局接管全省机关、部队、团体所属生产性海上轮船及其设备，成立公营利民公司，代替航务局经营外海轮船业务。

6 月 25 日，省人民政府调整交通厅机构设置，下设：公路局（运输公司）、航运管理局（外轮公司）、内河航运管理局（水运公司）、运输处（联运公司）以及支前公路指挥分所、交通技术学校六个单位。

10 月 11 日，省内河轮船总公司第 17 号客艇由福州航至南平耗时 14 小时 10 分，创榕延当天到达的新纪录。

11 月 15 日，福建省航务局改称福州港务局。

1953 年

11 月，泰宁县城关至上青际下和大布至官江两条溪河疏通，首次通船，陈粮运输问题得到解决。

12 月 2 日，明溪溪源—永安贡川航道整治竣工，恢复通航。

是年秋，建宁航运管理站组织 300 多名船工，整治建宁至将乐万全航道 60 公里，疏通均口至宁化、建宁至均口、泰宁至朱口、沙县至夏茂、莘口至沙溪、永安至小陶等，开辟木帆船交流运输线。

1955 年

3 月 16 日，闽江水口至莪洋段首次夜航成功。

1956 年

省航运管理局组织“汀江勘察组”，对长汀至峰市段实地考察，并提出整治意见。

6 月 7 日，省航管局派出 20 艘“风钻工作船”，在闽江上游的南平、莪洋、水口一带钻洞炸滩。

8 月 1 日，尤溪河航道沈福门至尤溪口段开辟客运航线，每日下行一班。

11 月 16 日，凌晨 1 时 25 分，省航管局上游第 134、151、169、170 号四艘货轮，经过 7 小时 25 分钟航行，安全通过“秤钩滩”、“罗汉滩”等 10 大险滩，首创福州至南平夜航纪录。

1957 年

2 月 16 日，省航管局组织 6 个勘测队，分赴闽江、九龙江、汀江、晋江、木兰溪等水系普查。经过 7 个多月的普查，查清全省共有大小水系 29 个、溪河 663 条、河流总里程 12851.07 公里。

12 月，省航管局将航运管理权下放给各县管理，原永安航运管理总站和属南平航运管理总站管辖的航管站更名为 × × 县航管站，木帆船运输管理也同时归属县管辖。

1958 年

1 月，省航管局决定重点整治闽江三溪（金溪、富屯溪、建溪），4 日，尤溪县成立航道整治委员会。3 月全面动工，当年投入 32 万元，有 202 名工人参加整治，创造了洪水中抛石叠坝、深水炸滩、深水耙港等经验。

1959 年

10 吨位汽船在沙溪永安至三明航道试航成功。

7 月 15 日,泉州海外交通历史博物馆开馆。

12 月,尤溪口至尤溪县城关 64 公里航道经炸礁、抛坝、疏浚,航道宽、深均有改善,枯水期也能航行 4.5 ~6.5 吨木帆船。

1961 年

4 月 14 日,全省交通运输体制调整:1958 年下放地方管理的交通运输企业事业机构一律收回;撤消专、县两级运输指挥部,保留福、厦二市运输指挥部;福州航运管理局改为交通厅航管局,厦门航运管理局改为厦门航管分局;各级交通局集中力量管好民间运输工具。

1962 年

6 月,省航管局在福州、厦门、三都澳设立航运海岸电台 3 座。

7 月 1 日,交通部、铁道部决定福州港为全国水陆联运港口。

12 月,继 1954 年、1958 年之后,建宁、泰宁、将乐三县再次组织整治金溪航道,省航管局工程处派技术员指导。整治后,载重 12 吨的两艘汽船从顺昌到将乐万全试航成功,载重 5 吨的木船从泰宁梅口可下行至顺昌,10 吨左右的机动船可在梅口—万全—顺昌通行。

1965 年

12 月,宁化县乌龙峡水电站拦河坝建成。因未建船闸,沙溪宁化境内至三明 50 公里航道断航。安砂水电站大坝建成,清流至永安的九龙溪航道被分割两段;安砂上游 40 公里航道成为安砂水库,九龙十八滩淹没在水库之中,40 吨机动船可从沙芜通抵安砂,安砂下游断航。

1966 年

7 月 1 日,福建省打捞工程公司成立,负责全省范围内的沉船打捞业务。

11 月 25 日,陈毅副总理及夫人张茜,由福州军区政委刘培善、东海舰队司令陶勇等陪同,视察了三都港湾和闽江口。

1969 年

11 月 6 日,省航管局管理体制下放,但福州马江办事处作为保留单位。

1970 年

9 月，马尾港建港工程指挥部(即 707 工程指挥部)成立，由福州军区、福州铁路局、福州市马尾区、省交通工程队等单位组成，接受省革委会的统一领导。“707”工程随即在马尾罗星山与马限山之间兴工修建高桩梁板式码头 1 座 4 个泊位(万吨级和 5000 吨级各 2 个)，码头共长 592 米；另建仓库 3 座，共 18280 平方米；堆场 5.35 万平方米。

11 月 7 日，福州港口革命委员会成立，由省革委会直接领导。

是年，福建省航运管理局撤消，组成福建省交通局航运总站。

1971 年

12 月，清流县嵩口坪水电站建成，沙溪清流境内的龙津河被电站水坝分割两段，清流城关至嵩口 12.5 公里和嵩口至沙芫 27.5 公里两段航道均可通行 10 吨位的机动船，但因未建船闸只能区间通航。

1972 年

1 月 1 日开始试行交通部颁发的《船舶进出港口管理办法》和《海损事故调查处理规则》，同时废除以前颁发的有关海损事故的调查处理等规则和规定。

5 月 18 日，遵照交通部通知，福州、泉州、涵江、三都、赛岐等五个港口，参加全国水陆联运。

8 月 16 日，“707”工程利用码头前沿铁路栈桥增设一个 5000 吨级泊位。

12 月安砂至永安 40 公里航道经过整治，由原勉强通行 5 吨木船达到能通行 7 吨船。

1973 年

是年，谷牧副总理带领中央十部考察组到厦门港实地考察，确定厦门港是商、军、渔港并存，并以商港为主。

1 月 1 日，省交通局对全省交通运输体制进行改革，实行统一集中管理。水运体制：以现在航管总站为基础，改为省航运管理局。将全省全民所有制港口、航运的人权、财权、物权、指挥调度权集中到省统一管理。航运管理局采取一套人马四块牌子，即“福建省航运管理局、福州港务局、中华人民共和国福州港务监督、中国外轮代理公司福州分公司”。负责全省沿海、内河客货运输组织管理、船舶修造、外轮代理、港务监督、港口作业、航道养护整治等工作。省航管局下设“马江办事处”。原福州港口革委会领导的港监、外轮代理、装卸队等均划出另行组建。

3月28日,省航管局在船舶比较集中的涵江、马江、南平等地设置监督站,配备必要的港监等业务人员,负责办理船舶进出口签证,维护港口安全秩序和船舶安全航行,征收港口费用等工作。福州、马江监督站由闽江航运公司、马江办事处统一领导。

1974 年

是年,福州港吞吐量首次突破100万吨大关,达103万吨,其中马尾港年吞吐量65万吨,台江港吞吐量38万吨。

1月1日,马尾万吨级码头建成并对外开放;同时,福州港务局台江作业区新建的魁歧码头初步竣工,也于本日投产。

5月,尤溪县梅仙坪寨大队在尤溪航道半山河段建成半山水轮泵,该段航道通航受到阻碍。1978年12月省航管局批准建"半山过船闸",并动工兴建,1979年5月建成。半山过船闸建成,是全省内河航道第一座过船设施。

12月,马尾港新建2个万吨级、2个5000吨级码头泊位建成简易投产。

1975 年

1月,马尾港铁路专用线正式通车营运,全长3618米。

3月,福建省厦门港口建设指挥部成立负责组织实施厦门东渡一期4个万吨级泊位建设工程。

5月21日,省革委会批复省交通局,将省航运管理局分为省航运管理局和福州港务局(马江办事处并入港务局)。与厦门港务局一起均直属省交通局领导。厦门航管分局改为厦门航管局和厦门港务局。厦门航管分局隶属省航运管理局。

7月1日,福州港务管理局正式成立,对外挂三块牌子:福州港务局、中华人民共和国福州港务监督、福州外轮代理分公司。

12月,交通部分配马尾港门式起重机4台,从上海港机厂运到马尾港。

1976 年

12月,福州港务局工程技术人员张泽浏、马办自修厂老工人林春友、林木炎等人,依靠自己的力量,搜集资料,土法上马,自行设计安装四台"龙门吊"成功,福州港开始岸上作业机械化。

1978 年

是年,马尾港吞吐量首次突破百万吨大关,达到101.33万吨。

4月,莆田秀屿港建港工程指挥部成立。

10 月 17 日，闽东航运总站分建为省航管局闽东航运公司和福州港务局闽东办事处。

12 月，福州港年吞吐量达到 172 万吨（全港）。

1979 年

1 月 1 日，全国人大常委会发表《告台湾同胞书》，提倡“三通”，对福建港口与台湾通商、通航产生积极影响。

4 月 29 日，福州港务局通讯站成立，负责全港区国内外船舶运输、航行安全、指挥调度、海难救助等无线、有线通讯和导航，以及广播、电讯等设备的维修、保养。

5 月 18 日，福州港第一次出口河砂，有日轮“雄阴丸”号装运 2000 吨至日本。

省航运管理局福州海运公司“闽海 105”轮，从马尾港出发，白天过金门东航线直航厦门，结束了台湾海峡南北线人为断航的历史。

7 月 30 日，省航管局对外增设福建省轮船公司，两块牌子，一个班子。

8 月，省交通局同意马尾港区治理方案，按“整治为主、疏浚为辅”的原则，通过治理，保证低潮位时，码头一、二泊位前沿水深达 9 米，三、四泊位达 7.5 米，罗星锚地维持 9.3 米以上。

10 月 1 日，泉州海外交通博物馆、泉州湾古船陈列馆在开元寺开放。

12 月，福州港务局增设五个单位：(1) 局电信科改为福州港务局通信站。(2) 由局机关分出，设立中国外轮代理公司福州分公司。(3) 由省航管局泉州航管总站移交，改设福州港务局泉州办事处。(4) 由省航管局涵江航管总站移交，改设福州港务局涵江办事处。(5) 由省航管局闽东航管总站移交，改设福州港务局闽东办事处。

1980 年

福州港务局增设秀屿港务站、长乐港务站和福清港务站，加强对民间运输工具管理。

1 月 1 日，全省开辟外贸出口港澳物资起运地 20 个，其中属福州港务局管辖 13 个：(1) 宁德地区的沙埕、三沙、赛岐、下白石、樟湾。(2) 莆田地区的三江口、秀屿、海口、竹屿口、娘宫。(3) 晋江地区的东石、崇武、后渚。

1 月 1 日，中断十年之久的福州—上海杂货“一条龙”运输，正式恢复通航。

1 月 1 日，厦门—香港客轮通航，“鼓浪屿”号由厦门载客启航。

2 月 15 日，国务院和中央军委批准，台湾海峡开始自由通航。

4 月 20 日，泰宁池潭电站大坝建成关闸，形成大金湖，金溪航运中断。

4 月 24 日，国务院批准福州、厦门、漳州、泉州对外开放。

为整治汀江“棉花滩”，龙岩地区交通局在峰市设立“施工站”，炸巨礁，辟船筏道。

6 月 28 日，福州马尾港新开辟的青州通海航道正式通航。

1981 年

1 月 31 日，中共福建省委书记项南、副省长温附山视察厦门港东渡一期建设工程。

1 月，泉州港务办事处改称泉州港务管理局。

3 月，马尾港首次出口木屑 3000 吨，由巴拿马籍“明达诺”号货轮装运往日本。

4 月 13 日，马尾港首次出口液体糖蜜，由巴拿马籍“前进”号货轮装运往日本。

4 月 25 日，从 4 月份起福州港开办集装箱运输业务。本日由日本“虹星丸”轮船装运福日公司二十英尺集装箱 17 只，首抵马尾港。

6 月 17 日，福州海难救助打捞站正式建成交付使用。

8 月 10 日，福建省长马兴元在厦门港主持召开东渡一期工程建设专题会议。

10 月 9 日，福州港务局为实现海峡两岸通航，作出四项决定。

10 月 18 日，马尾港接待国际旅游船“探险”号。

11 月 24 日，“福州外轮理货分公司”正式成立。

12 月 3 日，福州马尾港至菲律宾马尼拉货运航线正式通航。

1982 年

1 月 16 日，福州港务局马尾客运站成立。

3 月 7 日，“茂新”号客货轮 9 时 10 分由沪首次抵达马尾港，福州港务局在码头举行通航仪式。9 日，该轮返航上海，中断 34 年之久的申—榕海上客运航线，自此恢复。

3 月 27 日，中国外轮代理公司福州分公司泉州办事处，中国外轮理货公司福州分公司泉州办事处撤消，分别成立中国外轮代理公司泉州分公司、中国外轮理货公司泉州分公司。

7 月，厦门东渡港区一期工程 1、2 号泊位建成试投产（1983 年 6 月正式交付使用）。

11 月 2 日，国务委员谷牧视察湄洲湾。

11 月 3 日，中共中央总书记胡耀邦视察厦门东渡港区；后又视察宁德三都港。

12 月 24 日，全国人大常委会副委员长荣毅仁视察厦门东渡港区。

漳州市东山港开辟为对外开放港口。

1983 年

1 月 7 日，福州港务管理局、福州港务监督、福州外轮代理分公司、福建省闽江河砂出口办公室，全部迁往台江五一路保卫里一号办公。

泉州港正式恢复对外籍船舶开放。

交通部上海航道局厦门航标区成立。原由海军管理的航标移交交通部管理。

厦门港客运码头竣工（原和平码头）。

2 月 14 日，全国人大常务委员会副委员长刘澜涛视察厦门港。

2 月 16 日，国务院副总理习仲勋视察厦门港。

4 月 5 日，举行厦门至香港集装箱航线通航典礼。

8 月 22 日，中国科学院地理研究所 5 名专家对湄洲湾等地进行考察，认为开发湄洲湾有战略意义。

10 月 26 日，国家主席李先念视察三都港。10 月 31 日，视察厦门东渡港区。11 月 2 日，视察泉州港后渚港区。

11 月 3 日，全国政协副主席杨成武、国家计委主任宋平等视察湄洲湾。

12 月 12 日，国务院副总理谷牧视察厦门东渡港区。

龙岩地区交通局与省航管局编写《汀江航运规划报告》初稿。

1984 年

2 月 8 日，中央顾问委员会主任、军委主席邓小平，国务院副总理王震视察厦门东渡港区。

3 月 8 日，省长胡平宣布：福州、厦门等港口为台湾商船的避风锚地。

6 月，福州港务管理局琯头港务处成立，统管市辖县的连江、长乐、福清、平潭、罗源等沿海口岸的港航业务。

6 月 11 日，省轮船公司货轮“大屏山”号，从日本装载万吨化肥返抵马尾港，创造了载货万吨乘潮一次进港的纪录。

8 月 1 日，根据交通厅文件精神，福州港务局制定《企业放权 23 条》，扩大局属港内企业的自主权，增强企业的活力和发展能力。

8 月 2 日，福州—横滨集装箱运输首航成功。

8 月 24 日，湄洲湾航道扫海工程竣工。

11 月，开始对沙县至沙溪口 42 公里航道按通航 20 吨级船只标准进行整治。

11 月 23 日，全国政协主席邓颖超视察厦门东渡港区。

12 月 17 日，福州港集装箱公司成立。

12 月 18 日，福州—香港定期货班轮开航，“闽海 105”轮担任首航任务。

12月30日,厦门东渡港区一期工程通过国家验收,交付使用。

1985年

1月13日,国务院副总理万里视察秀屿港。

1月27日,以马尾港为依托,开辟马尾青州4.4平方公里为福州市经济技术开发区,成为对外、对内辐射的枢纽。

1月30日,“乌山”号千吨货轮,从香港运载加工原料靠泊福州鳌峰洲第一码头。

福州港务管理局内部建制不变,泉州港务局、涵江办事处下放给地方管理。

2月12日,日本长崎县赠送福建的保健船“第一曙光”号安全抵达马尾港。

2月17日,希腊籍“贸易明星”号10万吨级油轮,在我方引航下驶进秀屿港。

福州—香港客轮首次试航成功,“集美”轮从香港抵达马尾港。

3月20日,中共福建省委书记陈光毅和原省委书记项南到秀屿港考察。

6月6日,交通部在厦门召开“沿海开放城市港口发展座谈会”。交通部部长钱永昌、副部长子刚出席会议并视察东渡港区。

6月6日至9日,交通部部长钱永昌视察福州港。

6月11日,交通部部长钱永昌视察泉州港。

7月1日,撤消福建省航运管理局,企业部分改为福建省轮船总公司,另组建福建省港航管理局。

9月1日,马耳他共和国总统阿拉塔及其随行人员在我国陪同团团长、纺织工业部部长吴文英陪同下,参观厦门东渡港区。

9月8日,美国前总统尼克松参观厦门东渡港区。

10月24日,国务院特区办顾问、新加坡前第一副总理吴庆瑞博士考察厦门港。

12月,霞浦三沙港改建工程和古镇客运码头同时竣工。古镇客运码头是“茂新”号客轮航行上海至福州航线中途靠泊点。

港航体制改革,泉州、赛岐两港下放地方。福州港实行管辖五县一市的沿海港口新体制。

闽江口通海航道疏浚完毕。从此,万吨轮可乘潮直抵马尾港。

三明市沙溪河沙县至沙溪口47.2公里航道20多处险滩进行整治,可通20吨机动船。停航多年的该航道恢复通航。

1986年

营前过驳避风锚地8个浮筒建成投产。

1月1日,加强港航事业费管理,由省港航局负责征收,统一使用缴款收据及

印章。

2月18日，澳大利亚驻华大使罗丝加诺特偕夫人和澳大利亚驻上海总领事黄乐哲等一行14人抵厦门港，双方就厦门港口建设和管理等方面的合作交换意见。

3月10日，整治汀江下游“棉花滩”工程竣工，龙岩地区交通局主持以12马力机动船顺水试航成功，但水流落差大，返航困难，仍需进一步整治。

4月15日，由22个单位参加的为期19天的建溪流域河流踏勘工作的专家们，提出建溪流域综合利用方案。

5月24日，澳大利亚总理霍克，在中共中央政治局委员、书记处书记胡启立，福建省省长胡平陪同下，参观厦门港。

9月1日，长乐筹东火电厂码头开工，中共福建省委书记陈光毅、华能国际电力公司总经理汪德方为工程开工剪彩。

9月2日，澳大利亚港口专家在厦门港访问、考察。

9月7日，巴拿马籍“大德”号轮运载澳大利亚小麦5万吨安全靠泊厦门东渡港区2号泊位。该轮是厦门港有史以来最大吨位直靠码头作业的船舶。

12月1日，福州港与江苏南通港签订友好协议，喜结“连理”。

12月24日，马尾造船厂庆祝建厂120周年，“闽浚二号”2300立方米耙吸式挖泥船下水。

1987年

2月16日，福州港务局鳌峰洲码头首次停靠从上海直航福州的2000吨货轮，这是闽江内河航道第一次承接载重量最大的货轮。

2月16日，省航道工程处挖泥船“闽浚1号”和“闽吸106”轮对后渚3000吨级码头前沿港池、白奇浅滩、小坠门航段进行疏浚。

4月30日，福州港务局国家一级引航员周昌抒、张建中引航载重量为21万吨的超级轮船“南极洲”号安全进秀屿港一号锚地。

5月3日，厦门港与美国佛罗里达州卡那尔港结为友好港。

6月1日，交通部林祖乙副部长莅临福州港视察。

6月8日，闽江口通海航道—外沙浅滩试挖航槽疏浚工程完工通过验收。

7月1日，交通部黄镇东副部长视察福州港连江黄岐码头工地。

7月2日，龙岩地区交通局发出无“三证”的船舶停止航行的通知，并制定渡口“五定”（渡口、渡船、渡工、载客、载货）的管理制度。

8月15日，“鼓浪屿”号客轮首次从香港载客抵泉州后渚港。

8月19日，“安达江”轮从泉州后渚港载石头4006吨，首航日本横滨、大阪港，开通了泉州至日本的直达航线。

我国东南沿海最大的灯塔—平潭牛山灯塔复建竣工交付使用。塔高22米，八角八拱条石混凝土双层结构，外为环形圆廊拱托。

10月17日，福州港打石坑煤码头开工建造。

福建省港航管理局建设的全省第一座河工模型试验厅竣工投产。它是全省港航工程科研活动中心。

12月，彭真、乔石等领导人视察厦门港。

12月15日，福州港新港区港池和航道整治模型成果讨论会在南京水利科学院举行。

1988年

1月1日，厦门港务局划归厦门市政府领导。

1月8日，历时7年的马尾港和通海航道一期工程竣工。整治后，万吨级海轮可乘潮进入马尾港。

4万吨级埃及籍“萨卡拉”轮运载散装小麦30034吨抵达湄洲湾。这是秀屿港建港以来进港靠泊的最大轮船。

3月10日，马尾至上海新增直达快班客轮“鸿新”号首航。

4月6日，福州港新港区港口建设指挥部成立。

5月7日，施性谋副省长到福州港视察工作。

5月12日，沙溪河三明列东至沙县城关航道第一期整治工程通过初验。

8月9日，广州远洋分公司2.5万吨“云岭”轮，运载2万吨原糖，乘潮通过泉州港小坠门航道，入后渚石湖锚地卸货。

8月11日，福建省港航管理局按照国家规定的《内河助航标志》和《内河助航标志的主要外形尺寸》标准，改建闽江内河航标。

8月23日，福州港口建设承包公司成立，由交通部第三航务工程处、福建省建筑工程公司、福建省港务工程处，在自愿、平等、互利的基础上共同联合组建，这是全省第一家港口联合承包企业，实行独立核算，自主经营，自负盈亏。

福建省港航管理局购置具有80年代先进水平的舱容为2300方的耙吸式挖泥船“闽浚2号”。

9月28日，基隆(台湾)—那霸(日本)—厦门航线第一次航行成功。

9月30日，台湾海峡又一大型航标灯—东山港外兄弟屿岛灯标建成。

11月16日，福州港闽江口壶江岛雷达导航设备建成使用。

11月30日，福州港新港区工程正式开工。

12月3日，连江黄岐对台码头通过验收投入使用。

12月13日，国务委员邹家华在王兆国省长等人陪同下视察马尾港区。

1989 年

1 月，福州港开始对闽江下游九孔闸至小马礁浅滩、马尾至闽江口通海航道进行疏浚。

2 月，沙溪河三明至沙县河段航道整治工程竣工，并通过验收。作为 1989 年市政府为民办实事项目之一，该河段航道整治竣工后，300 吨船舶可从三明市区直航福州。

2 月 1 日，福建省开征航道建设基金。

7 月 8 日，万吨级全集装箱货轮“明城”号驶抵马尾港区。

8 月 18 日，尤溪县半山水轮泵船闸修复竣工，并通过验收，中断 8 年之久的尤溪城关至梅仙航道从此复航。

11 月 25 日，肖厝万吨级杂货码头一期工程通过省级验收，交付使用。

12 月 18 日，时为全国最大的海外交通史博物馆在泉州动工兴建。

1990 年

在交通部的关心和支持下，我省拉开陆岛交通码头建设的序幕。

9 月，宁德港下白石 3000 吨级码头动工兴建，2001 年 6 月完工。

1991 年

12 月，全国扶贫基金会委托南京水利科学研究院、黄河水利委员会，河海大学选派 10 多位专家，组成汀江流域综合考察团，深入汀江流域 5 县和龙岩新罗区考察。

12 月 6 日，龙岩地区行署办公室印发《龙岩地区汀江航运规划》初稿。

1992 年

6 月，龙岩地区行署、地区计委编制《汀江流域综合开发整治规划草案》纲要。

9 月，宁德地区行署组建赛岐港务局。

三明市内河沙溪河沙县至沙溪口航段的航运工程列入交通部“八五”内河基本建设计划，该计划项目由交通部水运规划设计院设计，并通过省建委审查。

10 月，三明市内河第一段二等航标在沙溪河涌溪至沙溪口布设完毕，并通过验收。

1993 年

2 月 6 日，漳州港务局成立，隶属于漳州市交通局。

4 月 29 日，沙溪航电开发官蟹航运枢纽工程建设指挥部成立。

5 月,三明市水口库区尤溪河西滨 300 吨级货运码头竣工交付使用,尤溪口 500 吨级码头同时完工。同年库区内尤溪河由林业、石油、煤炭等部门共建成货运码头 9 个,年吞吐能力 85 万吨。

9 月,投资 3000 万元的位于三明市内高砂船闸工程正式动工建设。

11 月,漳州开发区 3.5 万吨级多用途码头 3 号泊位动工兴建,1994 年 11 月完工,打通了漳州市外向型经济的出海口,拉开了大规模建设漳州港基础设施的序幕。

12 月 17 日,三明市编制委员会批准市交通局增设港航监督处,与港航管理处合署办公,实行一套人员两块牌子。各县(市、区)港航管理站也相应增设港航监督站。

1994 年

3 月,宁德地区三沙 3000 吨级客货码头动工兴建,1996 年 1 月完工。三沙口岸 2007 年 5 月经批准对外开放。

6 月 26 日,中共中央总书记、国家主席、中央军委主席江泽民在中共福建省委书记贾庆林、省长陈明义陪同下视察了马尾新港区。

9 月,三明市尤溪河西滨至尤溪口 15.3 公里航道二等航标工程竣工交付使用。

9 月 28 日,三明市沙县航电开发官蟹航运枢纽工程开工,该工程是省内河航道建设最大项目之一。工程由 300 吨级船闸、泄水闸、上下游引航道、导航设施组成,总投资 5500 万元,由沙县人民政府包干建设。

29 日,福建省首家中外合资兴办的“中电”项目三明市斑竹水电站工程开工。该电站是沙溪干流永安至沙溪口河段航电综合梯级开发的第四级。

12 月 20 日,水口水电站库区—煤炭转运码头建成,并开始投入营运。该码头是全省内河第一座转运煤炭码头,可供两艘 500 吨位的驳船同时装卸,年吞吐量 20 万吨。自此三明市的产煤区运往福州、宁德等地的煤炭运输增加了一条低成本的水上通道。

1995 年

3 月 1 日,“漳州港务局”更名为“漳州港口管理局”。

12 月,由时任福建省副省长黄小晶主编,龙岩地区有关单位编写的《汀江流域综合开发规划研究》一书出版。

12 月,三明市沙县上院码头正式动工建设,该工程建设 4 个 300 吨级泊位的货运码头。

1995～1997 年底

三明市沙溪河沙溪口至沙县城关航道航标工程建设。

1996 年

12 月，漳州港口管理局、漳州市计委委托福建省工程咨询总公司编制《漳州港总体布局规划》，是对漳州港各港区第一次进行的规划安排。

1997 年

4 月，交通部批准漳州所属各港区统称“漳州港”。

动工兴建后石电厂 10 万吨级煤码头，2000 年 12 月竣工。

6 月，三明市高砂船闸工程基本完工。

7 月，沙溪河高砂坝上至三明航运工程获省计委立项，该工程投资 10200 万元，计划建设沙县城关及斑竹 2 座船闸、沙县城关至三明航道航标工程。

7 月 1 日，东山港务局成建制移交东山县政府。

9 月，漳州港口管理局、漳州市计委委托福建省交通规划设计院编制完成《福建省漳州市港口建设规划》。

1998 年

泉州港务管理局设立肖厝、围头港务分局和沙格、上西、山腰、辋川、崇武、内港、后渚、石湖、梅林、祥芝、安海、水头、东石、石井、深沪、围头等 16 个港务站，全面加强港口行政管理和事业规费的征收。

漳州港东山港区冬古作业区 3000 吨级散杂货码头建成。

1 月，赛岐港务局搬迁至宁德，更名为“宁德港务局”。三都澳港务局成建制移交宁德港务局。

1999 年

3 月 15 日，漳州港后石电厂 10 万吨级航道开工，2000 年 6 月 11 日竣工验收，工程总投资 4154 万元。

6 月，宁德港务局事企分开，将企业部分剥离出来成立宁德市港务有限公司。

7 月，三明市人民政府批准成立三明市沙溪河航运工程建设指挥部，负责三明市沙溪河航运工程建设管理工作。

8 月，宁德三都澳城澳万吨级码头动工兴建，2004 年 12 月完工。三都澳城澳口岸 1993 年 10 月批准对外开放，2005 年 7 月正式验收对外开放。2006 年 10 月，

城澳、白马作业区经批准为对金门、马祖、澎湖直航货运口岸。

9月,三明市交通局与斑竹水电有限公司签订建设斑竹船闸工程的协议书,该工程正式动工建设。

2000 年

12月14日,龙岩市机构编制委员会批准设立"龙岩市水上交通管理处",隶属市交通局。

2001 年

厦门港集装箱吞吐量达到129.32万标箱,首次进入世界集装箱港口50强行列。

由泉州港务管理局组织编制的《泉州港总体布局规划》获福建省人民政府批复。

三明市斑竹坝下航道工程及三明市区库区段航标布设工程动工建设。

1月2日,金门县"金厦通航参访团"乘坐金门县"太武"号、"浯江"号渡轮首次直航厦门,拉开厦金客运直航的序幕。2月6日,厦门轮船总公司"鼓浪屿"客轮直航金门料罗港,运送94名在闽金门同胞赴金门探亲,成为50年来首次直航金门的大陆船舶。

1月2日,上午11时许台湾马祖500余名香客乘"台马轮"抵达福州港马尾客运站,开辟51年来"两马"的首航。

1月12日,第六代超巴拿马型集装箱巨轮"马士基·诺德"号安全靠泊海沧国际货柜码头,为截至当时厦门港最大型到港集装箱船舶。该船长318米、宽42米、载重能力达9万多吨。

1月19日,福州市人民政府发文确定成立"福州市港务局",暂归口市交通局。

2月16日,交通部张春贤副部长在贾锡太副省长、省交通厅、福州市政府领导陪同下,视察江阴港区、罗源湾港区。

4月29日,福州市人民政府成立福州市港口建设指挥部。

5月14日,福州市人民政府第十四次常务会议审议通过,并颁发了《福州市港口管理办法(试行)》。

5月11日,福州市人民政府发文同意组建福州市航道局,隶属福州市港务局。

9月,三明市交通局与沙县城关水电有限公司签订建设沙县城关船闸工程的协议书,该工程正式动工兴建。

省重点工程厦门湾10万吨级航道一期工程东渡航道增深工程竣工并投入使用,航道总长15.8公里,水深增至-10.5米。

12 月，根据 2000 年 12 月 20 日《福州市人民政府与福建省交通厅关于港口体制改革的协议》，原福州港务局行政事业部分下放福州市管理和领导。原省航道局福州分局、闽江分局也随同福州港口体制改革下放福州市。

12 月 20 日，厦门港集装箱国际中转实现“零”的突破。

2002 年

泉州市港口岸线管理委员会出台《关于加强港口岸线使用管理的通知》，进一步加强港口岸线资源的规划、管理和保护。

3 月 29 日，福州港罗源湾港区总体布局规划通过审查。

4 月 19 日，海峡两岸试点直航五周年座谈会在厦门召开。

6 月 3 日，“长安 109 号”轮满载“金博会”参展货物，从马尾青州 5 号泊位下碇，标志福州金门两地件杂货物船首次实现直航。

8 月 22 日，由交通部、福建省政府组织的《福州港总体规划》审查会圆满结束，同意福州港调整为闽江口内、松下、江阴和罗源湾四个港区，原则同意该规划对福州港的性质、功能定位。

9 月 25 日，厦门市委、市政府将厦门市港务管理局确定为市政府主管全市港口行政工作的职能部门。

10 月，中共中央政治局委员、国务院副总理钱其琛到福州港客运站考察对台工作，听取港口关于“两马”客运直航开展情况介绍。国务院副秘书长崔占福、国台办主任陈云林、外经贸部副部长安民、国台办副主任李炳才等中央有关领导、省委常委、秘书长朱亚衍、副省长汪毅夫等陪同视察。

10 月 28 日，经交通部批准，福州马尾华荣海运有限公司所属“明德壹号”、“闽榕 111 号”承运马尾与金门、马祖货物。此次“明德壹号”启航标志着“两马”贸易货物首次实现直航。

11 月 14 日，6 万吨级巨轮“振华”2 号运载两台巨型桥吊和五台集装箱场吊停靠江阴港区国际集装箱码头，这是福州港历史上靠泊的最大吨位的船舶。

11 月 18 日，泉州—金门货运直航航线开通。

11 月 22 日，厦门市重点建设项目猴屿西航道工程开工建设。

11 月 27 日，全国人大副委员长姜春云同志在省委常委等省市领导陪同下视察了福州港青州港区和福州客运站。

12 月 18 日，江阴港区 1 号泊位 3 万吨级（兼靠 5 万吨级集装箱船）多用途码头顺利投产。

2003 年

1 月 7 日,泉州市委办、市府办于 2003 年联合发出通知,明确泉州港务管理局为主管全市港口、港务、港政工作的市政府直属事业单位。

泉州港成功地引进马尾轮船公司在泉州(后渚)开通"泉州—厦门—高雄(基隆)"两岸三地航线,引进韩国凡洋商船株式会社在泉州(后渚)开通"泉州港—韩国(釜山)"航线,中远、中海、长航等多家航商分别加密在泉州经营的班轮航线。

2 月 10 日,福州市港务局成立福州闽江南港航道整治指挥部。

3 月 19 日,国务院正式批复,同意江阴港区自 3 月 12 日起对外国籍船舶开放。

3 月 28 日,省水利厅组织通过对闽江下游南港整治规划的审查。

4 月 17 日,福州市政府召开港口收费专题会议,确定:一要鼓励出口企业从福州港、江阴港区出口;二要推进福州港口行政收费制度改革;三要对从福州地区出口企业集装箱运输通行费给予优惠;四要深化通关环境、港口投资软硬环境改革。

5 月 9 日,总投资 1.7 亿元人民币的厦门湾 10 万吨级航道二期工程开工建设。该工程可满足第 6 代集装箱船舶全天候通航、10 万吨级油轮乘潮通航。

7 月 4 日,福州市政府出台优惠政策提高口岸通关速度。

8 月,漳州市计委委托中交第三航务工程勘察设计院进行《福建省漳州港总体布局规划》修编工作。

9 月 2 日,世界最大型的集装箱货轮"索文伦马士基" 靠泊于海沧港区国际货柜码头。该船是马士基集团运营中国—欧洲航线上投入的第 9 艘第 6 代集装箱船舶,中国大陆沿海仅挂靠上海、宁波、厦门 3 个港口。

9 月 8 日,厦门国际旅游客运码头开工建设。该旅游码头设计年吞吐能力 150 万人次,兼顾停靠 3 万吨以下内贸集装箱船舶,年集装箱吞吐能力为 5 万 TEU。

10 月 7 日,江阴港区 1 号集装箱码头首开至西非集装箱干线班轮。

10 月 31 日,厦门首开至亚德里亚海的航线。

11 月 17 日,福州港江阴港区通过省口岸开放验收组的验收。

11 月 28 日,福州市政府发文成立福州市港口建设与发展领导小组。

12 月,厦门市重点建设项目厦门港嵩屿港区一期工程正式开工。

12 月 7 日,龙岩市水路运输管理处(龙岩地方海事局)加挂"福建省龙岩市船舶检验所"。

12 月 24 日,福建省与厦门市重点建设项目厦门港东渡港区三期工程通过交通部组织的验收,工程质量等级总评为优良。

12 月 15 日,厦金航线出境联检通道在厦门港和平码头开通试运行。从当日开始,和平码头的出境和入境联检通道分开设立,厦金航线出入境旅客的手续可同时

办理，口岸的客运吞吐能力可增强3倍以上。每年能够保证100万人次以上方便安全地进出。

2004年

2004年，福建省航道局泉州处下放泉州市，成立泉州航道管理局，与泉州港务管理局实行一套班子两块牌子合署办公，实现了港政、航政管理的统一。同时，泉州航道站成立。

1月1日，福建省航道局漳州航道处下放漳州市，隶属漳州港口管理局，并更名为“漳州市航道管理处”。

福建省航道局将宁德航道下放宁德市管理，成立宁德市航道管理局，并与宁德港务局合署办公，两块牌子一个机构。

1月3日上午，船长300多米、吃水深7米的挪威籍5万吨级巨轮“洛玛”号（空载），安全驶进闽江口内，是迄今进入闽江口内港区的最大的货轮。

1月16日，厦门市重点建设项目——厦门港嵩屿港区一期工程正式开工。

3月21日，以马尾马限山为界至闽江口的通海航道航标自当日起由上海海事局福州航标站管理维护。

4月29日，厦门港与德国杜伊斯堡港正式结为友好港口。

5月13日，福州市港务局与福州市航道局合署办公，实行一个机构两块牌子的管理体制，为市政府直属事业单位，履行港口、航道、航标行政管理职能。

6月3~4日，由交通部、海关总署、国家质检总局、公安部出入境管理局、边防局等单位组成的国家口岸开放验收组莅临福州港江阴港区，对该港区生产配套设施、港口航道通航安全、口岸监管条件等进行考察，并通过验收，标志着该港区可以正式对外轮开放。

6月15日，载重量4.4837万吨的希腊籍集装箱船舶“亨春”号从福州港江阴港区开往美国西海岸，标志福州港美西集装箱班轮航线正式开通，这也是福州港第二条国际远洋航线。

6月15日，厦门湾10万吨级航道二期工程竣工。航道设计通航水深满足全天候通航第五、第六代集装箱船和乘潮通航10万吨级油轮，被誉为“海上高速公路”。

6月26日，福州港24个港口设施通过交通部的港口设施保安评估，取得交通部颁发的港口设施保安条例证书。

7月1日，福州港闽江口内港区台江作业区从即日起停止外贸货物装卸作业。

7月11日，全球最大的集装箱船“中海亚洲”轮首航厦门港，成为截至当时到港的最大的集装箱船。“中海亚洲”号是当时全球集装箱量最大的超级集装箱船，可装载8468个标准集装箱，堪称海上集装箱运输的“航空母舰”。

7月14日通过论证的《福建省沿海港口布局规划》确定了海峡西岸港口群的发展蓝图：福建将加速沿海深水岸线开发，形成以厦门湾港口、福州港为主枢纽港，湄洲湾港口、泉州港为地区性重要港口，漳州港、宁德港和莆田港等为地方中小港口的总体布局。

8月3日，厦门、南昌两市政府在南昌正式签署《南昌与厦门开展水铁联运合作意向书》，达成水铁联运合作框架协议。

8月7日，交通部港口设施保安工作检查组到福州港检查港口设施保安工作。

8月9日，厦门市政府、漳州市政府、招商局集团在漳州开发区召开第一次厦门湾港口经济合作联席会议并确立了厦门湾港口经济合作联席会议制度。

10月5日，《福州港总体规划》通过交通部、省政府联合审批。

11月初，交通部公布我国25个沿海主要港口名单，厦门港被列入全国主要港口。

11月1日，江阴港区首开至地中海集装箱干线班轮。

11月18日上午，全国人大常委会副委员长蒋正华视察福州港江阴港区。

12月，《漳州市港口总体规划》通过省发改委和省交通厅的审查。

12月13日，厦门港《危险货物港口作业认可网上审批系统》通过验收，该系统实现了危险货物管理港口部门与海事部门的相互通报、相互沟通。

12月16日，厦门市航道管理站举行揭牌仪式。厦门市航道管理站原为福建省航道管理局厦门分局。

2005年

漳州市漳浦古雷港区一德液体化工码头5万吨级兼靠10万吨码头开工建设。

1月16日，交通部授予厦门市港务管理局“港口设施保安履约工作先进单位”。

1月26日，厦门港与乌克兰伊利乔夫斯克港结成友好港。

2月10日，中共中央政治局常委、国务院副总理黄菊，交通部部长张春贤视察江阴港区。

3月7日，中远集运投资数亿元打造的第5代现代化集装箱船舶——“中远厦门”轮，在海沧国际货柜码头举行盛大的正式命名仪式。

3月上旬，厦门港入选“中国十佳港口”。

4月，“泉州港与海上丝绸之路研讨会”及“纪念郑和下西洋600周年研讨会”举行，编辑出版《泉州港与海上丝绸之路（第三辑）暨纪念郑和下西洋600周年研讨会论文集》。

5月14日，装载3个集装箱计33吨共60个品种台湾水果的“吉祥山”货轮停靠福州港青州集装箱码头，福州港首次接卸台湾水果。

5 月 25 日，福州港台泥 2 万吨级专用码头通过验收，正式对外轮开放。

5 月 30 日，厦门港与槟城港在厦门结成友好港口。

5 月 31 日，厦门港在荷兰阿姆斯特丹市政府工商会议厅举办了港口与物流推介会，厦门港与荷兰阿姆斯特丹港结为友好港口。

6 月 1 日，厦门港与泽布吕赫港务局正式结为友好港口。

6 月 2 日，运载着 1 个集装箱 6324 公斤各色台湾水果的马耳他籍“齐春轮”顺利靠泊厦门港象屿码头，这是台湾水果首次以集装箱的形式运抵厦门。

6 月 10 日，南昌至厦门国际集装箱海铁联运正式开通。

6 月 21 ~22 日，交通部副部长翁孟勇率领交通部综合规划司、公路司、水运司领导到龙岩调研。

6 月 23 日下午，交通部副部长翁孟勇视察江阴港区。翁副部长在榕期间，与省交通厅领导举行了座谈。

7 月 5 ~8 日，由福州市政府组织市港务局、口岸办、外经局、港务集团等在南平、三明召开福州港口业务推介会，宣传鼓励货物经由福州港进出的优惠政策与措施。

7 月 12 日，福州市政府办公厅发文要求全市各县（市）、区政府、有关单位、港口企业、新闻媒体今后对港口、港区及港口企业名称进行规范，统一使用福州港 + 港区 + 作业区名称，对有关港口企业只能使用企业名称。

7 月 25 日，厦金航道 10 座航标全部抛设成功。同日，台湾金门港也完成金门段全部 10 座航标的抛设。至此，厦金航道航标工程正式开通，厦金航线没有航标的历史结束。

8 月 1 日，福建陆海建设监理所向上海航道局二公司下达开工令，标志闽江通海航道增深工程正式实施。

8 月 2 日，李川副省长视察罗源湾港区。

8 月 26 日，在福州香格里拉大饭店，省交通厅、福州市政府与上海海事局正式签署协议，将福州港江阴港区、松下港区、海坛海峡、兴化湾水域 32 座海标移交上海海事局管理维护。

9 月 8 日，厦金航线直航客轮“马可波罗”号靠泊和平码头，该航线出入境旅客由此突破 100 万人次。

9 月 8 日，建在厦门最好岸线位置上的码头主要功能性建筑——厦门国际旅游客运码头客运联检大楼正式开工建设。

9 月 23 日，厦门港象屿新创建码头装卸集装箱的单船作业效率创下了全港最高纪录，达到了每小时 186.6TEU。

9月24～30日，福州市政府、市港务局有关人员，深入江西南昌、上饶、抚州、鹰潭等地揽货，与地方政府和外经部门举办港口业务推介会。

10月6日，欧洲地中海航线95786吨"美莉落"轮成功靠泊江阴港区1号泊位，为福州港截至当时靠泊的最大集装箱船。

10月21日，厦门港首开至马尼拉直达航线。

11月6日，载4.6万吨矿石的5万吨级"布克"轮靠泊罗源狮岐码头，为福州港截至当时靠泊的最大散货轮。

11月28日，厦门国际货柜码头集装箱年吞吐量突破百万标箱，累计达102.37万TEU。这是厦门港继海天集装箱码头后第二个年集装箱吞吐量突破100万标箱的码头。

12月8日，福州港江阴港区福州新港国际集装箱有限公司所属码头新增一条由中海公司营运的东南亚航线，挂靠港口依次为上海、宁波、福州江阴新港、赤湾、胡志明、香港。

12月28日，厦门市交通重点建设项目东渡航道扩建工程举行开工仪式。

12月31日，厦门港口管理局举行揭牌仪式。根据11月25日福建省政府第44次常务会议通过的厦门港管理体制调整方案，自2006年1月1日起，福建省厦门湾内原漳州市港口管理局所辖的后石、石码港区及招商局漳州开发区漳州港务局所辖的招银港区，与原厦门市港务管理局所辖的东渡、海沧、嵩屿、刘五店、客运等五个港区合并组成新的厦门港。

2006年

《泉州港总体规划》修编，并上报省交通厅和省发改委审查。

《泉州港水域总体规划》通过了省发改委、省交通厅组织的审查。

《泉州港口物流发展规划》(初稿)编成，进一步明确了港口物流发展方向。

1月，三明市港口总体规划出台。

1月1日，厦门湾进行一体化改革，漳州港的招银、后石、石码三个港区组合到厦门港，实行港政、航政、水路运政统一管理。

1月30日，万海航运有限公司的"常春"号集装箱船驶离象屿码头，厦门港新开辟的日韩、东南亚的循环航线开航。

3月，宁德市人民政府正式确定"宁德市港务局"为宁德市行政管理部门。

全省陆岛交通码头建设工作会在福州召开。

3月21日，招银、石码港务管理站揭牌成立，厦门港一体化管理迈出新步伐。

3月30日，全省港口建设发展座谈会在福州召开。

4月12日，《厦门港总体规划》审查会召开，提出厦门港八大港区功能定位。

4月18日，由美达船务有限公司经营的台湾直航线“联峰”轮首航江阴港区福州新港国际集装箱码头。

5月，据“国际集装箱化”统计资料显示，厦门港2005年集装箱吞吐量完成334.3万TEU，国际集装箱排名由2004年的第26位上升至第23位。

招银港区集装箱吞吐量增速迅猛，完成1.77万TEU，比增110.72%。

5月14日，中海集运在罗源湾港区狮岐码头开辟至天津的内贸集装箱班轮。

5月18日，地中海航运公司的“地中海·芝加哥”集装箱船成功靠泊厦门港海沧港区国际货柜码头。这是厦门港截至当时靠泊载箱量最大的集装箱船舶，该船载箱量达9178TEU。

5月23日，福州市港务局主持召开可门火电厂一期煤码头工程交工验收会，同意该码头先行交付试生产。

6月，交通部下发《海峡西岸公路水路交通基础设施发展规划指导意见》。

6月8日，厦门港在海沧港区7号泊位举行海沧航道扩建工程开工仪式。海沧航道全长8.8公里，是船舶进出厦门港海沧、嵩屿港区的唯一通道。

6月8日，泉州—金门客运直航航线开通。

6月19日上午，福州港与西班牙坎塔布里亚州桑坦德港在马尾结为友好港口。

6月20日，梁应辰院士考察我省沿海各主要港口。

7月，台湾“中华港埠协会”访问厦门港。

7月19日，菲律宾省议员到厦门港参观考察。

7月27日，载重吨为4.3万吨的“达飞马尔斯”轮在江阴港区投入营运，标志江阴港区至中东航线正式开通。

8月21日、29日，福州市港务局连续发出关于加强港口设施维护管理的通知、关于开展码头前沿水深测量的通知，要求码头业主单位按照《港口设施维护技术》（JTJ/T 289—97）有关规定，切实做好港口设施维护管理工作，开展码头前沿水深测量工作，并根据测量情况采取相应的保护措施。

8月24日，李川副省长深入沙埕港口指导灾后重建并慰问现场工作人员。

9月，省委、省政府出台《关于加快建设海洋经济强省的若干意见》，提出建设海洋经济强省的主要措施。

9月6日，厦门港与韩国木浦新港结为友好港口。

9月22日，厦门港与布宜诺斯艾利斯港签署友好港口协议书。这是厦门港缔结位于南美洲大陆的首个友好港口。

9月29日上午，福州市港务局与美国塔科玛港务局在福州马尾签订两港友好合作补充协议。

10月,《厦门港五通至金门水头航道(厦门段)通航安全和环境影响评估报告》通过有关专家评审,厦门至金门航线"第二航线"拟建工作得到了专家首肯。

《中共泉州市委、泉州市人民政府关于"十一五"期间加快港口发展的意见》经泉州市委常委会讨论通过并印发施行。

宁德大唐电厂5万吨级航道建设通过验收。

11月,厦门港务船务有限公司获得中国福建海事局颁发的符合证明(DOC),成为全国第一家同时通过ISO标准认证和船舶安全营运和防污染管理规则(NSM)审核的专业拖船公司。

厦门国际货柜码头有限公司在中国港口协会2005年度集装箱码头评比中连获三项殊荣,分别获得"2005年综合指标最佳集装箱码头"第一名、"中国港口杰出集装箱船舶装卸效率码头"第三名和"中国港口极具发展潜力集装箱码头"第五名。

厦门海天集装箱公司、厦门国际货柜码头公司和厦门象屿新创建码头公司在第五届中国货运业大奖中分别获得综合服务第三名、作业效率第六名和科技管理水平第六名。

11月9日,厦门港口水运生产快速反应信息系统正式通过验收。

11月10日,厦门港与新西兰惠灵顿森特瑞港结为友好港口。

11月20日~12月20日,福州市政府集中水利、海事、公安、海警、国土、港务等单位,采取联合执法行动,对闽江入海口河段和南港河段违法采砂进行为期1个月的专项集中整治,以强化对闽江两岸堤防、桥梁、港口码头设施和生态环境的保护。

12月2日,福州市委、市政府赴宁德开展山海协作和对口帮扶活动。期间,福州市港务局与宁德港务局签订建立两个港口之间协作机制的协议。

12月3日,福州港可门华电煤码头迎来了开港以来最大的货轮——总吨位35890万吨,载重量达69300吨的"东方盛"轮。

12月6日,厦门港开辟首条直达墨西哥拉萨斯—卡德纳斯和巴拿马巴尔博亚的中南美洲航线。

12月20日,上午11时,福州港第100万个集装箱在江阴港区2号泊位起吊,标志福州港集装箱首次突破100万TEU大关。

12月22日,全国政协主席贾庆林视察厦门港国际旅游客运码头和嵩屿港区一期工程建设。

12月22日,海峡西岸港口推介会在江西省南昌市举行。

12月22日,"泉州港务管理局"更名为"泉州市港口管理局"。

12月28日上午,福州市港务局召开《福州港口章程》新闻发布会。

12 月 28 日，厦门港口管理局举行“厦门港年集装箱吞吐量突破 400 万 TEU 庆典”。

12 月，宁德大唐电厂 5 万吨级煤码头竣工。

2007 年

2 月，“漳州港口管理局”更名为“漳州市港口管理局”。

2 月 1 日上午，厦门“五缘轮”和金门“泉州轮”分别从厦门五通海空联运码头和金门水头码头相对开出，成功试航厦金航线“第二航道”。该航线通过海空联运实现“一票到底，无缝对接”，往来两岸更加便捷。

3 月 9 日，省交通厅召开海峡西岸港口发展专家、学者研讨会。

4 月，黄小晶省长和叶双瑜、李川、苏增添副省长等一行先后察看了江阴港区国电江阴电厂煤码头、江阴新港 1、2、3 号码头等港口设施和福州保税物流园区、口岸园区等配套基础设施以及国电江阴火电厂等临港工业项目建设情况。

4 月 17 ~ 18 日，黄小晶省长赴宁德三都澳、福州罗源湾等地考察。

8 月 14 日上午，福建省委书记卢展工视察福州港务集团青州集装箱码头。

9 月 6 日下午，中共中央政治局委员、国务院副总理吴仪参加厦门港嵩屿集装箱码头一期工程投产庆典。该集装箱码头是海峡两岸最高等级的集装箱深水装卸作业区，拥有 3 个专用泊位，岸线长 1246 米，泊位水深 17 米，堆场总面积 353000 平方米，具备停靠第六代超大型集装箱船舶的能力。

9 月 25 日，福建省委书记卢展工视察宁德三都澳。

附　　录

福建省港口、航道、地方海事、船检管理审核、审批指南

实施主体：福建省交通厅

序号	项目名称	项目内容	受理地点	受理机关	审批机关	审批依据	核发证书
1	建设项目使用港口岸线审批	5000吨以上，万吨以下	港口所在地港口行政管理部门	省港航管理局	省交通厅	《中华人民共和国港口法》第13条	
2	港口工程竣工验收	省发改委审批、核准和省交通厅审批的港口工程	港口所在地港口行政管理部门	省港航管理局	省交通厅	《中华人民共和国中华人民共和国港口法》第19条、《港口工程竣工验收办法》（交通部令）	港口工程竣工验收鉴定书
3	港口工程可行性研究审核	省级宏观经济管理部门和省交通厅审批的港口工程	港口所在地港口行政管理部门	省港航管理局	省交通厅	《福建省水运工程建设项目管理暂行办法》第二章	
4	港口工程初步设计审批	省级宏观经济管理部门和省交通厅审批的港口工程	港口所在地港口行政管理部门	省港航管理局	省交通厅	《中华人民共和国港口法》第15条	
5	设置专用航标及航标搬迁、拆除许可	四级及以上内河航道	航道所在地航道行政管理部门	省港航管理局	省交通厅	《中华人民共和国航标条例》第6条、第12条	
6	与通航有关的临、跨（拦）河建筑物审批	四级及以上内河航道、3000吨级及以上沿海航道	航道所在地航道行政管理部门	省港航管理局	省交通厅	《中华人民共和国航道管理条例》第14条、《中华人民共和国航道管理条例实施细则》第18条	
7	航道工程可行性研究审核	省级宏观经济管理部门和省交通厅审批的航道工程	航道所在地航道行政管理部门	省港航管理局	省交通厅	《福建省水运工程建设项目管理暂行办法》第二章	

续上表

序号	项目名称	项目内容	受理地点	受理机关	审批机关	审批依据	核发证书
8	航道工程初步设计审批	省级宏观经济管理部门和省交通厅审批的航道工程	航道所在地航道行政管理部门	省港航管理局	省交通厅	《航道建设管理规定》第20条	
9	航道工程施工图设计审批	省级宏观经济管理部门和省交通厅审批的航道工程	航道所在地航道行政管理部门	省港航管理局	省交通厅	《航道建设管理规定》第24条	

实施主体:福建省地方海事局

序号	项目名称	项目内容	受理地点	受理机关	审批机关	审批依据	核发证书
1	船舶国籍证书核发	船舶国籍证书签发(许可)	市地方海事局	省地方海事局	省地方海事局	《中华人民共和国船舶登记条例》、《中华人民共和国内河交通安全管理条例》、《中华人民共和国船舶法定技术检验规则》、《中华人民共和国海事行政许可条件规定》	船舶国籍证书
2	船舶最低安全配员证书签发	国内航线500总吨以下船舶	市地方海事局	省地方海事局	省地方海事局	《中华人民共和国内河交通安全管理条例》、《中华人民共和国船舶最低安全配员规则》	船舶最低安全配员证书
3	船舶文书核发		市地方海事局	省地方海事局	省地方海事局	《中华人民共和国内河交通安全管理条例》、《中华人民共和国水污染防治法实施细则》、《中华人民共和国船舶签证管理规则》	
4	船舶登记	船舶所有权登记	市地方海事局	省地方海事局	省地方海事局	《中华人民共和国内河交通安全管理条例》、《中华人民共和国船舶登记条例》、《老旧运输船舶管理规定》	船舶所有权登记证书
		光船租赁登记				《中华人民共和国船舶登记条例》、《老旧运输船舶管理规定》	船舶光船租赁登记证书
		船舶抵押权登记				《中华人民共和国海商法》、《中华人民共和国船舶登记条例》	船舶抵押权登记证书

续上表

序号	项目名称	项目内容	受理地点	受理机关	审批机关	审批依据	核发证书
4	船舶登记	船舶烟囱标志、公司旗登记	市地方海事局	省地方海事局	省地方海事局	《中华人民共和国船舶登记条例》	
		废钢船登记				《中华人民共和国船舶登记条例》、《交通部拆解船舶监督管理规则》	废钢船登记证书
		船舶变更登记				《中华人民共和国船舶登记条例》	
		船舶注销登记				《中华人民共和国船舶登记条例》	
5	船员专业、特殊培训合格证签发		市地方海事局	省地方海事局	省地方海事局	《中华人民共和国内河交通安全管理条例》、《中华人民共和国内河船员培训管理规则》、《中华人民共和国船员专业、特殊培训考试、发证办法》、《中华人民共和国海事行政许可条件规定》	船员专业、特殊培训合格证
6	船员任职资格证书签发		市地方海事局	省地方海事局	省地方海事局	《中华人民共和国内河交通安全管理条例》、《中华人民共和国内河船舶船员适任考试发证规则》、《中华人民共和国海事行政许可条件规定》	船员任职资格证书
7	船员适任考试核准		市地方海事局	省地方海事局	省地方海事局	《中华人民共和国内河交通安全管理条例》、《中华人民共和国海船船员适任考试、评估和发证规则》、《中华人民共和国内河船舶船员适任考试发证规则》	船员适任考试准考证

实施主体:福建省船舶检验处

序号	项目名称	项目内容	受理地点	受理机关	审批机关	审批依据	核发证书
1	船舶检验	船舶设计图纸审查	省船舶检验处	省船舶检验处	省船舶检验处	《中华人民共和国船舶和海上设施检验条例》第8条	
		船舶建(改)造检验	省船舶检验处	省船舶检验处	省船舶检验处	《中华人民共和国船舶和海上设施》第二章第七条	船舶建(改)造检验证书
		船舶初次检验				同上	船舶初次检验证书
		船舶营运检验				同上	船舶营运检验证书
		海上设施检验				《中华人民共和国船舶和海上设施》第三章第十五条	海上设施检验证书
		船舶附加检验				《中华人民共和国船舶和海上设施》第二章第十二条	船舶临时检验证书
		船用产品检验	省船舶检验处	省船舶检验处	省船舶检验处	《中华人民共和国船舶和海上设施》第二章第八条	船用产品检验证书

注:①审图业务范围:船长30米及以上或主机总功率220千瓦及以上的内河各类船舶;

②建造检验业务范围:船长50米及以上或主机总功率440千瓦及以上除客船外的内河各类船舶;船长30米及以上内河客船、旅游船;

③营运检验业务范围:船长50米及以上或主机总功率440千瓦及以上除客船外的内河各类船舶;船长30米及以上内河客船、旅游船。

实施主体：市航道行政管理部门

序号	项目名称	项目内容	受理地点	受理机关	审批机关	审批依据	核发证书
1	临、跨(拦)航道建筑物审批	5级及以下内河航道、500吨级以下沿海航道	航道所在地航道行政管理机构	市航道行政管理部门	市航道行政管理部门	《中华人民共和国航道管理条例》第14条	
2	设置专用航标及航标搬迁、拆除许可		航道所在地航道行政管理机构	市航道行政管理部门	市航道行政管理部门	《中华人民共和国航标条例》第6条、第12条,《中华人民共和国航道管理条例》第21条	
3	修建与通航有关设施许可		港口所在地港口行政管理部门	港口所在地港口行政管理部门	港口所在地港口行政管理部门	《中华人民共和国水法》第27条、《中华人民共和国防洪法》第27条、《中华人民共和国航道管理条例》第14条、《船闸管理办法》第12条、《中华人民共和国航道管理条例实施细则》第18、19条	修建与通航有关设施许可证
4	在航道上采挖砂石审批		港口所在地港口行政管理部门	港口所在地港口行政管理部门	港口所在地港口行政管理部门		
5	港口设置专用航标许可		港口所在地港口行政管理部门	港口所在地港口行政管理部门	港口所在地港口行政管理部门	《中华人民共和国航道管理条例实施细则》、《内河航标管理办法》	

实施主体：市地方海事局

序号	项目名称	项目内容	受理地点	受理机关	审批机关	审 批 依 据	核发证书
1	通航水域岸线安全使用和水上水下施工作业审批	四级及以上内河航道	县地方海事处	市地方海事局	市地方海事局	《中华人民共和国内河交通安全管理条例》第25条	水工作业：水上水下施工作业许可证
2	禁航区、交通管制区、锚地和安全作业区划定审批	四级及以上等级航道	县地方海事处	市地方海事局	市地方海事局	《中华人民共和国内河交通安全管理条例》第45条	
3	船舶安全与防污染证书文书核发	船舶最低安全配员证书签发	县地方海事处	市地方海事局	市地方海事局	《中华人民共和国内河交通安全管理条例》第6条	船舶最低安全配员证书
		《高速客船操作安全证书》签发	县地方海事处	市地方海事局	市地方海事局	《高速客船安全管理规则》	高速客船操作安全证书
		《船上油污应急计划》审批	县地方海事处	市地方海事局	市地方海事局	《水污染防治法》第40条	
		《船舶垃圾管理计划》审批	县地方海事处	市地方海事局	市地方海事局	《水污染防治法》第40条	

实施主体:各设区市船舶检验处

序号	项目名称	项目内容	受理地点	受理机关	审批机关	审批依据	核发证书
1	船舶检验	船舶设计图纸审查	各船舶检验处	各船舶检验处	各船舶检验处	《中华人民共和国船舶和海上设施检验条例》第7条、第15条	
		船舶建(改)造检验	设区市船舶检验处	设区市船舶检验处	设区市船舶检验处	《中华人民共和国船舶和海上设施》第二章第七条	船舶建(改)造检验证书
		船舶初次检验				同上	船舶初次检验证书
		船舶营运检验				同上	船舶营运检验证书
		海上设施检验				《中华人民共和国船舶和海上设施》第三章第十五条	海上设施检验证书
		船舶附加检验				《中华人民共和国船舶和海上设施》第二章第十二条	船舶临时检验证书

注:①审图业务范围:船长30米以下或主机总功率220千瓦以下除客船外的内河各类船舶;

②建造检验业务范围:船长30米以下或主机总功率440千瓦以下除客船外的内河各类船舶;船长30米以下的内河客船、旅游船;

③营运检验业务范围:船长50米以下或主机总功率440千瓦以下除客船外的内河各类船舶;船长30米以下的内河客船、旅游船。

实施主体:港口所在地港口行政管理部门

序号	项目名称	项目内容	受理地点	受理机关	审批机关	审批依据	核发证书
1	港口经营许可	为船舶提供码头、过驳锚地、浮筒等设施	港口所在地港口行政管理部门	港口所在地港口行政管理部门	港口所在地港口行政管理部门	《中华人民共和国港口法》第22条、第24条	港口经营许可证
		为旅客提供候船和上下船舶设施和服务					
		为委托人提供货物装卸(含过驳)、仓储、内港驳运、集装箱堆放、拆拼箱以及对货物及其包装进行简单加工处理等					
		为船舶进出港、靠离码头、移泊提供顶推、拖带等服务					
		为船舶提供岸电、燃物料、生活品供应、船员接送及提供垃圾接收、压舱水(含残油、污水收集)处理、围油栏供应服务等船舶港口服务					
		从事港口设施、设备和港口机械的租赁、维修业务					
		为委托人提供物货交接过程中的点数和检查货物表面状况的理货业务				《港口经营管理规定》	

续上表

序号	项目名称	项目内容	受理地点	受理机关	审批机关	审批依据	核发证书
2	在港口内进行采掘、爆破等活动许可		港口所在地港口行政管理部门	港口所在地港口行政管理部门	港口所在地港口行政管理部门	《中华人民共和国港口法》第37条	
3	危险货物港口作业审批		港口所在地港口行政管理部门	港口所在地港口行政管理部门	港口所在地港口行政管理部门	《中华人民共和国港口法》第35条	
4	在港口建设危险货物作业场所，实施卫生除害处理的专用场所审批		港口所在地港口行政管理部门	港口所在地港口行政管理部门	港口所在地港口行政管理部门	《中华人民共和国港口法》第17条	
5	危险货物港口作业资质认定		港口所在地港口行政管理部门	港口所在地港口行政管理部门	港口所在地港口行政管理部门	《危险化学品安全管理条例》第35条、第42条交通部《港口危险货物规定》第8条	危险货物港口作业认可证
6	港口安全评价备案		港口所在地港口行政管理部门	港口所在地港口行政管理部门	福建省港口安全评价办公室（设在福建省港航管理局）		

续上表

序号	项目名称	项目内容	受理地点	受理机关	审批机关	审批依据	核发证书
7	港口设施保安符合证书年度核验审核		港口所在地港口行政管理部门	港口所在地港口行政管理部门	港口所在地港口行政管理部门	《港口设施保安规则》、《<港口设施保安符合证书>年度核验办法》	港口设施保安符合证书年度核验证书
8	建设项目使用港口岸线审批	5000 吨级以下码头	港口所在地港口行政管理部门	港口所在地港口行政管理部门	港口所在地港口行政管理部门	《中华人民共和国港口法》第 13 条	
9	水运工程初步设计审批	市级宏观经济管理部门审批立项的港口工程	港口所在地港口行政管理部门	港口所在地港口行政管理部门	港口所在地港口行政管理部门	《中华人民共和国港口法》第 15 条	
10	水运工程开工报告核准		港口所在地港口行政管理部门	港口所在地港口行政管理部门	港口所在地港口行政管理部门	《中华人民共和国港口法》	
11	港口施工图审查	市级宏观经济管理部门审批立项的港口工程	港口所在地港口行政管理部门	港口所在地港口行政管理部门	港口所在地港口行政管理部门	《港口建设管理规定》	
12	港口工程竣工验收	市级宏观经济管理部门审批立项的港口工程	港口所在地港口行政管理部门	港口所在地港口行政管理部门	港口所在地港口行政管理部门	《中华人民共和国港口法》第 19 条、《港口工程竣工验收办法》(交通部令)	港口工程竣工验收证书
13	港口工程试运行报备		港口所在地港口行政管理部门	港口所在地港口行政管理部门	港口所在地港口行政管理部门	《港口工程竣工验收办法》第 8 条	

续上表

序号	项目名称	项目内容	受理地点	受理机关	审批机关	审批依据	核发证书
14	港口设施保安项目评估审核		港口所在地港口行政管理部门	港口所在地港口行政管理部门	港口所在地港口行政管理部门	《港口设施保安规则》第5条	
15	有行政隶属关系的机构和单位提出的港口统计调查项目立项申请、调查计划和调查方案的备案		港口所在地港口行政管理部门	港口所在地港口行政管理部门	港口所在地港口行政管理部门	《中华人民共和国统计法》、《中华人民共和国中港口法》、《港口统计规则》	
16	船舶引航作业审批		港口所在地港口行政管理部门	港口所在地港口行政管理部门	港口所在地港口行政管理部门	《船舶引航安全管理规定》	

实施主体:县地方海事处

序号	项目名称	项目内容	受理地点	受理机关	审批机关	审批依据	核发证书
1	通航水域岸线安全使用和水上水下施工作业审批	五级及以下内河航道	县地方海事处	县地方海事处	市地方海事处	《中华人民共和国内河交通安全管理条例》第25条	水工作业:水上水下施工作业许可证
2	船舶进入或穿过禁航区许可		县地方海事处	县地方海事处	市地方海事处	《中华人民共和国内河交通安全管理条例》第20条	

续上表

序号	项目名称	项目内容	受理地点	受理机关	审批机关	审批依据	核发证书
3	水上拖带大型设施和移动平台许可		县地方海事处	县地方海事处	市地方海事处	《中华人民共和国内河交通安全管理条例》第22条	
4	通航水域内沉船沉物打捞作业审批		县地方海事处	县地方海事处	市地方海事处	《中华人民共和国内河交通安全管理条例》第25条、第42条	水上水下施工作业许可证
5	禁航区、交通管制区、锚地和安全作业区划定审批	五级及以下等级航道	县地方海事处	县地方海事处	县地方海事处	《中华人民共和国内河交通安全管理条例》第45条	
6	船舶载运危险货物的适装许可		县地方海事处	县地方海事处	市地方海事处	《中华人民共和国港口法》第34条、《中华人民共和国内河交通安全管理条例》第32条	
7	防止船舶污染港区水域作业许可	船舶、码头、设施使用化学消油剂	县地方海事处	县地方海事处	市地方海事处	《水污染防治法实施细则》第28条	
		排放压载水、洗舱水、残油、含油污水	县地方海事处	县地方海事处	市地方海事处	《水污染防治法》第40条、《中华人民共和国防止拆船污染环境管理条例》第13条、《水污染防治法实施细则》第28条	
		冲洗沾有污染物、有毒有害物质的甲板					
		拆船作业审批	县地方海事处	县地方海事处	市地方海事处	《中华人民共和国防止拆船污染环境管理条例》第4条、第11条,《水污染防治法实施细则》第31条	

续上表

序号	项目名称	项目内容	受理地点	受理机关	审批机关	审批依据	核发证书
8	船舶安全与防污染证书文书核发	《船舶残油接收处理证明》签发	县地方海事处	县地方海事处	市地方海事处	《水污染防治法》第40条	船舶残油接收处理证明

实施主体:交通部

序号	项目名称	项目内容	受理地点	受理机关	审批机关	审批依据	核发证书
1	港口设施保安符合证书核发		港口所在地港口行政管理部门	港口所在地港口行政管理部门	交通部	《1974年国际海上人命安全公约》	港口设施保安符合证书
2	建设项目使用港口岸线审批	万吨级以上	港口所在地港口行政管理部门	港口所在地港口行政管理部门	交通部	《中华人民共和国港口法》第13条	
3	港口理货业务经营许可	为委托人提供货物交接过程中的点数和检查货物表面状况的理货服务	交通部	交通部	交通部	《中华人民共和国港口法》第25条	
4	临跨(拦)航道建筑物审批	通航3000吨级海轮以上桥梁	航道所在地航道行政管理部门	航道所在地航道行政管理部门	交通部	《中华人民共和国航标条例》第2条、第12条 《中华人民共和国航道管理条例》第21条	
5	港口工程竣工验收	国务院投资主管部门审批、核准和交通部审批的港口工程	港口所在地港口行政管理部门	港口所在地港口行政管理部门	交通部	《中华人民共和国中华人民共和国港口法》第19条、《港口工程竣工验收办法》(交通部令)	港口工程竣工验收证书

参考文献

[1] 福建省交通厅.福建港口(1996 年全省第二次港口普查资料汇编),1999 年 5 月.

[2] 中华人民共和国交通部组织编写.港口设施保安.世界知识出版社,2004 年 4 月.

[3] 福建省交通厅,福建省发展和改革委员会.海峡西岸经济区公路水路交通发展规划(2006~2020 年),2006 年 11 月.

[4] 福建省交通厅.福建省第二次全国内河航道普查资料汇编,2005 年 1 月.

[5] 长江航道局,南京水利科学研究院.内河航道维护技术规范.北京:人民交通出版社,2006 年.

[6] 中华人民共和国交通部安全监督局.航道法规标准汇编.北京:人民交通出版社,1996 年 12 月.

[7] 中华人民共和国交通部安全监督局.航标法规标准汇编.北京:人民交通出版社,1997 年 2 月.

[8] 黄镇东.领导干部交通知识读本.北京:人民交通出版社,2002 年 11 月.

[9] 福建省交通厅,福建省人民政府发展研究中心.崛起的海峡西岸交通.福州:海风出版社,2006 年 12 月.

[10] 福建省地方史志编纂委员会.福建省交通志,1998 年 1 月.

[11] 林鸿怡.福建航道志.北京:人民交通出版社,1997 年 2 月.

[12] 龚高健.当代福建港口经济发展研究.福建师范大学历史学博士学位论文.

[13] 周冠伦.航道工程手册.北京:人民交通出版社,2003 年 8 月.

[14] 沈岩.船政学堂.北京:科学出版社,2007 年 1 月.

后　记

2007年初，福建省交通厅研究决定编写出版反映福建交通发展全貌的《福建公路》、《福建港口》、《福建运输》，为此专门成立了编委会。《福建港口》的具体编写工作由福建省港航管理局承担。

为了确保顺利完成编写任务，省港航管理局成立了由党政主要领导负责、相关部门人员参加的编写组，自2007年3月中旬开始，经过多次研讨，数易其稿，于4月初拟订出《福建港口》篇目大纲。4月16日，篇目大纲经省交通厅厅长办公会议审查通过后，编写工作正式开始。从4月下旬至7月上旬，经过全体编写人员的努力，搜集了100多万字资料，通过分类整理，编写初稿，修订评审，总纂修改等程序，完成了近60万字的初稿。为了做到观点正确，史料翔实，特点突出，文风端正，以确保本书质量，编写组成员查阅核对了大量史料，并多次讨论修改，订正核实。7月上旬第一稿上报省交通厅。经省交通厅组织有关专家、部门负责同志四次复审、修改、精简，10月中旬由《福建港口》编委会正式审定后出版。

《福建港口》的出版，旨在充分展示福建港口良好的自然条件、悠久的发展历史和新时期日新月异的发展面貌，同时借此平台，加强社会大众与港航部门的相互沟通、相互理解和相互支持，以进一步促进我省以港口为龙头的交通基础设施建设，大力推进海峡西岸经济区又好又快持续和谐发展。

本书的出版，得到省政府的肯定和支持，黄小晶省长在百忙中亲自作序，显示了对福建交通事业的关心和厚爱，在此特致以诚挚的谢意！在本书编写过程中，还得到全省各设区市交通局、地方海事局、沿海各港口(务)管理局以及省港口协会、福州港务集团等单位的大力支持。其中《各设区市港口、航道》章节由相应的各市港口(务)管理局、地方海事局提供资料或负责编写。在此，特向所有关心支持本书的领导、专家及同行们，表示衷心的感谢！

限于经验和水平，本书错漏之处在所难免，恳请行家、读者批评指正。

编　者

2007年10月

《福建港口》编写组

编写组组长	林拾庆
编写组副组长	庄和明　林月恩
编写组成员	林鸿怡　张　志　黄庄雅　王　炜　林　琴　于清波 邱永明
编　　务	谢俊林　陈昌和　张　志
统　　稿	林鸿怡　林月恩
审　　稿	马继列　张林森　陈炳冠　陈炳贤　徐伦焕　林鸿怡